Reinhard Schuster

Biomathematik

Herausgegeben von
Prof. Dr. rer. nat. habil. Heinz Handels, Hamburg
Prof. Dr.-Ing. Dr. med. habil. Siegfried Pöppl, Lübeck

Die Studienbücher Medizinische Informatik behandeln anschaulich, systematisch und fachlich fundiert Themen aus der Medizinischen Informatik entsprechend dem aktuellen Stand der Wissenschaft. Die Bände der Reihe wenden sich sowohl an Studierende der Informatik und Medizinischen Informatik im Haupt- und Nebenfach an Universitäten und Fachhochschulen als auch an Lehrende und Praktiker.

**www.viewegteubner.de**

Reinhard Schuster

# Biomathematik

Mathematische Modelle in der Medizinischen Informatik
und in den Computational Life Sciences
mit Computerlösungen in Mathematica

STUDIUM

VIEWEG+
TEUBNER

Bibliografische Information der Deutschen Nationalbibliothek
Die Deutsche Nationalbibliothek verzeichnet diese Publikation in der
Deutschen Nationalbibliografie; detaillierte bibliografische Daten sind im Internet über
<http://dnb.d-nb.de> abrufbar.

1. Auflage 2009

Alle Rechte vorbehalten
© Vieweg+Teubner | GWV Fachverlage GmbH, Wiesbaden 2009

Lektorat: Ulrich Sandten | Kerstin Hoffmann

Vieweg+Teubner ist Teil der Fachverlagsgruppe Springer Science+Business Media.
www.viewegteubner.de

Umschlaggestaltung: KünkelLopka Medienentwicklung, Heidelberg
Druck und buchbinderische Verarbeitung: STRAUSS GMBH, Mörlenbach
Gedruckt auf säurefreiem und chlorfrei gebleichtem Papier.
Printed in Germany

ISBN 978-3-8348-0713-7

# Vorwort

Ziel des vorliegenden Buches ist es, in aktuelle Fragen aus Forschung, praktischer Entwicklung und Anwendung auf dem Gebiet der Biomathematik im Umfeld der Medizinischen Informatik einzuführen. Dabei sollen sowohl Studierende aus der Informatik und aus benachbarten Gebieten wie z.B. Computational Life Sciences, Molecular Life Sciences oder Medizinischer Ingenieurwissenschaft als auch Praktiker angesprochen werden. Im Buch soll eine Interaktion zwischen der Wiederholung und Erweiterung zur Behandlung notwendiger Erkenntnisse und der Erarbeitung neuer mathematischer Kenntnisse und deren praktischer Anwendung stattfinden. Eine besondere Rolle spielt dabei das Computeralgebasystem Mathematica, das in der Regel in universitären Einrichtungen für die Studierenden zur Verfügung steht. Ein eigenes Experimentieren im Umfeld der angegeben Beispiele ist sehr empfehlenswert, aber auch für Leser ohne eine derartige Möglichkeit sollte das Buch verständlich sein. Alle verwendeten Programme stehen in verschiedenen Formaten zum Download zur Verfügung, ebenso die Grafiken im pdf- und im wmf-Format. Mathematica hat hervorragende Möglichkeiten, in die schrittweise eingeführt wird. Es soll aber nicht verschwiegen werden, dass auch dieses System wie jedes andere gewöhnungsbedürftig ist. Ohne ausreichende Beschäftigung werden sich wie in der Gesamtthematik die Möglichkeiten nicht erschließen.

In den vergangenen 10 Jahren habe ich in Bezug auf anwendungsorientierte Forschung und Entwicklung besonders eng mit Ärzten und Apothekern zusammengearbeitet. Daher ist es mir ein besonderes Anliegen, Erfahrungen aus dieser Anwendungsthematik gebührend einzubeziehen. Das bedeutet auch, von realistischen Annahmen über die mathematischen Vorkenntnisse und Vertiefungen in der spannenden Thematik der Biomathematik in der Medizinischen Informatik auszugehen. Durchaus spezielle Modelle vorbereitend sollen grundlegende Themen aus Analysis und Algebra in der Informatik aus etwas anderer Sicht als der der Grundvorlesung aufgegriffen werden. Natürlich kann und soll damit nicht das vollständige Spektrum von Grundvorlesungen abgedeckt werden. Bei einer praxisorientierten Wiederholung haben auch hochmotivierte Quereinsteiger gute Voraussetzungen. Diese Wiederholungen sind einerseits mit einer Einführung in grundlegende Konzepte von Mathematica verknüpft, andererseits spielen interdisziplinäre Gesichtspunkte eine wichtige Rolle. Was auf den ersten Blick für einige Leser trivial erscheinen mag, ist möglicherweise schon die Vorbereitung auf eine vergleichsweise komplizierte abstraktere Betrachtung. Das breite Spektrum der Methoden der Medizinischen Informatik wird durch Gebiete der Mathematik ergänzt, die zunehmend interdisziplinäre Bedeutung erlangen.

Die Umstellung der Diplom- auf Bachelor- und Masterstudiengänge hat mit zum
Ziel, schneller zu Ausbildungsergebnissen zu gelangen, die in der Praxis nötig sind.
Ein lernig-by-doing findet routinemäßig auf vielen Ebenen statt. Ein abstrakterer Hintergrund, der vor allem von kurzfristigen Aufgaben des Tagesgeschäftes
abgelöst ist, wird dabei vielfach nicht erreicht. Gerade fehlende übergreifende
Betrachtungen und Kenntnisse sowie ein fehlendes Investieren in Entwicklungen,
die nicht in kurzem Zeithorizont abschließbar sind, sind Ursache für Fehl-, Falsch-
oder Nichtentwicklungen mit möglicherweise erheblichem ökonomischen Schaden.
Ein Fokus akademischer Ausbildung auf praktische Ergebnisse ist wichtig. Ein
nachhaltiger Erfolg ist aber nur möglich, wenn dabei abstrakte und tiefer liegende
Konzepte und Methoden gebührend Eingang finden.

Wir wollen den Einstieg in die Thematik mit einem umfangreichen Beispielmaterial motivieren und stückweise zu theoretisch anspruchsvollen Themen hinführen.
Grundideen von Beweisen werden wir ausführen, wenn es aus Platzgründen und
zum Gesamtverständnis sinnvoll erscheint. Dem Studierenden erscheint die Mathematik zuweilen als ein „schrecklich perfektes Gebäude", das in der Architektur
zwar Schritt für Schritt nachvollzogen werden kann, das aber wenige Hinweise
gibt, warum man den einen oder anderen Weg geht. Es kann durchaus vorkommen, dass ursprünglich ein konkretes praktisches Problem oder eine theoretische
Fragestellung vorlag, die zu schönen Beispielen führte. Dann kamen schrittweise Verallgemeinerungen, die bezüglich der Ergebnisse nützlich waren, aber
die primäre Motivation geriet möglicherweise zunehmend in Vergessenheit. Wir
wollen nicht den auch sehr interessanten historischen Hintergrund aufarbeiten,
sondern den Leser in die Lage versetzen, selbst (computer-)experimentell oder
theoretisch tätig zu werden.

Natürlich kann prinzipiell die Vielfalt der in der Literatur angeführten Ideen
auf dem zur Verfügung stehenden Platz nur ansatzweise gewürdigt werden. Die
Auswahl ist aus der Erfahrung in Lehre und Praxis geprägt. Aber gerade in der
zugegebenen Unvollständigkeit stecken auch Chancen für den Leser. Neue interdisziplinäre wissenschaftliche Fragestellungen und auch praktische Fragen werfen
ohnehin die Notwendigkeit neuer Ideen auf. Dazu soll ein Einstieg gegeben werden.

Es gibt in der Darstellung eine durchaus beabsichtigte Wiederholung, die Ansätze,
Ideen und Ergebnisse aus unterschiedlichen Sichtweisen und Abstraktionsebenen
verfolgen. Die Voraussetzungen der Studierenden und Praktiker, die sich für die
Thematik interessieren, sind vielschichtig. Außerdem soll es möglich sein, die
Kapitel möglichst unabhängig voneinander lesen zu können. Aus Praxissicht gibt
es eine gar nicht so kleine Zahl von Problemen, die aus gutem theoretischen

und interdisziplinären Hintergrundwissen mit geringem Ressourcenverbrauch vollständig gelöst werden können. Die Erhöhung der Handlungsfähigkeit mit guten Erfolgschancen bei konkreten Aufgabenstellungen und bei interdisziplinären Fragestellungen steht im Fokus des Buches. Damit verbunden ergeben sich im streng logischen Aufbau sowohl Wiederholungen als auch Lücken. Eine Entscheidung für die detailierte Darstellung in einer Thematik oder Sichtweise ist auch eine Entscheidung gegen andere durchaus berechtigte Themen und Aufbauvarianten. Die konkrete Entscheidung basiert auf den individuell erlebten Erfahrungen in Lehre, Forschung und Praxis aus über 25 Jahren, die auch einer ständigen Entwicklung unterworfen sind.

Es war bereits die auf einen etwas anderen Leserkreis ausgerichtete Intention des Teubner-Studientextes „Biomathematik", den Leser von Dingen zu entlasten, die das Softwaresystem Mathematica wesentlich professioneller erledigen kann. So ist es möglich, mit Mathematica z.B. zu differenzieren oder Gleichungssysteme zu lösen. Die technische Ausführung wird also an den Computer übertragen. Es sollte aber nicht die Notwendigkeit übersehen werden, Begriffe wie z.B. „differenzieren" von ihrem mathematischen Gehalt und der praktischen Bedeutung bei der Anwendung aus zu betrachten. Ein Computer macht meist „irgend etwas", aber ob dies einen mathematischen oder praktischen Sinn ergibt, muss der Anwender beurteilen können. Eine Reihe von Themen sind aus dem Teubner-Studientext in überarbeiteter Form in das vorliegende Buch integriert worden.

Die Auslagerung technischer Details schafft Freiraum, der genutzt wird, um in eine Vielzahl von Themen einzuführen. Auf diesem Wege soll versucht werden, einen Beitrag zum Schließen der Lücke zwischen einführenden Texten und der modernen Spezialliteratur zu leisten. Dadurch soll der Leser in die Lage versetzt werden, effektiv an schwierigen aktuellen Problemen zu arbeiten, wobei aber nicht nur Werkzeug für Bachelor- und Masterarbeiten oder Dissertationen zur Verfügung gestellt werden soll. Die von einigen Anwendern im naturwissenschaftlichen Rahmen vorgenommene Einordnung „Mathematik als Hilfswissenschaft" trifft die Realität nur teilweise. Man erleichtert sich das Leben, wenn man sich nicht dagegen sträubt zu akzeptieren, dass die Natur in wesentlichen Teilen „in der Sprache der Mathematik" geschrieben ist. Die Sprache ist nicht das Leben selbst und Mathematik selbst noch nicht die Natur. Aber Sprachlosigkeit behindert. Eine Vielzahl von Beispielen unterschiedlichsten Schwierigkeitsgrades bietet gute Ausgangspunkte zu kleinen und größeren Wanderungen durch die Welt von Mathematik, Informatik und Modellbildung.

Im Jahre 1988 wurde Mathematica vorgestellt und hat in der Zwischenzeit weite Verbreitung erfahren. Mathematica enthält bereits die meisten für die Mathema-

tik und deren Anwendung wichtigen Grundoperationen. Mathematica kann nicht
nur numerische Rechnungen mit beliebiger Genauigkeit durchführen (begonnen
mit der „Verwendung als Taschenrechner"), sondern auch mit Formeln rechnen
(Formelmanipulation). Mathematica unterstützt als Programmiersprache eine
Vielzahl traditioneller Programmierstile. Hervorgehoben werden sollten unbedingt auch die sehr guten Grafikfähigkeiten von Mathematica. Den notwendigen
Aufwand an aktiver Arbeit sollte man nicht unterschätzen. Je schneller und un-
geduldiger man ein konkretes Problem mit Gewalt bezwingen will, um so länger
wird seine Lösung dauern. Trotzdem: der investierte Aufwand wird sich mehrfach
auszahlen.

Ich danke ich dem Verlag Vieweg-Teubner für die harmonische, vertrauensvolle
und effektive Zusammenarbeit, insbesondere Frau Hoffmann und Herrn Sandten.
Die im vorliegenden Buch verwendeten Mathematica-Programme und Abbildungen stehen auf der Hompage zum Buch

`http://biomathematik.de/vieweg_teubner`

zur Verfügung. Details sind dem Anhang zu entnehmen.

# Inhaltsverzeichnis

# 1 Elementare Funktionen, Einführung in Mathematica

## 1.1 Grafische Darstellung und erste Berechnungen mit Mathematica

Wir wollen eine Wiederholung zu ausgewählten Aspekten elementarer Funktionen mit einer Einführung in Grundideen von Mathematica kombinieren. Dabei sollen wichtige Gesichtspunkte später darzustellender Modelle vorbereitet werden. Wenn der Leser einige Erfahrungen mit der Grundphilosophie von Mathematica hat, wird er Details leicht in der Online-Hilfe nachschlagen können. Sowohl für hervorragende Möglichkeiten des Computer - Algebrasystems Mathematica als auch für rein praktische Stolpersteine wie auch prinzipielle Grenzen soll ein Grundverständnis erreicht werden. Auch bei der Betrachtung gut bekannter Eigenschaften elementarer Funktionen kommt es zu Phänomenen von grundlegender Bedeutung für die Modellbildung.

Mathematica-Programme können in Mathematica entweder als Textdateien importiert werden oder sie werden als sogenannte „Notebooks" (spezielle Textdateien) zur Verfügung gestellt. Alle Beispiele stehen dem Leser zum Download von der Homepage zum Buch zur Verfügung (siehe Anhang). Ein Vorteil der Notebooks besteht aus einer Darstellung von Programmbefehlen und Ergebnissen sowie Grafiken in einer einheitlichen und interaktiv nutzbaren Oberfläche. Die interaktive Nutzung setzt allerdings eine Mathematica-Installation voraus, wie sie in der Regel an Universitäten für die Studierenden zur Verfügung steht. Der kostenfreie Mathematica-Reader ermöglicht zumindest eine Betrachtung bereits erstellter Mathematica-Notebooks.

Wir wollen mit der Visualisierung von Beobachtungsdaten beginnen. Wir betrachten ein Beispiel, in dem ein physiologischer Parameter $p$ in einer geeigneten Maßeinheit an bestimmten Beobachtungstagen gemessen wird.

| $t$ | 2 | 4 | 7 | 9 | 11 | 14 | 16 | 18 | 21 | 23 | 25 |
|---|---|---|---|---|---|---|---|---|---|---|---|
| $p$ | 0.3 | 2.0 | 8.1 | 46.2 | 107.1 | 105.1 | 96.0 | 82.8 | 81.7 | 79.1 | 88.2 |

Tabelle 1: Werte $p$ eines physiologischen Parameters an Beobachtungstagen $t$

In Mathematica werden die Daten als eine Liste unter Verwendung geschweifter

Klammern dargestellt. Das Listenkonzept ist für Mathematica grundlegend. Eine Liste kann Zahlen, Zahlenpaare, Vektoren, Grafiken und viele weitere Objekte enthalten:

```
daten1 = {{2,0.3},{4,2.0},{7, 8.1},{9,46.2},{11,107.1},
          {14,105.1}, {16,96.0},{18, 82.8},{21, 81.7},
          {23,79.1},{25,88.2}}
```

Die Messpunkte können unter Angabe eine Punktgröße dargestellt werden. Mit der Programmzeile

```
ListPlot[daten1, PlotStyle -> PointSize[0.02] ]
```

erhalten wir die Abbildung 1.

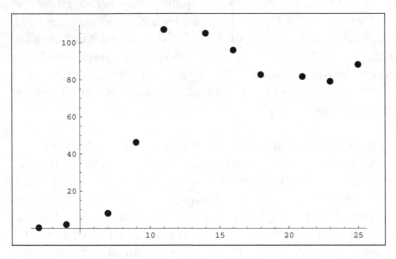

Abbildung 1: Darstellung von Messpunkten

Wir können die Messpunkte mit

```
ListPlot[daten1, PlotJoined -> True]
```

linear verbunden darstellen. Zwei Datenreihen können durch

```
daten1 = {{2,0.3},{4,2.0},{7, 8.1},{9,46.2},{11,107.1},
          {14,105.1}, {16,96.0},{18, 82.8},{21, 81.7},
          {23,79.1},{25,88.2}};
daten2 = {{2,0.2},{4,0.8},{7,9.9},{9,23.3},{11,59.4},
          {14,87.1},{16,124.7},{18,115.6},{21,94.7},
          {23,91.4},{25,100.5}};
bild1=ListPlot[daten1, PlotJoined -> True];
bild2=ListPlot[daten2, PlotJoined -> True,
              PlotStyle->Dashing[{0.01}]];
bild=Show[bild1,bild2]
```

dargestellt werden, wobei die Verbindungsgeraden zur ersten Messreihe durchgezogen und die zur zweiten Messreihe gestrichelt dargestellt werden (Abbildung 2).

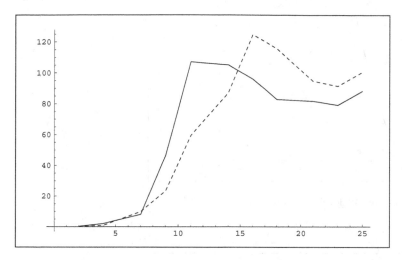

Abbildung 2: Darstellung von zwei Messreihen

Verbindet man aufeinander folgende Messpunkte $t_i$ und $t_{i+1}$ $(i = 1, ..., m - 1)$ durch Polynome $p_i(t) = a_0 + a_1\, t + ... + a_n\, t^n$ mit $t \in \mathbb{R}$ vom Grad $n$ und fordert, dass benachbarte Polynome und deren Ableitungen bis zum Grad $n - 1$ in den Messpunkten übereinstimmen, so erhält man eine eindeutig bestimmte Funktion, die als Splineinterpolation bezeichnet wird. Eine Verbindung mit quadratischen Funktionen (also Polynome vom Grad 2) erreicht man mit Mathematica durch

```
daten1Rund = Interpolation[daten1]
Plot[daten1Rund[t], {t,2,25}]
```

(vgl. Abbildung 3). Eine Interpolation mit Polynomen vom Grad $n$ ergibt sich durch

```
daten1Rund = Interpolation[daten1, InterpolationOrder -> n]
```

Mit den durch Mathematica erhaltenen Interpolationsfunktionen kann man weitere Rechnungen durchführen, wie z.B. differenzieren (vgl. Abbildung 4).

```
daten1Ableitung[t_] = D[daten1Rund[t], t]
```

Ob die Ableitung als Maß für die Veränderung bei gegebenen Daten zu sinnvollen Ergebnissen führt, muss in der Modellierung zum jeweiligen Anwendungsproblem betrachtet werden. Wir werden darauf bei der Untersuchung von Differentialgleichungsmodellen zurückkommen.

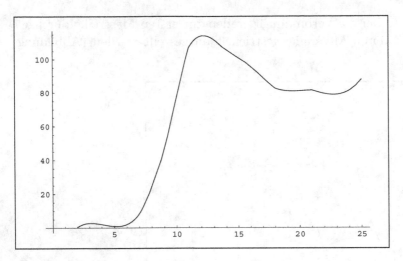

Abbildung 3: Messpunkte mit kubischen Polynomen verbunden

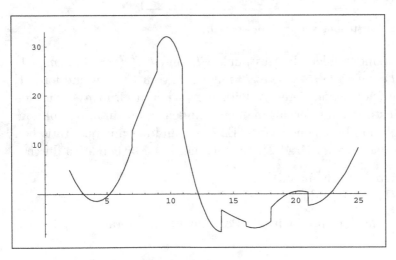

Abbildung 4: Ableitung der Interpolationskurve

Eine grafische Darstellung ohne zusätzliche qualitative Betrachtungen kann möglicherweise wichtige Eigenschaften nicht zeigen. Stellen wir z.B. das Polynom $x^5 - 2x + 1$ ohne weitere Angaben durch

```
Plot[x^5-2x+1,{x,-3,3}]
```

für Werte $x$ aus den Intervall $[-3, 3]$ dar, so erhalten wir mit der Voreinstellung von Mathematica eine Darstellung, die den Verlauf nur in einem Teilintervall zeigt (Abbildung 5). Das Monotonieverhalten im Intervall $[-1, 1]$ ist erkennbar (wobei auch diese Aussage ohne weitere Betrachtungen prinzipiell spekulativ ist, da sich in einem visuell nicht erkennbaren sehr kleinen Teilbereich die Monotonie noch einmal verändern könnte).

Lassen wir den Wertebereich im Intervall $[-160, 160]$ mit

```
Plot[x^5 - 2x + 1,{x,-3,3}, PlotRange -> {-160,160}]
```

darstellen, erhalten wir Abbildung 6.

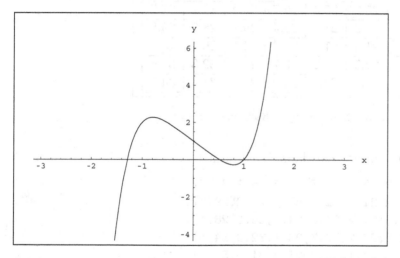

Abbildung 5: Funktionsdarstellung nur für Argumente aus einem Teilintervall

In Abbildung 6 ist der Funktionsverlauf für $2 \leq x \leq 3$ und für $-3 \leq x \leq -2$ besser erkennbar, dafür ist die Monotonie im Intervall $[-1, 1]$ nicht mehr gut erkennbar. Wir werden auf prinzipiell wichtige Eigenschaften unterschiedlicher Skalendimensionen bei der Michaelis - Menten -Theorie in der Modellierung der Enzymkinetik zurückkommen.

Für eine 3-D-Darstellung verwenden wir als Ausgangsdaten die Masse von 5 Mäusen an 6 Beobachtungstagen:

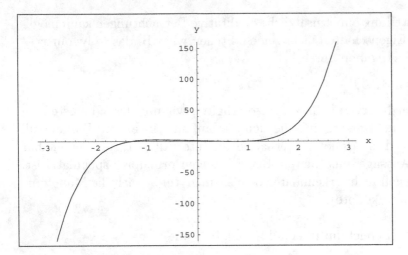

Abbildung 6: Funktionsdarstellung mit größerem Wertebereich

| Beobachtungstag | 1 | 2 | 3 | 4 | 5 | 6 |
|---|---|---|---|---|---|---|
| Maus 1 | 25.0 | 25.4 | 25.7 | 30.2 | 35.1 | 37.7 |
| Maus 2 | 21.2 | 21.9 | 22.4 | 25.1 | 28.2 | 29.8 |
| Maus 3 | 21.3 | 21.2 | 21.9 | 24.1 | 26.1 | 28.1 |
| Maus 4 | 22.5 | 23.2 | 23.7 | 26.1 | 32.3 | 34.6 |
| Maus 5 | 24.4 | 24.1 | 24.9 | 27.3 | 31.5 | 34.7 |

Tabelle 2: Masse von Mäußen an Beobachtungstagen

Die Eingabe in Mathematica hat dann die Gestalt

```
mausMasse = {{25.0,25.4,25.7,30.2,35.1,37.7},
             {21.2,21.9,22.4,25.1,28.2,29.8},
             {21.3,21.2,21.9,24.1,26.1,28.1},
             {22.5,23.2,23.7,26.1,32.3,34.6},
             {24.4,24.1,24.9,27.3,31.5,34.7}}
```

Eine grafische Darstellung mit Achsenbeschriftung erhalten wir mit

```
ListPlot3D[mausMasse,AxesLabel -> {"Tag","Maus","Masse"}]
```

in Abbildung 7.

Auch bei 3D-Bildern können wir direkt von Funktionen ausgehen. Zum Beispiel erhalten wir eine Darstellung der Funktion

$$z = f(x,y) = sin(x) + cos(y)$$

mit den unabhängigen Variablen $x$ aus dem Intervall von 0 bis 10 und $y$ aus dem Intervall von 0 bis 15 durch

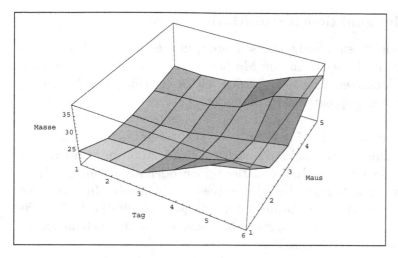

Abbildung 7: 3D-Darstellung zur Masse

```
Plot3D[ Sin[x] + Cos[y], {x,0,10}, {y,0,15}]
```

Man beachte, dass in Mathematica „Sin[x]" und „Cos[x]" als Bezeichnung für die Sinus- bzw. Kosinusfunktion mit einem Großbuchstaben beginnen, da es im Gegensatz zur sonst in der Mathematik üblichen Kleinschreibung Schlüsselwörter sind. Die Argumente $x$ und $y$ sind in Mathematica in eckige Klammern einzuschließen. Wir erhalten die Abbildung 8.

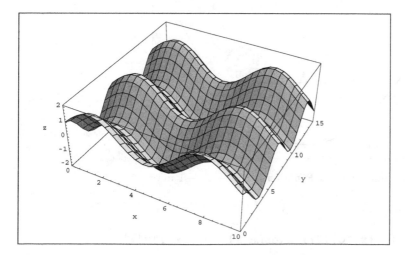

Abbildung 8: 3D-Darstellung der Funktion $z - sin(x) + cos(y)$

## 1.2   Quadratische Funktionen und Mathematica

Quadratische Funktionen sind leicht überschaubar, und es lassen sich an ihnen schon einige interessante Fähigkeiten von Mathematica demonstrieren. Quadratische Ausdrücke in mehreren Variablen werden wir in verschiedenen Differentialgleichungsmodellen zur Populationskinetik finden.

Wir betrachten die quadratischen Funktion $y = f(x) = ax^2 + bx + c$ mit den Parametern (reellen Zahlen) $a, b$ und $c$. Zunächst sollen sowohl die unabhängige Variable $x$ (interpretierbar z.B. als Populationsgröße oder als chemische Konzentration) als auch die abhängige Variable $y$ reelle Zahlen sein. In sinnvollen Modellen sollten die verwendeten Parameter möglichst eine direkte biologische Interpretation haben, wie z.B. Nahrungsangebot oder Größe des Lebensraumes (Kapazität) einer betrachteten Population.

Den Funktionsverlauf von $y = x^2 - 2x - 1$ im Intervall $[-2, 3]$ im rechtwinkligen x-y-Koordinatensystem mit enthaltenem Scheitel erhalten wir durch

```
Plot[x^2 - 2 x - 1, {x,-2,3}]
```

in Abbildung 9. Sinnvolle Zahlenangaben auf den Achsen werden automatisch erstellt. Mit

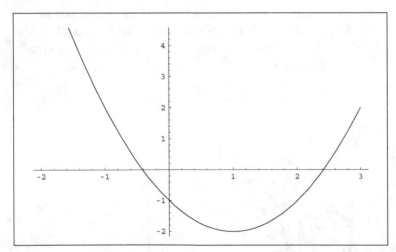

Abbildung 9: Grafische Darstellung der Funktion $y = x^2 - 2x - 1$ mit $x \in [-2, 2]$

```
Plot[x^2 - 2 x - 1, {x,10,12}, AxesLabel -> {"x","y"}]
```

wird eine grafische Darstellung des Funktionsverlaufes für $x$ aus dem Intervall $[10, 12]$ gegeben, wobei wir zusätzlich durch die Option

```
AxesLabel -> {"x","y"}
```

eine Achsenbeschriftung erhalten (Abbildung 10). Ob ein derartiger Messwerte-
verlauf eine Modellierung mit einer quadratischen Funktion nahelegen würde, ist
eher fragwürdig. Wir sehen, dass es wesentlich auf qualitative Eigenschaften ankommt. Dazu ist Mathematica mit algebraischen Umformungen sehr hilfreich.

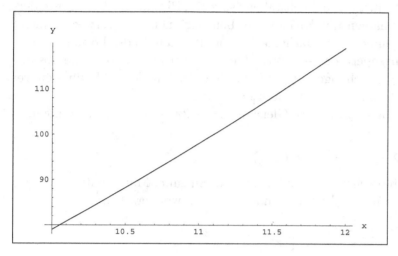

Abbildung 10: Grafische Funktion mit Achsenbeschriftung

Im Gegensatz zu rein numerischen Programmen kann Mathematica mit Variablen
„rechnen". Lassen wir mit

```
Solve[x^2 + p x + q == 0, x]
```

die Gleichung

$$x^2 + px + q = 0$$

mit $p$ und $q$ als Parameter nach $x$ auflösen, erhalten wir als Antwort die bekannte
Lösungsformel in der Form

```
                          2
                -p + Sqrt[p  - 4 q]
Out[n]= {{x -> -------------------},
                        2
                          2
                -p - Sqrt[p  - 4 q]
         {x -> -------------------}}
                        2
```

Die Ausgabe erfolgt in Mathematica je nach Einstellung als Text wie angegeben oder in einem komplizierteren Notebook-Format (das ist auch ASCII-Text). Details sollte man der Online-Hilfe entnehmen. Bei den Darstellungen gibt es auch versionsabhängige Veränderungen. Man beachte das auch in anderen Programmen übliche Gleichheitszeichen bei der Eingabe, das einfache Gleichheitszeichen wird für Variablenzuweisungen verwendet. Die Schlüsselwörter von Mathematica beginnen alle mit einem Großbuchstaben (so z.B. „Pi" für $\pi$). Der Anwender sollte seine Variablennamen mit Kleinbuchstaben beginnen, um Verwechslungen mit Standardbezeichnungen von Mathematica vorzubeugen. In der Lösungsformel kommt der Zuweisungsoperator „$->$" vor (kein „$=$"). Damit werden die Lösungen der betrachteten Gleichungen angegeben, ohne dass die Variable für weitere Rechnungen eine feste Zuweisung erhalten hat.

Wollen wir nun die oben betrachtete Gleichung $x^2 - 2x - 1 = 0$ lösen, so können wir dies mit

```
In[n]:= Solve[x^2 - 2 x - 1 == 0, x]
```

erreichen. „In[n]:=" bezeichnet die Anweisung zur Eingabe. Mathematica rechnet dabei nicht die Quadratwurzel numerisch aus. Als Antwort erscheint

$$\text{Out[n]} = \left\{ \left\{ x -> \frac{2 + 2^{3/2}}{2} \right\}, \left\{ x -> \frac{2 - 2^{3/2}}{2} \right\} \right\}$$

Ein Ausrechnen würde eine numerische Näherung ergeben, und diese berechnet Mathematica erst nach Aufforderung, damit kein unbeabsichtigter Genauigkeitsverlust eintritt. Wollen wir also einen Zahlenwert als Lösung haben, verwenden wir als Eingabe

```
In[n]:= NSolve[x^2 - 2 x - 1 == 0, x]
```

oder gleichwertig dazu

```
In[n]:= Solve[x^2 - 2 x - 1 == 0, x] //N
```

und erhalten als Antwort

```
Out[n]= {{x -> -0.414213562373095},
         {x ->  2.414213562373095}}
```

Mathematica kann nicht nur mit Variablen rechnen, sondern auch bei numerischen Berechnungen eine beliebige Genauigkeit erreichen, die nicht durch die computer-interne Genauigkeit begrenzt wird (allerdings auf Kosten der Rechenzeit, die aber nur bei größeren Problemen ins Gewicht fällt). Bei praktischen Fragestellungen werden wir nur in bestimmten Situationen derart hohe Genauigkeit für das Endergebnis benötigen und sollten auch keine Genauigkeit vortäuschen, die durch die Messdaten nicht gerechtfertigt ist. Wollen wir die numerische Lösung mit 25 Stellen Genauigkeit, haben wir

```
In[n]:= NSolve[x^2 - 2 x - 1 == 0, x, 25]
```

einzugeben und erhalten

```
Out[n]= {{x -> -0.4142135623730950488016887},
         {x ->  2.414213562373095048801689 }}
```

Die 25 Stellen zählen bei der ersten Lösung ab der ersten Stelle nach dem Komma und bei der zweiten Lösung ab der Stelle vor dem Komma, also in jedem Fall ab der am weitesten links stehenden von 0 verschiedenen Ziffer. Ein manchmal eher störender Nebeneffekt ist, dass dadurch (wie in diesem Beispiel) eine unterschiedliche Anzahl von Nachkommastellen auftreten kann. Komplizierte Gleichungen, deren Lösungsformeln in Formelsammlungen nicht zu finden sind, kann i.A. auch „Solve[...]" nicht finden. Doch damit sind die Möglichkeiten von Mathematica keinesfalls erschöpft. Es muss nur ein anderer Lösungsansatz verwendet werden, der anstelle von Lösungsformeln Methoden der numerischen Mathematik verwendet. Bei den meisten praktisch wichtigen Problemen ist man auf ein derartiges Herangehen angewiesen. Oft ist auch unbekannt, wie viel Lösungen eine Gleichung hat, oder es interessieren aus biologischen Gründen z.B. nur positive Lösungen. Aus praktischen Erwägungen kann ein Wert bekannt sein, in dessen Nähe ein gesuchter Lösungswert liegen sollte. Man beginnt die Suche nach einer Lösung mit einem solchen Startwert. Von dessen mehr oder weniger günstigen Wahl kann der Erfolg des Lösungsverfahrens entscheidend abhängen. Beginnen wir im betrachteten Beispiel mit den Intervallenden unserer ersten grafischen Darstellung, also mit -2 als einer Variante für einen Startwert und mit 3 als anderer Variante, gelangen wir durch

```
In[n]:= FindRoot[x^2 - 2 x - 1 == 0, {x,-2}]
```

zu

```
Out[n]= { x -> -0.414214}
```

bzw. durch

```
In[n]:= FindRoot[x^2 - 2 x - 1 == 0, {x,3}]
```

zu

```
Out[n]= { x -> 2.41421}
```

zu den auch mit der anderen Methode ermittelten Lösungen, allerdings mit einer anderen Genauigkeit. Auch hier lässt sich die Genauigkeit erhöhen. Dazu müssen aber mehrere Optionen gleichzeitig verändert werden. Mit
„AccuracyGoal − > stellenzahl"
wird die Zielgenauigkeit gewählt. Gleichzeitig muss die Rechengenauigkeit der

Zwischenschritte mit
„WorkingPrecision $-$ > stellenzahl"
erhöht werden, und auch die Zahl der Iterationsschritte des verwendeten numerischen Verfahrens ist eventuell mit
„MaxIterations $-$ > iterationsschritte"
zu erhöhen (Standardeinstellung 15).

Die eckigen Klammern „[" und „]" werden in Mathematica zur Bezeichnung von Funktionsargumenten verwendet, hier für die Information, die für „FindRoot" nötig ist. Die geschweiften Klammern „{" und „}" werden zum Aufbau von Listen und damit auch zur Kennzeichnung logisch zusammenhängender Einheiten verwendet. Im Beispiel wird gekennzeichnet, dass x den Startwert 3 hat. Eine quadratische Gleichung kann bekanntlich bei Verwendung reeller Zahlen keine, eine oder zwei Lösungen haben. Obige Lösungsformel mit „Solve[...]" hat aber immer 2 Lösungen angegeben. Das liegt daran, dass Mathematica an dieser Stelle komplexe Zahlen verwendet, die auch bei vielen anderen Anwendungen ein nützliches Hilfsmittel sind. Wir werden auf die komplexen Zahlen zurückkommen.

Die quadratische Gleichung $x^2 - 5x + 6 = 0$ hat die Lösungen $x = 2$ und $x = 3$ (zu ermitteln nach einer der oben angegebenen Methoden oder durch Raten). Dann gilt

$$x^2 - 5x + 6 = (x - 2)(x - 3) \ .$$

Mathematica kann bei ganzzahligen Lösungen eine derartige Aufspaltung in Faktoren ohne vorheriges Lösen der Gleichung erreichen. Durch

```
In[n] := Factor[x^2 - 5 x + 6]
```

erhalten wir

```
Out[n] = (-3+x)(-2+x)
```

Bei obiger Gleichung $x^2 - 2x - 1 = 0$ mit nicht ganzzahligen Lösungen führt

```
In[n]:= Factor[x^2 - 2 x - 1 == 0]
```

lediglich zu einer Umordnung

```
Out[n] = -1 - 2 x + x^2
```

Umgekehrt wird ein Ausmultiplizieren erreicht durch

```
In[n]:= Expand[(x-2)(x-3)]
```

Dabei entsteht

```
Out[n] = 6 - 5 x + x^2
```

Die Form der Ausgabe kann an unterschiedliche Erfordernisse angepasst werden, z.B. durch ein nachgestelltes „//InputForm".

Eine quadratische Funktion $y = x^2 + px + q$ (mit Koeffizient 1 vor dem quadratischen Term $x^2$) hat stets ein Minimum, das wir durch elementare Methoden oder durch eine einfache Anwendung der Differentialrechnung ermitteln könnten. Bei einer komplizierteren Funktion würde dies aber schwieriger. Analog zum Suchen einer Nullstelle mit „FindRoot[...]" können wir auch hier unter Verwendung eines Startwertes mit „FindMinimum[...]" einen numerischen Lösungsweg nutzen. Dabei finden wir im allgemeinen aber nur ein lokales Minimum, also ein Minimum innerhalb einer kleinen Umgebung. Bei einer quadratischen Funktion (mit dem quadratischen Term $x^2$) existiert nur ein lokales Minimum, das gleichzeitig auch globales Minimum ist. Verwenden wir die oben betrachtete Funktion und für $x$ den Startwert 0, so erhalten wir durch

```
In[n]:= FindMinimum[x^2 - 2 x - 1, {x,0}]
```

mit der Ausgabe

```
Out[n] = { -2., {x - > 1.}
```

das Minimum -2 an der Stelle $x = 1$. Der Punkt nach -2 und 1 gibt an, dass der Zahlenwert eine numerische Näherung ist (im betrachteten Beispiel stimmt er mit dem exakten Wert überein). Eine analoge Anweisung zum Suchen eines Maximums gibt es nicht, wir müssen in diesem Fall ein Minuszeichen vor den zu untersuchenden Ausdruck stellen und wieder „FindMinimum[...]" verwenden.

## 1.3 Potenzfunktionen

Zu jeder natürlichen Zahl $n$ ist für alle reellen $x$ die Potenzfunktion $y = x^n$ mit Hilfe der Multiplikation reeller Zahlen sinnvoll definiert.

$1/x$ ist für $x = 0$ nicht definiert. Ebenso ist die Potenzfunktion $y = x^n$ für negative ganzzahlige $n$ nur für $x \neq 0$ definiert. Für nicht ganzzahlige Exponenten $c$ betrachten wir die Potenzfunktion $y = x^c$ nur für positive Argumente $x$ (andernfalls müssten wir komplexe Zahlen und mehrdeutige Funktionen verwenden). Auf die Definition von Potenzfunktionen mit Hilfe von Taylorreihen werden wir zurückkommen.

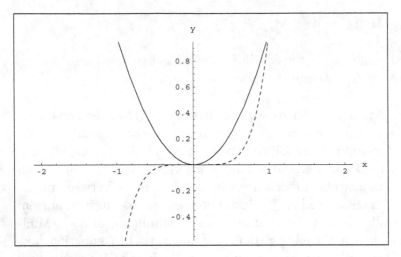

Abbildung 11: Potenzfunktionen $y = x^n$ für $n = 2$ (durchgezeichnet)
und $n = 5$ (gestrichelt)

Es gilt für reelle Zahlen $a, b$ und $c$ und positive reelle Zahlen $x$

$$
\begin{aligned}
x^0 &= 1 \\
x^{a+b} &= x^a x^b \\
x^{-c} &= \frac{1}{x^c} \ .
\end{aligned}
$$

Für die $n$-te Wurzel $\sqrt[n]{x}$ gilt

$$\sqrt[n]{x} = x^{1/n}.$$

Für positive $x$ können wir

$$y = x^c$$

nach $x$ auflösen und erhalten

$$x = y^{(1/c)} \ .$$

Wir sprechen dann auch von der Umkehrfunktion. Geometrisch läuft die Bildung
der Umkehrfunktion auf die Vertauschung von x- und y-Achse hinaus. Wollen wir
allgemein die Umkehrfunktion $x = g(y)$ zu $y = f(x)$ mit x aus einem geeigneten
Definitionsbereich (z.B. Intervall) bilden, so setzen wir voraus, dass die Funktion
$y = f(x)$ eineindeutig ist, d.h. es darf nicht $f(x_1) = f(x_2)$ für verschiedene $x_1$
und $x_2$ aus dem Definitionsbereich von $f$ gelten. Um dies zu erreichen, muss
gegebenenfalls der Definitionsbereich eingeschränkt werden (man betrachtet z.B.
$y = x^2$ nur für positive oder nur für negative $x$). Die Umkehrfunktion $x = g(y)$
ist dann für alle Werte $y$ definiert, die als Funktionswerte bei $y = f(x)$ auftreten.
$g(y)$ ist definiert als der eindeutig bestimmte Wert $x$, für den $f(x) = y$ gilt.

## 1.4 Exponential - und Logarithmusfunktionen

Lässt man in einer Potenz den Exponenten variieren, so gelangt man zur Exponentialfunktion, also z.B. $y = 2^x$ oder $y = 10^x$. Allgemein ist zu einem positiven reellen $a$ und beliebigen reellen $x$ die Exponentialfunktion $y = a^x$ definiert. Für $a$ wird besonders häufig ein bestimmter mit e bezeichneter Grenzwert verwendet (wir erinnern daran, daß in Mathematica für eingebaute Funktionsbezeichnungen große Anfangsbuchstaben verwendet werden, also auch E statt e). Die Zahl e kann durch den Grenzwert

$$\lim_{n \to \infty} (1 + \frac{1}{n})^n = e = 2.1782...$$

eingeführt werden. Der Buchstabe e erinnert an Euler, e wird auch als Eulersche Zahl bezeichnet. Mit Mathematica kann man sich e mit beliebiger Genauigkeit ausgeben lassen. Mit 16 Stellen lautet der Befehl

```
In[n]:=N[E,16]
Out[n]=2.718281828459045
```

Auf die Definition der Exponentialfunktion mit Hilfe von Taylorreihen werden wir zurückkommen.

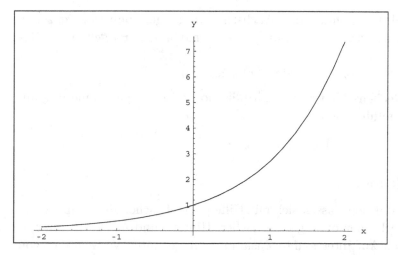

Abbildung 12: Exponentialfunktion $y = e^x$

Die Exponentialfunktion $y = f(x) = e^x$ ist streng monoton wachsend, d.h. es gilt $f(x_1) < f(x_2)$ für $x_1 < x_2$. Dadurch können wir (durch Vertauschung von x- und y-Achse) ohne weitere Bereichseinschränkung zur Umkehrfunktion gelangen, nämlich zur Logarithmusfunktion $x = ln(y)$. Diese Logarithmusfunktion ist also für alle positiven reellen Zahlen $y$ definiert. Hier haben wir die Basis e der Logarithmusfunktion gar nicht explizit in der Logarithmusfunktion $ln(y)$ notiert. Bei beliebiger positiver Basis $a$ (wenn wir also von der Exponentialfunktion $y = a^x$ ausgehen), schreiben wir für die Umkehrfunktion $x = log_a(y)$. In Mathematica verwenden wir die Schreibweise x=Log[y] bei Verwendung der Basis $e$ und bei einer beliebigen positiven Basis $a$ die Bezeichnung x=Log[a,y].

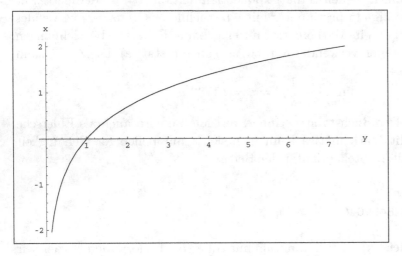

Abbildung 13: Logarithmusfunktion $x = ln(y)$

Die Exponentialfunktion kommt bei Wachstumsvorgängen ohne begrenzende Randbedingungen vor, wir gehen darauf später genauer ein. Es gelten die Rechenregeln

$$\log_a(x\,y) = \log_a(x) + \log_a(y)$$

(damit wird beim Rechenschieber die Multiplikation durch Logarithmierung auf die Addition zurückgeführt) sowie

$$\log(x^c) = c\,\log(x) \ .$$

## 1.5  Winkelfunktionen

Sinus- und Kosinusfunktion lassen sich mit Hilfe geometrischer Beziehungen am rechtwinkligen Dreieck oder ohne geometrischen Hintergrund mit Hilfe von Potenzreihen einführen. Auf interessante Zusammenhänge unter Verwendung von Potenzreihen werden wir zurückkommen. Der Sinus eines Winkels im rechtwinkligen Dreieck ist der Quotient der Längen von Gegenkathete und Hypothenuse, der Kosinus entsprechend von Ankathete und Hypothenuse. Wir arbeiten in der Regel (insbesondere bei der Verwendung von Taylorreihen) mit dem Bogenmaß und nicht mit dem Gradmaß eines Winkels, bei praktischen Anwendungen tritt häufig das Gradmaß auf. Ein rechter Winkel von 90° hat ein Bogenmaß von $\pi/2$, ein Vollwinkel von 360° hat ein Bogenmaß von $2\pi$. Das Bogenmaß ergibt sich durch die Länge des entsprechenden Kreisbogens vom Radius 1.

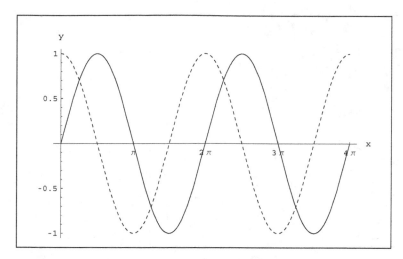

Abbildung 14: Sinusfunktion $y = sin(x)$ (durchgezeichnet) und Kosinusfunktion $y = cos(x)$ (gestrichelt)

Sinus- und Kosinusfunktion sind elementare Beispiele periodischer Funktionen. Rhythmische Vorgänge kommen in der belebten Natur häufig vor, sind aber in der Regel wesentlich komplizierter als elementare geometrische Funktionen. Wir kommen darauf in den folgenden Kapiteln zurück. Bei Atmung und Herzschlag treten rhythmische Vorgänge auf, die keiner exakten Periode folgen. Es gilt

$$\sin^2(x) + \cos^2(x) = 1 \ ,$$

wobei $\sin^2(x)$ als $(\sin(x))^2$ und nicht als $\sin(x^2)$ aufzufassen ist. Bei der geometrischen Einführung der Winkelfunktionen folgt diese Gleichung aus dem Satz des Pythagoras ($a^2 + b^2 = c^2$ mit den Katheten $a$ und $b$ und der Hypothenuse $c$ eines rechtwinkligen Dreiecks). Weitere Winkelfunktionen sind Tangens und Kotangens:

$$tan(x) = \frac{sin(x)}{cos(x)}$$
$$cot(x) = \frac{cos(x)}{sin(x)} \ .$$

Will man die Umkehrfunktionen zu den Winkelfunktionen bilden, so muss man geeignete Einschränkungen vornehmen, damit die Zuordnung eindeutig wird. Die Umkehrfunktion zu $y = sin(x)$ ist eine mit $arcsin$ bezeichnete Funktion: $x = arcsin(y)$.

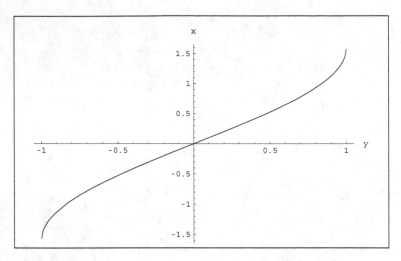

Abbildung 15: $x = arcsin(y)$ als Umkehrfunktion zu $y = sin(x)$

## 1.6　Hyperbolische Winkelfunktionen

Mit Hilfe der Exponentialfunktion führen wir die hyperbolischen Sinus- und Kosinusfunktionen ein:

$$sinh(x) = \frac{e^x - e^{-x}}{2}$$

$$cosh(x) = \frac{e^x + e^{-x}}{2} \ .$$

Der tiefere Zusammenhang zwischen Winkelfunktionen und hyperbolischen Winkelfunktionen wird sich erst erschließen, wenn wir komplexe Zahlen und Taylorreihen verwenden werden. Die Umrechnung von hyperbolischem Sinus und hyperbolischem Kosinus ist ähnlich der Umrechnung von Sinus und Kosinus, nur dass ein Minuszeichen statt eines Pluszeichens steht:

$$cosh^2(x) - sinh^2(x) = 1.$$

Analog zu Tangens und Kotangens werden auch hyperbolischer Tangens und hyperbolischer Kotangens definiert:
$tanh(x) = sinh(x)/cosh(x)$, $coth(x) = cosh(x)/sinh(x)$.
Man kann auch wieder Umkehrfunktionen zu den hyperbolischen Winkelfunktionen betrachten. Beim hyperbolischen Sinus z.B. ist dazu keine Bereichseinschränkung nötig, da der hyperbolische Sinus streng monoton wachsend ist und alle reellen Zahlen als Funktionswert auftreten.

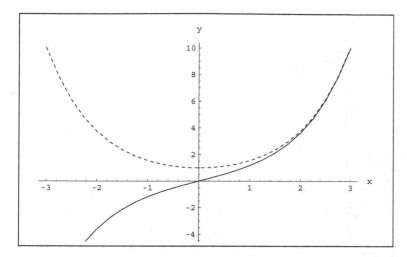

Abbildung 16: Hyperbolischer Sinus $y = sinh(x)$ (durchgezeichnet) und hyperbolischer Kosinus $y = cosh(x)$ (gestrichelt)

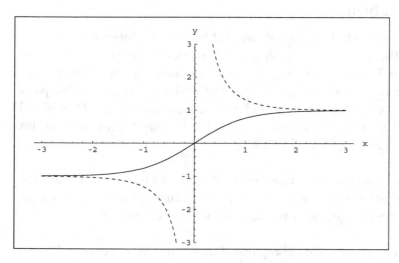

Abbildung 17: Hyperbolischer Tangens (durchgezeichnet) und hyperbolischer Kotangens (gestrichelt)

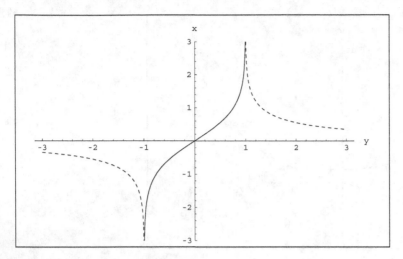

Abbildung 18: Umkehrfunktion $x = arctanh(y)$ (durchgezeichnet) und $x = arccoth(y)$ (gestrichelt) zu hyperbolischem Tangens bzw. Kotangens

## 1.7 Komplexe Zahlen

Reelle Zahlen kann man als Punkte auf der Zahlengeraden interpretieren. Die Punkte der Ebene kann man als *komplexe Zahlen* interpretieren. Einen Punkt mit den kartesischen Koordinaten $(x, y)$ können wir auch in der Form $x + y\,i$ schreiben, wir bezeichnen $i$ als *imaginäre Einheit* und die Ebene als *komplexe Zahlenebene*. Das ist zunächst nur eine andere Schreibweise für das Paar $(x, y)$ reeller Zahlen $x$ und $y$. Man bezeichnet $z = x + y\,i$ als eine komplexe Zahl mit dem Realteil $x$ und dem Imaginärteil $y$.

Wir wollen komplexe Zahlen als Paare reeller Zahlen definieren und zunächst dafür formal eine Addition und eine Multiplikation definieren und betrachten, ob für diese Definition die Rechenregeln reeller Zahlen erhalten bleiben.

Wir können zunächst zu zwei (als komplexe Zahlen interpretierbaren) Paaren reeller Zahlen $(x_1, y_1)$ und $(x_2, y_2)$ eine Summe

$$(x_1, y_1) + (x_2, y_2) = (x_1 + x_2, y_1 + y_2)$$

und ein Produkt

$$(x_1, y_1) \cdot (x_2, y_2) = (x_1 \cdot x_2 - y_1 \cdot y_2, x_1 \cdot y_2 + x_2 \cdot y_1)$$

definieren. Man überzeugt sich durch direkte Rechnungen davon, dass die Kommutativität für die Addition

$$(x_1, y_1) + (x_2, y_2) = (x_2, y_2) + (x_1, y_1)$$

und die Multiplikation

$$(x_1, y_1) \cdot (x_2, y_2) = (x_2, y_2) \cdot (x_1, y_1)$$

gilt. Weiterhin gelten wie im Reellen die Assoziativitätsgesetze für die Addition

$$((x_1, y_1) + (x_2, y_2)) + (x_3, y_3) = (x_1, y_1) + ((x_2, y_2) + (x_3, y_3))$$

und die Multiplikation

$$((x_1, y_1) \cdot (x_2, y_2)) \cdot (x_3, y_3) = (x_1, y_1) \cdot ((x_2, y_2) \cdot (x_3, y_3)) \quad .$$

Auch das Distributivgesetz

$$((x_1, y_1) + (x_2, y_2)) \cdot (x_3, y_3) = (x_1, y_1) \cdot (x_3, y_3) + (x_2, y_2) \cdot (x_3, y_3)$$

bleibt im Komplexen gültig.
$(0, 0)$ ist das komplexe Nullelement, es gilt

$$(x, y) + (0, 0) = (x, y) \quad ,$$

und es gibt keine weiteres Nullelement. Wegen

$$(x, y) + (-x, -y) = (0, 0)$$

ist $(-x, -y)$ das negative Element (auch additiv invers genannt) zu $(x, y)$. $(1, 0)$ ist das Einselement (neutrales Element) der Multiplikation:

$$(1, 0) \cdot (x, y) = (x, y) \quad .$$

Zu jeder von $(0, 0)$ verschiedenen komplexen Zahl $(x, y)$ existiert das (multiplikative) inverse Element $(x/(x^2 + y^2), -y/(x^2 + y^2)$, denn es gilt

$$(x, y) \cdot (x/(x^2 + y^2), -y/(x^2 + y^2)) = (1, 0) \quad .$$

Das inverse Element ist eindeutig bestimmt.

Man überzeugt sich durch direktes Ausrechnen von

$$(0, 1) \cdot (0, 1) = -(1, 0)$$

oder in der Schreibweise mit der imaginären Einheit $i = (0, 1)$ von

$$i^2 = -1 \quad .$$

Im Gegensatz zu den Möglichkeiten in den reellen Zahlen haben wir somit eine komplexe Zahl, deren Quadrat -1 ist. In den reellen Zahlen sind dagegen alle

Quadrate von Null verschiedener Zahlen positiv. Dies ist der Ausgangspunkt für Beweise von Ungleichungen. Weiterhin gilt

$$(-i)^2 = -1 \quad .$$

Man sagt auch, dass -1 die beiden Quadratwurzeln $i$ und $-i$ hat.

Die für reelle Zahlen üblichen Rechenregeln bleiben also für komplexe Zahlen erhalten. Man braucht formal zur Erweiterung des Zahlenbereiches $\mathbb{R}$ der reellen Zahlen auf den Zahlenbereich der komplexen Zahlen $\mathbb{C}$ nur die imaginäre Einheit $i$ mit der Eigenschaft $i^2 = -1$ hinzuzunehmen und mit den üblichen Rechenregeln umzuformen.

Wir wollen Beispiele betrachten. Für die Summe der komplexen Zahlen $z_1 = 2+3\,i$ und $z_2 = 4 - i$ erhalten wir

$$(2 + 3\,i) + (4 - i) = (2 + 4) + (3 - 1)\,i = 6 + 2\,i$$

analog zur Vektoraddition

$$(2, 3) + (4, -1) = (2 + 4, 3 - 1) = (6, 2) \quad .$$

Für die Multiplikation gilt beispielsweise

$$(2 + 3\,i) \cdot (4 - i) = (2 \cdot 4 - 3 \cdot (-1)) + (2 \cdot (-1) + 3 \cdot 4)\,i = 11 + 10\,i \quad .$$

Jede quadratische Gleichung (zunächst mit reellen Koeffizienten) hat innerhalb der komplexen Zahlen zwei Lösungen, die sich nach der bereits betrachteten Lösungsformel berechnen lassen. Zu allen komplexen Zahlen existieren innerhalb der komplexen Zahlen Quadratwurzeln. Für die Wurzel aus der imaginären Einheit gilt z.B.

$$\sqrt{i} = \frac{1}{\sqrt{2}} + \frac{1}{\sqrt{2}}\,i \quad ,$$

da aufgrund der Definition

$$\left(\frac{1}{\sqrt{2}} + \frac{1}{\sqrt{2}}\,i\right)\left(\frac{1}{\sqrt{2}} + \frac{1}{\sqrt{2}}\,i\right) = \left(\frac{1}{\sqrt{2}} \cdot \frac{1}{\sqrt{2}} - \frac{1}{\sqrt{2}} \cdot \frac{1}{\sqrt{2}}\right) + \left(\frac{1}{\sqrt{2}} \cdot \frac{1}{\sqrt{2}} + \frac{1}{\sqrt{2}} \cdot \frac{1}{\sqrt{2}}\right)\,i = i$$

gilt. Ebenso, wie nicht nur 2 eine Wurzel aus 4 ist, sondern auch -2, erhalten wir auch für Quadratwurzeln innerhalb der komplexen Zahlen die zweite Wurzel durch Multiplikation mit -1. Mit Mathematica kann man unmittelbar mit komplexen Zahlen rechnen. Gemäß der üblichen Konvention über die großen Anfangsbuchstaben von Schlüsselwörtern muss auch die imaginäre Einheit in Mathematica als „I" geschrieben werden.

Der Abstand des Nullpunktes von $z = x + y\,i$ wird als Betrag $|z|$ der komplexen Zahl bezeichnet und nach

$$|z| = \sqrt{x^2 + y^2}$$

(unter Verwendung der positiven Wurzel) berechnet. Mit Mathematica erhalten wir z.B.

```
In[1]:= Abs[3 + 4 I]
Out[1]= 5
```

Der Winkel zwischen der Verbindungsgeraden des Nullpunktes und $z = x + y\,i$ und der x-Achse wird als Argument $arg(z)$ bezeichnet. In Mathematica erhalten wir

```
In[2]:= Arg[3+4 I]//N
Out[2]= 0.927295
```

Dabei ist der Winkel in Bogenmaß angegeben. Die benötigten Formeln ergeben sich durch Berechnungen am rechtwinkligen Dreieck. Betrag und Argument einer komplexen Zahl $z = x + y\,i$ (oder auch des entsprechenden Punktes $(x,y)$ der Ebene in kartesischen Koordinaten) werden als Polarkoordinaten bezeichnet. Bei der Betrachtung von Taylorreihen werden wir sehen, wie elementare Funktionen (wie z.B. der Sinus) auch für komplexe Zahlen definiert sind. Mit Mathematica können wir diese Funktionen sofort anwenden, z.B. erhalten wir

```
In[3]:= Sin[1+2 I]//N
Out[3]= 3.16578 + 1.9596 I
```

## 1.8   Polynome und rationale Funktionen

Lineare Funktionen $y = a_0 + a_1 x$ und quadratische Funktionen $y = a_0 + a_1 x + a_2 x^2$ sind Polynome vom Grad eins bzw. zwei. Ein Polynom vom Grad 5 ist z.B. $y = -9 + 13x - x^2 + 2x^3 - 3x^4 + x^5$. Ein Polynom vom Grad $n$ ($n$ natürliche Zahl) hat die Gestalt

$$y = a_0 + a_1 x + a_2 x^2 + \ldots + a_n x^n.$$

Dabei sind $a_0, a_1, \ldots, a_n$ reelle Zahlen, die man Koeffizienten nennt. Unter Verwendung des Summenzeichens kann man auch

$$y = \sum_{j=0}^{n} a_j x^j$$

schreiben. Polynome haben die bemerkenswerte Eigenschaft, dass eine beliebige stetige Funktion in einem Intervall beliebig genau durch ein Polynom mit hinreichend hohem Grad $n$ angenähert werden kann. Als Abstandsmaß von Polynom und anzunähernder Funktion kann der maximale Betrag der Differenz der Funktionswerte oder die Wurzel aus dem Integral über das Quadrat der Differenz der Funktionswerte verwendet werden.

Analog kann man Polynome mit komplexen Argumenten und Koeffizienten verwenden. Im Komplexen gilt der Fundamentalsatz der Algebra, nachdem sich jedes Polynom vom Grad $n$ in $n$ Linearfaktoren zerlegen lässt:

$$\sum_{j=0}^{n} a_j x^j = a_0 + a_1 x + a_2 x^2 + \ldots + a_n x^n = (x - x_1)\ldots(x - x_n) = \prod_{j=1}^{n}(x - x_j)$$

mit $a_i \in \mathbb{C}(i = 1, 2, ..., n)$, $x_i \in \mathbb{C}(i = 1, ..., n)$, $x \in \mathbb{C}$. $x_i$ sind die i.A. komplexen Nullstellen des Polynoms.

Polynome werden auch als ganzrationale Funktionen bezeichnet. Rationale Funktionen sind Quotienten von Polynomen. Diese sind in den Nullstellen des Polynoms im Nenner nicht definiert.

## 1.9   Wiederholung zur Differential- und Integralrechnung

Im nächsten Abschnitt wollen wir die Differentialrechnung als nützliches Hilfsmittel zur Kurvendiskussion verwenden. Zuvor wiederholen wir einige wichtige Begriffe und Definitionen und verdeutlichen sie an einfachen Beispielen. In der Funktion $y = f(x)$ sollen sowohl die unabhängige Variable $x$ als auch die abhängige Variable $y$ reelle Zahlen sein. Die in Abschnitt 1.2 betrachteten quadratischen Funktionen sind Beispiele dazu.

Die quadratischen Funktionen sind stetig. Ganz grob gesprochen bedeutet dies, dass man „die Funktion ohne abzusetzen durch zeichnen kann" im Gegensatz zu Sprungstellen. Es gibt aber Beispiele, die auf den ersten Blick der „Anschauung" zu widersprechen scheinen. Die anschauliche Vorstellung vom Durchzeichnen ist z.B. nicht brauchbar, wenn die zu zeichnende Kurve für $x$ aus einem endlichen Intervall trotzdem in der $(x, y)$-Ebene keine endliche Länge hat, derartige Kurven spielen in der Theorie der Fraktale eine wichtige Rolle. Die Abbildung 19 zeigt eine Unstetigkeit  für $x = 2$.
Die dargestellte Funktion soll für $0 \leq x \leq 2$ durch $y = x$ und für $2 < x \leq 5$ durch $y = x + 1$ definiert sein. Wenn nun zwei x-Werte sich von $x = 2$ beliebig wenig unterscheiden, einer davon aber kleiner, der andere größer als $x = 2$ ist, so unterscheiden sich die zugehörigen y-Werte dennoch um mindestens 1. Man kann also nicht die Differenz der y-Werte beliebig klein machen, wenn man nur die zugehörigen x-Werte nah genug beieinander wählt.

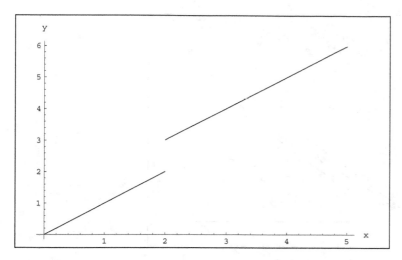

Abbildung 19: Beispiel einer in $x = 2$ unstetigen Funktion

Eine Funktion $y = f(x)$ heißt in einem Punkt $x = x_0$ stetig , wenn sich $y = f(x)$ und $y_0 = f(x_0)$ beliebig wenig unterscheiden, sobald $x$ hinreichend nah an $x_0$ gelegen ist. Zur exakten Beschreibung können wir in der $\epsilon$ - $\delta$ - Symbolik formulieren: Die Funktion $y = f(x)$ heißt im Punkt $x = x_0$ stetig, wenn es zu jedem $\epsilon > 0$ ein $\delta > 0$ gibt, so dass aus $|x - x_0| < \delta$ die Ungleichung $|f(x) - f(x_0)| < \epsilon$ folgt.

Sprünge können zum Beispiel beim Ionenpotential an einer Zellmembran auftreten. Bei einer stetigen Funktion wird also $y - y_0$ klein, wenn $x - x_0$ klein wird. Untersuchen wir den Quotienten $(y - y_0)/(x - x_0)$ bei der Annäherung von $x$ an $x_0$ genauer, so werden wir zum Begriff der Ableitung geführt.

Wir verwenden zur Illustration zunächst wieder die quadratische Funktion $y = x^2$ und betrachten speziell den Punkt $x_0 = 1$ mit dem zugehörigen Funktionswert $y_0 = x_0^2 = 1$. In der Abbildung 20 wurde der Ausgangspunkt $(x_0, y_0) = (1, 1)$ im ebenen rechtwinkligen x-y-Koordinatensystem mit dem Punkt $(x, y) = (4, 16) = (4, 4^2)$ durch eine Sekante verbunden. Ebenso sind die sich zu $x = 2$ und $x = 3$ ergebenden Sekanten eingezeichnet. Der Anstieg dieser Sekanten gibt an, wie sich der y-Wert relativ zum x-Wert verändert. Lassen wir $x$ immer näher an $x_0$ heranrücken, so gelangen wir zu der eingezeichneten Tangente.

Zur genauen Beschreibung verwendet man Grenzwerte . Die Annäherung von $x$ an $x_0$ wird mit $\lim_{x \to x_0}$ symbolisiert. Für die Ableitung ist das Verhältnis $(y -$

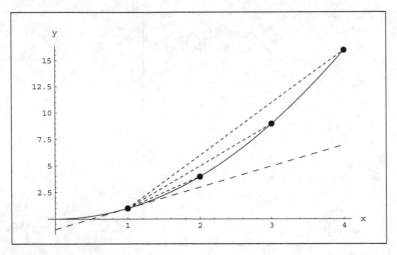

Abbildung 20: Quadratische Funktion $y = x^2$ (durchgezeichnet) mit Tangente in $x = 1$ (lang gestrichelt) und drei eingezeichneten Sekanten (kurz gestrichelt)

$y_0)/(x - x_0)$ bei der Annäherung von $x$ an $x_0$ von Interesse:

$$\lim_{x \to x_0} \frac{y - y_0}{x - x_0} \quad .$$

Die Definition kann wieder in der $\epsilon$-$\delta$-Symbolik erfolgen. Wir sagen, dass der Grenzwert $f'(x_0)$ existiert, wenn zu jedem $\epsilon > 0$ ein $\delta > 0$ existiert, so dass aus $|x - x_0| < \delta$, $x \neq x_0$ die Ungleichung

$$\left| f'(x_0) - \frac{y - y_0}{x - x_0} \right| < \epsilon$$

folgt und schreiben

$$f'(x_0) = \lim_{x \to x_0} \frac{y - y_0}{x - x_0} \quad .$$

Wir kommen zum Beispiel zurück. Wir betrachten die Umformung (binomischer Satz) $x^2 - x_0^2 = (x + x_0)(x - x_0)$, von der man sich durch direktes Ausmultiplizieren überzeugen kann. Da sich der in Zähler und Nenner enthaltene Faktor $x - x_0$ heraushebt, erhalten wir

$$\lim_{x \to x_0} \frac{y - y_0}{x - x_0} = \lim_{x \to x_0} (x + x_0) = 2x_0 \quad .$$

Der eben berechnete Wert wird (erste) Ableitung der Funktion $y = x^2$ (nach $x$) im Punkt $x_0$ genannt und mit $y'(x_0)$ oder $\frac{dy}{dx}(x_0)$ bezeichnet. Natürlich ist die Berechnung nicht immer so einfach wie im betrachteten Beispiel möglich.

Die in üblichen Tafelwerken enthaltenen Ableitungen sind in der Regel auch mit Mathematica verfügbar. Geometrisch kann man die Ableitung als den Anstieg der Tangenten deuten.

Die Ableitung ist ein Maß für die Größe der Änderung $y - y_0$ des y-Wertes relativ zur Änderung $x - x_0$ des x-Wertes in der Nähe des Ausgangspunktes $x_0$. Haben wir im betrachteten Beispiel eine Ableitung $2x_0 = 2$ für $x_0 = 1$ berechnet, so bedeutet das, dass sich $y$ näherungsweise (exakt als Grenzwert) doppelt so schnell wie $x$ ändert. Beispielsweise ergibt sich mit $x = 1.000001$ $y = 1.000002$ (mit 10 Nachkommastellen Genauigkeit). Also gilt $y - y_0 = 0.000002$ sowie $x - x_0 = 0.000001$ und damit $y - y_0 = 2(x - x_0)$ (näherungsweise).

Wir können Ableitungen $f'(x)$ problemlos in Mathematica mit der Anweisung D[f[x],x] oder auch mit D[y,x] berechnen. Für das verwendete Beispiel gilt

```
In[n]:= D[x^2,x]
Out[n]= 2 x
```

Mathematica kann den Grenzwert natürlich nur dann berechnen, wenn er existiert. Die zu differenzierende Funktion kann durchaus weitere Parameter enthalten (z.B. $c\,x^2$ statt $x^2$), so dass angegeben werden muss, nach welcher Variablen differenziert werden soll. Ein weiteres Beispiel zum Differenzieren ist

```
In[n]:=D[Sin[x],x]
Out[n]=Cos[x]
```

Für differenzierbare Funktionen $f(x)$ und $g(x)$ sind auch Summe, Produkt und Quotient (für $g(x) \neq 0$) wieder differenzierbar und es gelten die Rechenregeln

$$
\begin{aligned}
(f + g)'(x) &= f'(x) + g'(x) \\
(f \cdot g)'(x) &= f'(x) \cdot g(x) + f(x) \cdot g'(x) \\
\left(\frac{f}{g}\right)'(x) &= \frac{f'(x) \cdot g(x) - f(x) \cdot g'(x)}{(g(x))^2}\,.
\end{aligned}
$$

Man kann durch einen direkten Rückgriff auf die Definitionen zeigen, dass eine differenzierbare Funktion auch stetig ist. Umgekehrt müssen aber stetige Funktionen nicht differenzierbar sein. Ist $f(x)$ im Intervall [0,1] durch $f(x) = x$ und im Intervall [1,2] durch $f(x) = 2 - x$ definiert, so ist $f(x)$ im Punkt $x = 1$ stetig, aber nicht differenzierbar, wie in Abbildung 21 dargestellt.

Es gibt auch Beispiele stetiger Funktionen, die in keinem Punkt differenzierbar sind. Während derartige Funktionen früher eher als mathematische Spielereien betrachtet wurden, ergibt sich heute in der Theorie der Fraktale eine völlig neue Bewertung (vgl. Kapitel 9).

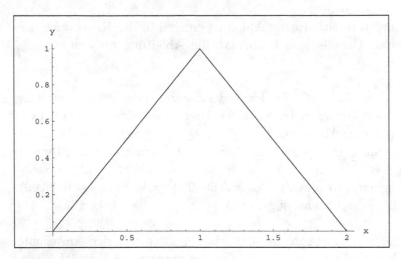

Abbildung 21: Beispiel einer stetigen, aber in $x = 1$ nicht differenzierbaren Funktion

Eine Möglichkeit, Integrale einzuführen, besteht darin, eine Umkehrung zum Differenzieren zu suchen (dabei gelangen wir zu den „unbestimmten Integralen"). Ist eine in einem Intervall oder auch für die gesamten reellen Zahlen definierte stetige Funktion $f(x)$ gegeben (z.B. wieder $f(x) = x^2$), so kann man fragen, ob es eine Funktion $g(x)$ gibt, deren Ableitung in jedem Punkt des betrachteten Intervalls gleich der Funktion $f(x)$ ist. Man kann zeigen, dass es zu jeder stetigen Funktion $f(x)$ eine differenzierbare Funktion $g(x)$ mit $g'(x) = f(x)$ für alle Punkte im Inneren des betrachteten Intervalls gibt. Man schreibt dann

$$g(x) = \int f(x)\, dx \ .$$

$g(x) = \frac{1}{3}x^3$ ist eine Funktion, deren Ableitung $f(x) = x^2$ ist:

```
In[n]:=Integrate[x^2,x]
```

```
          3
         x
Out[n]=-
         3
```

Der Leser kann dies durch Differenzieren mit Mathematica überprüfen, die Eingabe dazu ist

```
In[n]:= D[x^3/3,x]
```

Zwei verschiedene Funktionen mit der Ableitung $f(x)$ können sich nur um eine Konstante unterscheiden.

Nicht jede stetige Funktion ist differenzierbar, wohl aber integrierbar. Für die Form der Ergebnisse gibt es ein in gewisser Weise gegenläufiges Resultat. Ist $f(x)$ eine elementare Funktion (z.B. eine durch Grundrechenarten oder Hintereinanderausführung der betrachteten Funktionen), so ist die Ableitung $f'(x)$ (falls sie existiert) wieder eine elementare Funktion. Wir können sie in üblicher Weise aufschreiben, ohne dafür immer neue Hilfsfunktionen einführen zu müssen. Dagegen braucht das Integral $\int f(x)\,dx$ einer elementaren Funktion $f(x)$ keine elementare Funktion zu sein (dies trifft schon auf einfache Funktionen wie $f(x) = sin(x)/x$ zu). Mathematica hat mit der symbolischen Integration (so wird das Auffinden der Stammfunktion $\int f(x)\,dx$ auch bezeichnet) möglicherweise Probleme verschiedener Art. Einfache Integrale (wie oben) kann es angeben. Die Ergebnisse können unter bestimmten Umständen fehlerhaft sein, die Ergebnisse können versionsabhängig sein. In komplizierteren Fällen muss man vor dem Integrieren Umformungen vornehmen, die zu einfacher bestimmbaren Integralen führen.

Eine andere Möglichkeit zur Einführung von Integralen (hier gelangt man zu den „bestimmten Integralen") wird bei der Bestimmung des Inhaltes von Flächen verwendet, die durch Funktionen (und evtl. durch weitere Geraden) begrenzt werden. Man kann z.B. nach dem Inhalt der Fläche fragen, die durch $y = x^2$, die x-Achse und die Senkrechten $x = 1$ und $x = 3$ begrenzt wird (die schraffierte Fläche der Abbildung 22). In diesem Zugang nähert man die Fläche durch immer schmalere Rechtecke bei aufeinander folgenden Näherungen unter Verwendung eines geeigneten Grenzwertbegiffs an. Abbildung 23 veranschaulicht vier Näherungsschritte. Beide Einführungen des Integrals hängen zusammen. Gilt $f(x) \geq 0$, so wird die Fläche zwischen $f(x)$ und der x-Achse von $x = a$ bis $x = b$ (mit $a < b$) mit

$$\int_a^b f(x)dx$$

bezeichnet (bestimmtes Integral). Ist $g(x))$ eine Funktion mit der Ableitung $f(x)$, so wird sie auch als Stammfunktion bezeichnet. Nach dem Hauptsatz der Differential- und Integralrechnung gilt

$$\int_a^b f(x)\,dx = g(b) - g(a).$$

Im Beispiel zur Abbildung 22 erhalten wir

$$\int_1^3 x^2 dx = 3^3/3 - 1^3/3 = 26/3.$$

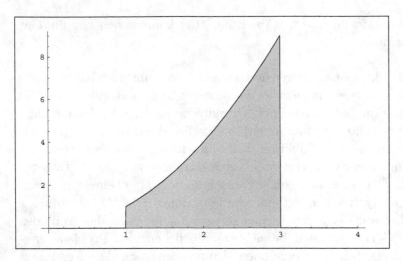

Abbildung 22: Flächenbestimmung

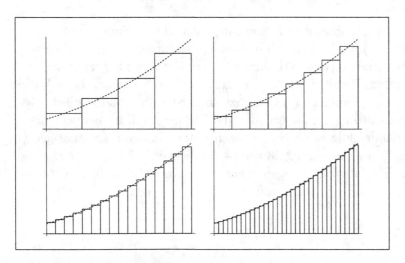

Abbildung 23: Näherungsschritte zur Flächenberechnung bei der bestimmten Integration

Um die angesprochenen Schwierigkeiten bei der Bestimmung der Stammfunktion zu umgehen, kann man auf (sehr genaue) Näherungsmethoden ausweichen. Verwendet man Mathematica, muss der Anwender in einfachen Situationen über diese Näherungsmethoden kaum etwas wissen. Das „numerische Integrieren" wird durch NIntegrate angesprochen. In komplizierteren Situationen müssen spezielle Methoden der numerischen Mathematik angewendet werden.

Zur Berechnung des Inhaltes der Fläche aus Abbildung 22 reicht der Befehl

```
In[n]:= NIntegrate[x^2,{x,1,3}]
```

## 1.10 Kurvendiskussion mit Mathematica

Es soll eine Kurvendiskussion an dem Beispiel

$$f(x) = \frac{x^2 - 1}{(x - 2)(x - 3)}$$

mit Hilfe von Mathematica durchgeführt werden. Einen ersten Eindruck erhalten wir mit der Darstellung mit Hilfe der Mathematica - Anweisung

```
Plot[(x^2-1)/((x+2)(x-3)),{x,-15,10}]
```

in Abbildung 36. Allerdings ist das relevante Intervall für die Argumente bereits verwendet worden. Dieses Intervall ergibt sich durch die folgenden Betrachtungen.

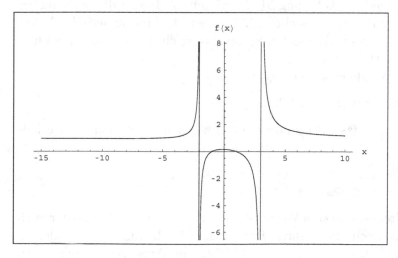

Abbildung 24: Kurvenverlauf

Die Nullstellen ergeben sich mit

```
In[n]:=Solve[f==0,x]
Out[n]={{x->-1},{x->1}}
```

Die Nullstellen sind also $x = -1$ und $x = 1$ (was man in diesem Beispiel auch sofort ablesen kann). Kennt Mathematica für die Gleichung zur Nullstellenbestimmung keine Lösungsformel, so müssen wir eine numerische Näherungslösung mit „FindRoot[...]" unter Verwendung von Startwerten finden . Die Polstellen $x = -2$ und $x = 3$ von $f(x)$ sind die Nullstellen des Nenners $(x + 2)(x - 3)$.

Da $f(x)$ für alle x verschieden von den Polstellen differenzierbar ist, ist $f'(x) = 0$ eine notwendige Bedingung für lokale Extremwerte, also für lokale Maxima oder Minima. Wir erhalten

```
In[n]:=loes=Solve[D[f,x]==0,x]
                -10 + Sqrt[96]                -10 - Sqrt[96]
Out[n]= {{x -> --------------},  {x -> --------------}}
                      2                            2
```

Die beiden Lösungen lassen sich zu $x_1 = -5 + 2\sqrt{6}$ und $x_2 = -5 - 2\sqrt{6}$ vereinfachen. Mit „Solve[D[f,x]==0,x]//N" erhalten wir die numerischen Näherungswerte $x_1 = -0.101021$ und $x_2 = -9.89898$. Ist die zweite Ableitung $f''(x)$ an den berechneten Punkten von 0 verschieden, so liegt ein Extremwert vor, und zwar ein Maximum für eine negative zweite Ableitung und ein Minimum für eine positive zweite Ableitung. Wir verwenden

```
In[n+1]:=D[f,x,x]/.loes//N
Out[n+1]={-0.282544,0.000943806}
```

Dabei werden in der zweiten Ableitung D[f,x,x] mit „/.loes " die berechneten Nullstellen eingesetzt. Das nachgestellte „//N" bewirkt, dass numerische Näherungswerte berechnet werden. Also hat $f(x)$ bei $x = x_1$ ein lokales Maximum und bei $x = x_2$ ein lokales Minimum.

Die Berechnung der Wendepunkte erfolgt mit

```
loes1=Solve[D[f,x,x]==0,x]//N//Chop
```

Dabei bewirkt „//Chop", dass sehr kleine Größen weggelassen werden. Wir erhalten als Lösung

```
{{x -> -0.035417 - 1.39329 I}, {x -> -14.9292},
  {x -> -0.035417 + 1.39329 I}}
```

Nur der zweite der drei berechneten Werte ist reell (ohne „//Chop"hätten wir auch für den reellen Wert noch einen durch Rundungsfehler bedingten sehr kleinen Imaginärteil erhalten). Damit ist $x_w = -14.9292$ ein Wendepunkt, falls noch $f'''(x_w) \neq 0$ gilt. Dies überprüfen wir mit

```
D[f,x,x,x]/.loes1[[2]]
```

Dabei verwendet loes1[[2]] die reelle (zweite) Lösung aus loes1. Wir erhalten den von Null verschiedenen Wert 0.0000359278.

## 1.11 Exponentialfunktion und Winkelfunktionen mit komplexen Argumenten

In der Modellierung verwenden wir zu einem erheblichen Teil die Exponentialfunktion und die Winkelfunktionen. Dies gilt sowohl für Wachstumsprozesse als auch für periodische Vorgänge. Interessanterweise gibt es interessante Zusammenhänge zwischen der Exponentialfunktion und den Winkelfunktionen, die sich nur erschließen, wenn man für Argument und Funktionswert komplexe Variablen verwendet. Da dieser Gesichtspunkt sowohl bei der Modellierung als auch bei den „eher technischen" Rechnungen Eingang findet, soll er einführend betrachtet werden. Es gibt auch noch einen weiteren pragmatischen Grund. In interdisziplinären Diskussionen zur Modellbildung spielt die Visualisierung von Ansätzen und Ergebnissen eine wichtige Rolle. Schon bei den angeführten „relativ einfachen" Funktionen treten erstaunliche Eigenschaften (und grafische Darstellungen) auf, die später bei Modelldiskussionen sehr wichtig werden, nämlich die Zusammenführung unterschiedlicher Zeitskalen (mathematisch z.B. in der singulären Störungstheorie). Daher ist es schon einen Blick wert, mit einer für die komplexe Analysis typischen Sichtweise auf elementare Funktionen zu beginnen. In der Kombination von algebraischen Umformungen (wir werden auf den Gesichtspunkt „Computeralgebra - System" zurückkommen) und grafischer Darstellung entfaltet Mathematica seine Fähigkeiten. Man darf sich dabei allerdings nicht der Illusion hingeben, dass das System nicht verstandene Aspekte „von sich aus" richtig behandelt. Das „Formelgedächtnis" des Systems wird in einer anwendungsbereiten Form die Möglichkeiten des eigenen Gedächtnisses i.A. wesentlich übersteigen. Der Knackpunkt ist zunehmend die Validierung der sachgerechten Anwendung oder Modellierung mit den durchgeführten Rechnungen. Aus diesem Grund sollen prinzipielle Aspekte der zu betrachtenden Funktionen an dieser Stelle betrachtet werden.

Wir wollen die Exponentialfunktion und die Winkelfunktionen mit komplexen Argumenten und Funktionswerten untersuchen, also als Abbildung von $\mathbb{C}$ in $\mathbb{C}$. Da wir bei der Veranschaulichung als 3D-Grafik keine vier Dimensionen zur Verfügung haben, betrachten wir bei den Funktionswerten getrennte Grafiken für Real- und Imaginärteil der Funktionswerte oder deren Polarkoordinaten. Wir können mit Mathematica eine vierte Dimension indirekt mit Farbwerten veranschaulichen. Auf eine derartige Möglichkeit kommen wir in Abschnitt 7.1 zur Hodgkin-Huxley-Theorie der Nervenmembranen und in Anschnitt 7.9 zur van der Polschen Differentialgleichung, die periodische Vorgänge beschreibt, zurück. Zunächst wollen wir strukturelle Beziehungen zwischen Exponential- und Winkelfunktionen im Komplexen betrachten, die auch für die Modellierung interessante Möglichkeiten ergeben. Einen günstigen Ausgangspunkt für Untersuchungen oder bereits für die Definitionen sind Taylorreihen.

Die Ableitung wird im Komplexen formal wie im Reellen definiert: die komplex-wertige Funktion $f(z)$ einer komplexen Variablen $z$ heißt im Punkt $z = z_0$ diffe-renzierbar, wenn der Grenzwert

$$\lim_{z \to z_0} \frac{f(z) - f(z_0)}{z - z_0}$$

existiert. Die Existenz eines Grenzwertes kann wie bereits im Reellen betrachtet in der $\epsilon$-$\delta$-Symbolik definiert werden: Der Grenzwert $f'(z_0)$ existiert und heißt Ableitung, wenn zu jedem $\epsilon > 0$ ein $\delta > 0$ existiert, so dass aus $|z - z_0| < \delta$, $z \neq z_0$ die Ungleichung

$$\left| f'(z_0) - \frac{f(z) - f(z_0)}{z - z_0} \right| < \epsilon$$

folgt. Im Komplexen kann man die Grenzwerte z.B. parallel zur reellen oder zur imaginären Achse bilden, in beiden Fällen muss sich der gleiche Grenzwert erge-ben. Daher ist die Forderung der komplexen Differenzierbarkeit einschränkender als im Reellen.

Wir sagen, dass eine unendlich oft differenzierbare Funktion

$$w = f(z)$$

für reelles oder komplexes $z$ in einer Umgebung $|z - z_0| < r$ von $z_0$ eine Taylorreihe besitzt, wenn wir sie durch eine konvergente Potenzreihe

$$f(z) = \sum_{n=0}^{\infty} a_n (z - z_0)^n$$

darstellen können. Eine Reihe

$$\sum_{n=0}^{\infty} b_n$$

(und damit speziell auch eine Potenzreihe mit $b_n = a_n (z - z_0)^n$) heißt in Analogie zur $\epsilon$-$\delta$-Symbolik konvergent gegen den Grenzwert $b$ wenn zu jedem $\epsilon > 0$ ein $N \in \mathbb{N}$ existiert, so dass aus $m > N$ die Ungleichung

$$\left| b - \sum_{n=0}^{m} b_n \right| < \epsilon$$

folgt. $\sum_{n=0}^{m} b_n$ wird als Partialsumme bezeichnet. Es ergeben sich die Koeffizienten durch die n-ten Ableitungen

$$a_n = \frac{f^{(n)}(z_0)}{n!} \quad .$$

Für Näherungsrechnungen sind endliche Partialsummen mit einem Restglied nützlich:

$$f(z) = \sum_{n=0}^{m} \frac{f^{(n)}(z_0)}{n!}(z - z_0)^n + R_{m+1} \quad .$$

Für reelle $z$ kann $R_n$ in der Form

$$R_m = \frac{f^{(m)}(\zeta)}{m!}$$

mit einem $\zeta$ aus dem Intervall $[z_0, z]$ angegeben werden. $n! = \prod_{k=1}^{n} k$ ist das Produkt der natürlichen Zahlen von 1 bis $n$.

Partialsummen zu Taylorreihen lassen sich bequem mit Mathematica berechnen:

```
In[1]:= Series[E^z,{z,0,5}]
```

```
            2    3     4     5
           z    z     z     z            6
Out[1]= 1 + z + -- + -- + -- + --- + O[z]
            2    6    24    120
```

Dabei ist $z = 0$ der Entwicklungspunkt und die Entwicklung wird bis zur fünften Potenz in $z$ durchgeführt. Die Schreibweise $O(z^6)$ bedeutet, dass für das Restglied $R_6$ mit einer Konstanten $c$ die Ungleichung $|R_6| \leq c|z|^6$ gilt. Analog erhalten wir

$$sin(z) = x - \frac{x^3}{3} + \frac{x^5}{120} - \frac{x^7}{5040} + \frac{x^9}{362880} + O(z^{11})$$

$$cos(z) = 1 - \frac{x^2}{2} + \frac{x^4}{24} - \frac{x^6}{720} + \frac{x^8}{40320} - \frac{x^{10}}{3628800} + O(z^{11})$$

$$sinh(z) = x + \frac{x^3}{3} + \frac{x^5}{120} + \frac{x^7}{5040} + \frac{x^9}{362880} + O(z^{11})$$

$$cosh(z) = 1 + \frac{x^2}{2} + \frac{x^4}{24} + \frac{x^6}{720} + \frac{x^8}{40320} + \frac{x^{10}}{3628800} + O(z^{11})$$

Diese Partialsummen lassen bereits vermuten, dass die betrachteten Funktionen strukturell eng zusammenhängen.

Wir wollen die Reihe der Exponentialfunktion für komplexe Argumente als Definition verwenden:

$$e^z = \sum_{n=0}^{\infty} \frac{z^n}{n!} \quad .$$

Diese Reihe ist für alle komplexen $z$ absolut konvergent (d.h. die Reihe der Absolutbeträge konvergiert). Für reelle Werte von $z$ ist dies die aus der reellen Analysis bekannte Exponentialfunktion. Absolut konvergente Reihen darf man umordnen und miteinander multiplizieren. Man erhält

$$e^{z_1+z_2} = e^{z_1} e^{z_2} \quad . \tag{1}$$

Der Beweis ergibt sich aus den Definitionen und der binomischen Formel: Der Koeffizient vom allgemeinen Glied $z_1^n z_2^m$ ist auf beiden Seiten $1/(n!m!)$. Speziell gilt dann mit $i$ als imaginärer Einheit

$$e^{x+y\,i} = e^x e^{y\,i} \quad .$$

Wir wollen uns davon überzeugen, dass $e^{y\,i}$ ein Punkt auf dem Einheitskreis (Kreis um den Nullpunkt mit dem Radius 1) ist. Dazu definieren wir als nächstes Sinus- und Kosinusfunktion für komplexe Argumente unter Verwendung einer Potenzreihe:

$$\sin z = \sum_{n=0}^{\infty} (-1)^n \frac{z^{2n+1}}{(2n+1)!}$$

$$\cos z = \sum_{n=0}^{\infty} (-1)^n \frac{z^{2n}}{(2n)!} \quad .$$

Diese Reihen sind für alle komplexen $z$ absolut konvergent. Ausgehend von dieser Definition werden wir in Kapitel 4 Funktionalgleichungen für die eingeführten Funktionen betrachten. Wir werden sehen, wie sich z.B. die Kosinusfunktion aus einer Funktionalgleichung ergibt.

Durch Umordnung ergibt sich direkt aus den Definitionen die Euler-Identität

$$e^{i\,z} = \cos z + \sin z\, i \quad . \tag{2}$$

Aus den Reihendefinitionen erhalten wir für alle komplexen $z$

$$\sin z = -\sin(-z)$$
$$\cos z = \cos z \quad .$$

Aus der Eulerschen Gleichung folgt

$$e^{-i\,z} = \cos z - i \sin z \quad . \tag{3}$$

Mit der oben angegebenen Rechenregel für die Exponentialfunktion folgt durch Multiplikation mit der Eulerschen Gleichung, dass die aus dem Reellen bekannte Gleichung

$$\sin^2 z + \cos^2 z = 1 \tag{4}$$

auch im Komplexen gilt. Dabei wird in üblicher Weise $\sin^2 z$ als Bezeichnung für $(\sin z)^2$ verwendet, ebenso für die Kosinusfunktion.

Damit haben wir (wie oben behauptet) gezeigt, dass

$$e^{yi} = \cos y + i \sin y$$

für reelle $y$ ein Punkt auf dem Einheitskreis ist. Die verwendete Reihendefinition von Sinus- und Kosinusfunktion stimmt damit mit der elementargeometrischen Definition von Sinus und Kosinus im rechtwinkligen Dreieck überein.

Mit Hilfe der Eulerschen Gleichung erhalten wir für komplexe Zahlen $z = x + yi$

$$e^{x+yi} = e^x(\cos(y) + \sin(y)\,i) \quad.$$

Die Exponentialfunktion ist also für konstantes $x$ in $y$ periodisch, wenn wir die Periodizität der reellen Winkelfunktionen als bekannt voraussetzen. Man kann auch direkt zeigen, dass aus der Reihendefinition die Periodizität mit den bekannten Perioden folgt. Aus der eben betrachteten Gleichung ist erkennbar, wie die komplexe Exponentialfunktion mit den reellen Winkelfunktionen zusammenhängt. Für Real- und Imaginärteil erhalten wir

$$\begin{aligned} Re(e^{x+yi}) &= e^x \cos(y) \\ Im(e^{x+yi}) &= e^x \sin(y) \quad. \end{aligned}$$

Mit Mathematica erhalten wir dieses Ergebnis durch

```
ComplexExpand[Re[E^(x+y I)]]
```

Bei der Verwendung von *ComplexExpand* nimmt Mathematica an, dass alle auftretenden Variablen (hier also $x$ und $y$) reell sind. Ohne diese Voraussetzungen wäre die Berechnung von Real- und Imaginärteil schwieriger. Wir erhalten mit Mathematica die 3D-Darstellung des Realteils in Abbildung 25.

Für den Imaginärteil ergibt sich eine ähnliche Darstellung. In den Polarkoordinaten erhalten wir für Absolutwert und Argument der Funktionswerte

$$\begin{aligned} |e^{x+yi}| &= e^x \\ Arg(e^{x+yi}) &= \arctan(y) \quad. \end{aligned}$$

Aus der Funktionalgleichung (1) für die Exponentialfunktion folgt für $z_1 = x\,i$ und $z_2 = y\,i$ aus der Eulerschen Gleichung

$$\cos(x+y) + \sin(x+y)\,i = (\cos x + \sin x\,i)(\cos y + \sin y\,i) \quad.$$

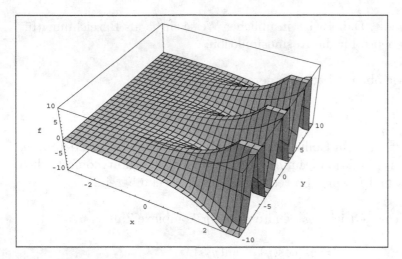

Abbildung 25: Realteil der komplexen Exponentialfunktion

Wir nehmen zunächst an, dass $x$ und $y$ reell sind. Eine Zerlegung in Real- und Imaginärteil ergibt die Additionstheoreme für die Winkelfunktionen:

$$\cos(x+y) = \cos x \cos y - \sin x \sin y \qquad (5)$$
$$\sin(x+y) = \sin x \cos y + \cos x \sin y \quad . \qquad (6)$$

Eine Auflösung des Systems aus der Eulerschen Gleichung (2) und der daraus folgenden Gleichung (3) ergibt

$$\cos z = \frac{e^{zi} + e^{-zi}}{2} \qquad (7)$$
$$\sin z = \frac{e^{zi} - e^{-zi}}{2i} \quad . \qquad (8)$$

Damit lässt sich durch direktes Nachrechnen zeigen, dass die Additionstheoreme auch für komplexe Zahlen $x$ und $y$ gültig sind.

Wir definieren für alle komplexen Zahlen $z$ wie für reelle Zahlen üblich die hyperbolischen Winkelfunktionen:

$$\cosh z = \frac{e^{z} + e^{-z}}{2} \qquad (9)$$
$$\sinh z = \frac{e^{z} - e^{-z}}{2} \quad . \qquad (10)$$

Als Potenzreihen erhalten wir dann die bis auf die alternierenden Vorzeichen mit den Reihen für Sinus- und Kosinusfunktion übereinstimmenden Reihen

$$\sinh z \;=\; \sum_{n=0}^{\infty} \frac{z^{2n+1}}{(2n+1)!} \tag{11}$$

$$\cosh z \;=\; \sum_{n=0}^{\infty} \frac{z^{2n}}{(2n)!} \;\;. \tag{12}$$

Wir können auch (11) und (12) als Definitionen verwenden und erhalten (9) und (10) als Folgerungen. Durch Vergleich von (7) und (10) sowie (8) und (9) erhalten wir für alle komplexen Zahlen $z$ die Gleichungen

$$\cosh z \;=\; \cos(z\,i) \tag{13}$$

$$\sinh z \;=\; -\sin(z\,i)\,i \;\;. \tag{14}$$

Dieser Zusammenhang zwischen Winkelfunktionen und hyperbolischen Winkelfunktionen würde sich ohne Verwendung komplexer Zahlen nicht erschließen.

Aus den Additionstheoremen (5) und (6) für die komplexen Winkelfunktionen folgt unter Verwendung von (13) und (14)

$$\sin(x + y\,i) \;=\; \sin(x)\cosh(y) + \cos(x)\sinh(y)i$$
$$\cos(x + y\,i) \;=\; \cos(x)\cosh(y) - \sin(x)\sinh(y)i \;\;.$$

Ohne Verwendung der Potenzreihen könnten wir diese Gleichungen als Definitionen für Sinusfunktion und Kosinusfunktion für komplexe Argumente verwenden. Man kann nachrechnen, dass mit dieser Definition die für reelle Argumente gültigen Funktionalgleichungen bestehen bleiben.

Aus den letzten Gleichungen erkennen wir, dass Sinus- und Kosinusfunktionen im Komplexen sowohl Aspekte der Sinus- und Kosinusfunktion als auch der entsprechenden hyperbolischen Funktionen beinhalten. Wir beginnen mit der Betrachtung Absolutbetrages der Sinusfunktion in der Nähe des Ursprungs und erhalten durch

```
Plot3D[Abs[Sin[x+I y]],{x,-0.1,0.1},{y,-0.1,0.1}]
```

die Abbildung 26. Wir erhalten eine Funktion mit einem Minimum im Koordinatenursprung.

Für den Realteil der komplexen Sinusfunktion erhalten wir durch

```
Plot3D[Re[Sin[x+I y]],{x,-8,8},{y,-2,2}]
```

in einer interessanten Auflösung die Abbildung 27. Die Schwingungseigenschaft in x-Richtung ist deutlich erkennbar.

Diese Situation verändert sich durch Vergrößerung des y-Intervalls durch

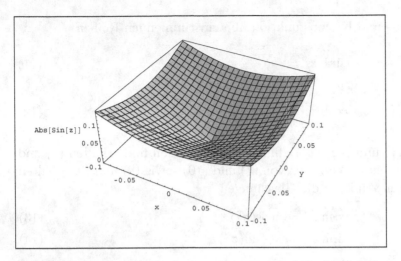

Abbildung 26: Absolutbetrag der komplexen Sinusfunktion in der Nähe
des Koordinatenursprungs

```
Plot3D[Re[Sin[x+I y]],{x,-8,8},{y,-6,6}]
```

in Abbildung 28. Die Schwingung in x-Richtung ist wegen einer wesentlich größeren y - Skalengröße in der Grafik kaum noch erkennbar. Auch hier haben wir
durch diese Eigenschaften einen Einstieg in das Zusammenspiel mikroskopischer
und makroskopischer Skalen, wie es in der singulären Störungstheorie typisch ist,
wir werden auf derartige Fragen in der Michaelis-Menten-Theorie für die Enzymkinetik zurückkommen.

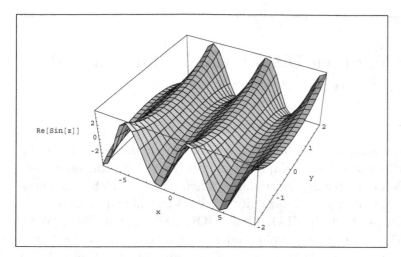

Abbildung 27: Realteil der komplexen Sinusfunktion mit gut erkennbarem Schwingungsverhalten

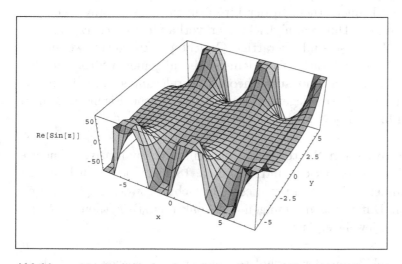

Abbildung 28: Realteil der komplexen Sinusfunktion mit teilweise schwach erkennbarem Schwingungsverhalten

# 2 Modellierung durch Differentialgleichungen und dynamische Systeme

## 2.1 Einführung

Wir wollen in diesem Kapitel den allgemeinen Rahmen skizzieren, der für die Mehrzahl der Modelle der weiteren Kapitel wesentlich ist. Wir können selbstverständlich keine Detaildarstellung der umfangreichen und vielschichtigen Theorie der Differentialgleichungen geben, dazu gibt es eine Vielzahl von Lehrbüchern, vgl. z.B. [ARN 2001], [AUL 2004], [HAL 1969], [JOR 1999], [VER 1990], [WAL 2000] und [WIL 1971]. Auf einen primär anderen Ansatz, nämlich die Funktionalgleichungsmodelle, gehen wir im Kapitel 4 ein. Es gibt eine Vielzahl von Zusammenhängen zwischen Differential- und Funktionalgleichungsmodellen.

Wir werden in den folgenden Kapiteln einige wenige Beispiele explizit lösbarer Differentialgleichungen kennenlernen. In der Literatur ist eine umfangreiche Beschreibung explizit lösbarer Differentialgleichungen vorhanden, deren Eigenschaften von praktischem Interesse sind. Derartige Gesichtspunkte gehen wesentlich bereits auf Gauß und Euler zurück. Trotzdem ist die allgemeine Situation die, dass leider selten ein praktisch und auch theoretisch relevantes Modell explizit lösbar ist. Daher ist es von grundlegender Bedeutung, welche Eigenschaften in diesem Fall erhalten bleiben oder auch neu entstehen.

Der Begriff der **dynamischen Systeme** hat sich aus der qualitativen Theorie der Differentialgleichungen entwickelt und wurde ca. 1880 - 1900 durch Poincaré und Ljapunov begründet. Wir wollen mit dieser Betrachtungsweise beginnen und die Betrachtung von Differentialgleichungen bei konkreten Beispielen dann im zweckmäßigen Umfang jeweils ergänzen.

Wir werden in Kapitel 3 mit der Verhulstgleichung als einer explizit behandelbaren Differentialgleichungen beginnen. Die Lösungen führen bis auf lineare Skalentransformationen auf die hyperbolische Tangens- und Kotangensfunktion. Durch einen sigmoiden „Beuteterm", werden wir zu einer Gleichung geführt, deren Gleichgewichtszustände in Abhängigkeit von den Systemparametern $c$ und $A$ zu einem Hystereseverhalten führen. Eine (als hinreichend langsam angenommene Veränderung der Systemparameter im Vergleich zur näherungsweisen Erreichung von Gleichgewichtszuständen) führt in bestimmten Parameterbereichen zu unterschiedlichen Gleichgewichtslösungen bei Erhöhung und anschließender Verkleinerung der Systemparameter. Eine mögliche ökologische Interpretation besteht darin, dass ein System zu einem bestimmten Zeitpunkt zunächst in einem „unbedenklichen" Zustand befindet. Angenommen, eine Veränderung der Systemparameter führt dann zu einem „unerwünschten" Systemzustand. Dann kann es möglich sein, dass die Verringerung der Parameters auf den ursprünglichen Wert das System immer noch im „unerwünschten" Zustand belässt, da mehrere Gleichgewichtszustände möglich sind. Ein (lokaler) Gleichgewichtszustand bewirkt, dass ausreichend kleine Veränderungen auf Grund der Systemdynamik zum Gleichgewicht zurückführen. Daher ist es wichtig, Gleichgewichtszustände qualitativ zu untersuchen.

Wird neben der zeitlichen Veränderung eine Wirkungsausbreitung z.B. durch Diffusion betrachtet, so gelangt man zu einer partiellen Differentialgleichung. Diese lässt sich in typischen Situationen durch einen Wellenansatz lösen, damit wird eine partielle auf eine gewöhnliche Differentialgleichung zurückgeführt.

## 2.2 Abstrakte Definition dynamischer Systeme

Für einige Begriffe und Beweise bildet der Begriff des metrischen Raumes einen geeigneten Rahmen. Dies gilt für z.B. für die Definition eines dynamischen Systems und für den Beweis des Existenz- und Eindeutigkeitssatzes bestimmter Typen von Differentialgleichungen.

**Definition 2.1.** *M sei eine Menge. Eine Abstandsfunktion auf $M$ (auch Metrik genannt) ist eine Abbildung*

$$M \times M \to \mathbb{R}$$

*mit*

*(i)* $d(x,y) \geq 0 \quad \forall x,y \in M$

*(ii)* $d(x,y) = 0 \leftrightarrow x = y \quad \forall x,y \in M$

*(iii)* $d(x,y) = d(y,x) \quad \forall x,y \in M$

*(iv) Dreiecksungleichung:* $d(x,z) \leq d(x,y) + d(y,z)$ .

Dabei symbolisiert $\forall$ den logischen Zusammenhang „für alle", und $\leftrightarrow$ bedeutet „genau dann wenn". Beispiele für metrische Räume erhalten wir mit $M = \mathbb{R}^n$, $x = (x_1, ..., x_n) \in M$, $y = (y_1, ..., y_n) \in M$ und den Abstandsfunktionen

(i) $d_1(x,y) = \sqrt{(x_1 - y_1)^2 + ... + (x_n - y_n)^2} = \sqrt{\sum_{i=1}^{n}(x_i - y_i)^2}$

(ii) $d_2(x,y) = |x_1 - y_1| + ... + |x_n - y_n| = \sum_{i=1}^{n}|x_i - y_i|$

(iii)  $d_3(x, y) = \max_{i \in \{1,\dots,n\}} |x_i - y_i|$   .

In metrischen Räumen können analog zum $\mathbb{R}^n$ offene und abgeschlossene Kugeln, offene und abgeschlossene Mengen und Stetigkeit definiert werden.

Der betrachtete Raum kann ein Vektorraum sein, die Elemente des Raumes könnten aber auch Matrizen sein. Da man hier von einer allgemeinen Definition ausgeht und keine speziellen Koordinaten verwendet, sehen wir davon ab, Vektorpfeile zu verwenden, also z.B. $\vec{x}$ anstelle von $x$ für die Raumelemente zu schreiben.

**Definition 2.2.**    *(i)  Die Menge*

$$K_r(x) = \{y \in M | d(x, y) < r\}$$

*heißt* **offene Kugel** *um $x \in M$ mit dem Radius $r$.*

*(ii) Die Menge*

$$\overline{K}_r(x) = \{y \in M | d(x, y) \leq r\}$$

*heißt* **abgeschlossene Kugel** *um $x \in M$ mit dem Radius $r$.*

**Definition 2.3.**    *(i)  Eine Teilmenge $G$ eines metrischen Raumes heißt* **offen***, wenn zu jedem $x \in G$ eine Kugel $K_r(x)$ existiert, die in $G$ enthalten ist.*

*(ii) das Komplement einer offenen Menge $G$ bezüglich $M$ heißt* **abgeschlossen***.*

**Definition 2.4.** *Eine Abbildung*

$$f : M \to N$$

*eines metrischen Raumes $M$ mit dem Abstand $d_1$ in einen metrischen Raum $N$ mit dem Abstand $d_2$ heißt stetig in $x \in M$, wenn zu jedem $\epsilon > 0$ ein $\delta > 0$ existiert, so dass aus $d_1(x, y) < \delta$ folgt: $d_2(f(x), f(y)) < \epsilon$. Die Abbildung heißt stetig in $G \subset M$, wenn sie für jedes $x \in G$ stetig ist.*

Wir kommen nun zur Definition eines dynamischen Systems:

**Definition 2.5.** *M sei ein metrischer Raum mit der Metrik d. $I \subset \mathbb{R}$ sei eine additive Halbgruppe, d.h.*

*(i)* $0 \in I$

*(ii)* $t, s \in I \to t + s = s + t \in I$

*(iii)* $t, s, r \in I \to (t + s) + r = t + (s + r) \in I$ .

*Unter einem* **dynamischen System** *(auch* **Fluss** *genannt) versteht man eine stetige Abbildung*

$$T : M \times I \to M$$

*(elementweise: $T : (x, t) \mapsto y$ bzw. $T(x, t) = y$) mit den Eigenschaften*

*(i)* $T(x, 0) = x \quad \forall x \in M$

*(ii)* $T(T(x, t), s) = T(x, t + s) \quad \forall x \in M, t, s \in I$ .

Wir interpretieren $x \in M$ als Raum der Zustände eines Systems, $t$ als Zeit und $T$ als zeitliche Änderung des Systems.

Beispiele für $I$ sind $I_1 = \mathbb{R}$, $I_2 = \mathbb{R}_+ = \{t \in \mathbb{R} | t \geq 0\}$, $I_3 = \mathbb{N}_0 = \{0, 1, 2, ...\}$ (natürliche Zahlen mit 0). Die ersten beiden Beispiele führen zu kontinuierlichen Systemen, das dritte Beispiel zu einem diskreten System.

Ein klassisches Beispiel (auf das wir in verschiedenen Zusammenhängen zurück-kommen werden) ist folgendes Differentialgleichungssystem:

$G$ sei eine offene, wegweise zusammenhängende Teilmenge von $\mathbb{R}^n$. Eine Menge $G$ heißt **wegweise zusammenhängend**, wenn es zu je zwei Punkten dieser Menge eine stetige Abbildung eines Intervalls aus $\mathbb{R}$ in $G$ gibt, so dass alle Bildpunkte in $G$ liegen und Anfangs- und Endpunkt des Intervalls auf die gegebenen Punkte abgebildet werden.

$$f : G \to \mathbb{R}^n$$

sei eine Lipschitz-stetige Abbildung, d.h. es existiert eine Konstante $K \in \mathbb{R}$ mit

$$\| f(x) - f(y) \|_2 \leq K \| x - y \|_2 \quad \forall x, y \in G$$

für $\| x \|_2 = \sqrt{x_1^2 + ... + x_n^2}$ (Euklidische Norm). Dann hat für jedes $x_0 \in G$ das Anfangswertproblem

$$\dot{x}(t) = f(x(t))$$

mit dem Anfangswert $x(0) = x_0$ eine eindeutig bestimmte Lösung

$$x(t) = \phi(x_0, t),$$

die auf einem offenen Intervall $-\alpha < t < \alpha$ für ein $\alpha > 0$ definiert ist, wobei $\phi$ stetig differenzierbar ist. Der Punkt bezeichnet die Ableitung nach der als Zeit interpretierbaren Variablen $t$.

Wollen wir für $\alpha = \infty$ das Beispiel in unsere allgemeine Definition einordnen, erhalten wir $I = \mathbb{R}$, $M = G$ und $d(x,y) = \| x - y \|_2$. Wir definieren

$$T : M \times I \to M$$

durch $T(x,t) = \phi(x,t) \quad \forall x \in G, t \in I$. Die Stetigkeit von $T$ bedeutet dann die stetige Abhängigkeit der Lösung des Anfangswertproblems von den Anfangswerten.

**Definition 2.6.** *Die Abbildung $I \to M$, $t \mapsto T(x,t)$ heißt* **Bewegung** *des Punktes $x$ unter dem Fluss $T$. Die zugehörige Bildmenge heißt* **Trajektorie** *(=* **Phasenkurve, Orbit***)*.

Wir schreiben, je nach Zweckmäßigkeit, auch

$$T_t(x) = T(x,t) \quad .$$

**Satz 2.7.** *Ist $I$ eine (additiv geschriebene) Gruppe, d.h. zusätzlich zur obigen Halbgruppeneigenschaft gilt $t \in I \to -t \in I$, so bilden die Abbildungen $(T_t)_{t \in I}$ eine kommutative Gruppe.*

Der Beweis ergibt sich sofort aus den Gleichungen $T_{t+s} = T_t T_s = T_s T_t = T_{s+t}$, $T_0 = E$ für die identische Abbildung $E$ von $M$ in sich sowie $(T_t)^{-1} = T_{-t}$. $\quad\square$

Wir definieren:

**Definition 2.8.** $x_0 \in M$ *heißt Fixpunkt, falls $T_t(x_0) = x_0 \quad \forall t \in \mathbb{R}$ gilt.*

## 2.3   Gewöhnliche Differentialgleichungen

Als generelle Voraussetzung wollen wir in den weiteren Betrachtungen dieses Kapitels $I = \mathbb{R}$, $M \subseteq \mathbb{R}^n$ verwenden.

Wir definieren zunächst den Begriff einer einparametrigen Gruppe von Diffeomorphismen.

**Definition 2.9.** *Ein dynamisches System ist eine einparametrige Gruppe von Diffeomorphismen, wenn gilt:*

*(i) $T(.,.)$ ist stetig differenzierbar für alle $(x,t) \in M \times \mathbb{R}$*

*(ii) $T_t : M \to M$ ist $\forall t \in \mathbb{R}$ ein Diffeomorphismus, d.h. $T_t$ ist injektiv und zusammen mit $T_{-t}$ stetig differenzierbar.*

*(iii) $T_t$ ist eine Gruppe von Abbildungen.*

*Bemerkung: Es lässt sich zeigen, dass (ii) aus (i) und (iii) folgt.*
Beispiele einparametriger Gruppen von Diffeomorphismen sind

(i) $M = \mathbb{R}^+$ mit $T_t(x) = e^t x$

(ii) $M = \mathbb{R}$ mit $T_t(x) = t + x$ .

**Definition 2.10.** *Als Phasengeschwindigkeit des Flusses $T_t$ im Punkt $x \in M$ bezeichnen wir*

$$f(x) = \frac{t}{dt} T_t(x)_{|t=0} \quad .$$

In kartesischen Koordinaten können wir

$$f(x) = (f_1(x), ..., f_n(x))$$

mit

$$f_k(x) = \frac{d}{dt}(T_t(x))_{k|t=0}$$

schreiben.

**Definition 2.11.**     *(i) $M \in \mathbb{R}^n$ sei ein Gebiet, d.h. eine offene und wegeweise zusammenhängende Teilmenge des $\mathbb{R}^n$.*

*(ii) Die Differentialgleichung*

$$\dot{x} = f(x)$$

*(wie bisher der Punkt als Symbol des Differenzierens nach $t$), in kartesischen Koordinaten*

$$\dot{x}_1 = f_1(x_1, ..., x_n)$$
$$...$$
$$\dot{x}_n = f_n(x_1, ..., x_n)$$

*heißt die durch das Vektorfeld $f = (f_1, ..., f_n)$ definierte Differentialgleichung.*

*(iii) Eine differenzierbare Abbildung*

$$\phi : (a, b) \to M$$

*heißt Lösung der Differentialgleichung auf $(a, b)$, wenn*

$$\frac{d}{dt}\phi(t) = f(\phi(t)) \quad \forall t \in (a, b)$$

*gilt.*

Dann gilt:

**Satz 2.12.** *Es sei $T_t$ eine Gruppe von Diffeomorphismen des Gebietes $M \subseteq \mathbb{R}^n$ und*

$$f : M \to \mathbb{R}^n$$

*die zugehörige Phasengeschwindgkeit. Dann ist die Bewegung*

$$\phi_{x_0} : \mathbb{R} \to M$$

*definiert durch*

$$t \mapsto T_t(x_0) = T(x_0, t)$$

*Lösung der Differentialgleichung*

$$\dot{x} = f(x)$$

*mit der Anfangsbedingung $\phi_{x_0}(0) = x_0$.*

Zum Beweis verwenden wir

$$\frac{d}{dt}T_t(x)_{|t=r} = \frac{d}{ds}T_{r+s}(x)_{|s=0} = \frac{d}{ds}T_s(T_r(r))_{|s=0} = f(T_r(x)) \qquad \square$$

Es gilt:

**Satz 2.13.** *Jeder singuläre Punkt (d.h. es gilt $f(x_0) = 0$) $x_0 \in M$ des Vektorfeldes $f(x)$ (Vektorfeld bedeutet, dass jeder Bildpunkt ein Vektor ist) erzeugt eine stationäre (=konstante) Lösung der Differentialgleichung $\dot{x} = f(x)$.*

Wir interessieren uns dafür, ob die Lösung der Differentialgleichung

$$\dot{x} = f(x)$$

mit $x \in M \subseteq \mathbb{R}^n$, $\dot{x} = \frac{d}{dt}x(t)$, $t \in \mathbb{R}$ und $x(0) = x_0$

(i) existiert

(ii) eindeutig bestimmt ist

(iii) ein maximales Intervall existiert, für das die Lösung existiert.

**Satz 2.14.** *Es sei $M \subseteq \mathbb{R}^n$ ein Gebiet, $f : M \to \mathbb{R}^n$ eine stetig differenzierbare Abbildung (auch $C^1$-Abbildung genannt). Dann existiert ein $b > 0$, so dass die obige Differentialgleichung eine eindeutig bestimmte Lösung $\phi : (-b, b) \to M$ besitzt.*

Zum Beweis verwendet man eine kontrahierende Abbildung und den Fixpunktsatz von Banach, worauf wir aus Platzgründen nicht näher eingehen können.

*Die Forderung der $C^1$-Differenzierbarkeit lässt sich abschwächen durch eine lokale Lipschitz-Bedingung*

$$\| f(x) - f(y) \| \leq L \| x - y \|$$

*für $x, y \in K \subseteq M$ für eine kompakte Menge $K$ (als Teilmenge des $\mathbb{R}^n$ ist $K$ genau dann kompakt, wenn sie beschränkt und abgeschlossen ist). Es lässt sich mit dem Zwischenwertsatz und dem Hauptsatz der Differential- und Integralrechnung zeigen, dass jede $C^1$-Abbildung Lipschitz-stetig ist.*

Wir erhalten folgende Folgerung:

**Satz 2.15.** *(i) Eine Trajektorie kann sich selbst nicht schneiden oder tangieren.*

*(ii) Zwei Trajektorien können sich nicht schneiden oder tangieren.*

*(iii) Ein Fixpunkt kann nicht nach endlicher Zeit erreicht werden.*

*(iv) Eine Trajektorie mit $x(t_1) = x(t_1 + T)$ für $T > 0$ ist eine geschlossene Trajektorie.*

**Satz 2.16.** *Es sei $M \subseteq \mathbb{R}^n$ ein Gebiet, $f : M \to \mathbb{R}^n$ sei ein $C^1$-Vektorfeld (d.h. jeder Bildpunkt ist ein Vektor aus $\mathbb{R}^n$, dies sei stetig differenzierbar). Dann gilt*

*(i) Es existiert eine Umgebung $U$ von $x_0$, so dass für alle $x_1 \in U$ die Lösungen $\phi(x_1, t)$ der Differentialgleichung auf einem gemeinsamen Intervall $(-b, b)$ existieren, eindeutig bestimmt sowie stetig nach $x_1$ differenzierbar sind.*

*(ii) Es seien $x(t)$ und $y(t)$ zwei Lösungen auf $(-b, b)$, $f$ erfülle auf $M$ eine Lipschitz-Bedingung mit der Konstanten $L$, so gilt*

$$\| x(t) - y(t) \| \leq \| x(0) - y(0) \| e^{L|t|}$$

*für $|t| < b$ („exponentielles Auseinanderlaufen").*

*(iii) Für $x_0 \in M$ existiert ein maximales offenes Intervall $(\alpha, \beta)$ mit $-\infty \leq \alpha < \beta < \infty$, auf dem eine Lösung $x(t)$ existiert.*

*(iv) Ist $x(t)$ eine Lösung auf einem maximalen offenen Intervall $(\alpha, \beta)$ mit $\beta < \infty$, so existiert für jede kompakte Menge $K \subseteq M$ ein $\tau \in (\alpha, \beta)$ mit $x(\tau) \notin K$.*

Wir können interpretieren:

(i) Eine eindeutig bestimmte Lösung lässt sich maximal nach vorn und hinten fortsetzen.

(ii) Eine Lösung existiert „global" (d.h. für alle $t \in \mathbb{R}$) oder

- sie erreicht nach endlicher Zeit den Rand (außerhalb des Randes ist $f$ nicht definiert)

- nach endlicher Zeit tritt eine „Explosion" ein, d.h. $\| x(t) \| \to \infty$ für $t \to t_\infty$.

Wir folgern:

**Satz 2.17.** *Falls für eine kompakte Menge $K \subseteq M \subseteq \mathbb{R}^n$ keine in ihr startende Lösung die Menge $K$ verlassen kann, existiert für alle $x_0 \in K$ eine zeitlich globale Lösung mit $\phi(x_0, t) \in K \ \forall t \geq 0$.*

Für weitere Details verweisen wir auf [BEU 2003], [EBE 1982], [GUC 1983], [JET 1989], [KRA 1998] und [VER 1990]. Wir kommen in Kapitel 8 auf die Thematik dieses Kapitels in der hier betrachteten Allgemeinheit zurück. Davor soll aber auf ein umfangreiches Beispielmaterial in speziellen Situationen eingegangen werden.

# 3 Wachstumsmodelle in Medizin, Biologie und Biochemie, Dynamik einer von der Zeit abhängigen Population

## 3.1 Exponentielles Wachstum als Differentialgleichungsmodell und geometrisches Wachstum als diskretes Analogon

Mit einer Differentialgleichung kann man den Zusammenhang zwischen der Veränderung der Größe einer zeitabhängigen Variablen (z.B. einer Populationsgröße oder chemischen Konzentration) und der Größe selbst beschreiben. Ein einfacher Modellansatz besteht darin, dass die zeitliche Veränderung proportional zur Größe ist. In gewissen Grenzen (u.a. kein Raum- oder Nahrungsmangel) ist die Vermehrung von Bakterien (Veränderung der Populationsgröße) proportional zur Anzahl vorhandener Bakterien. Unter bestimmten einschränkenden Bedingungen kann bei der Ausbreitung von Infektionskrankheiten die Ansteckung gesunder Individuen proportional zur Anzahl ansteckender Individuen sein.

Die genannte Proportionalität modelliert den realen Zusammenhang. Die einschränkenden Bemerkungen sollen verdeutlichen, dass das Modell nur in Grenzen in der Biologie und Medizin anwendbar ist. Daran werden wir den Zusammenhang zwischen Modellannahmen und daraus mathematisch ableitbaren Eigenschaften beleuchten. Wenn Folgerungen aus den Modellannahmen in der Realität nur bedingt auftreten, gibt es gute Gründe zu einer Verfeinerung oder Veränderung der Modellannahmen.

Eine von der Zeit $t$ abhängige Populationsgröße oder auch Konzentration soll mit $x(t)$ bezeichnet werden. $t$ und $x(t)$ sollen reelle Zahlen sein. Die Veränderung

$$\frac{dx}{dt}$$

beschreibt die Veränderung von $x$ in Relation zur Veränderung von $t$. Die Ableitung als Maß für die Veränderung, auch als Differentialquotient bezeichnet, ist durch den Grenzwert

$$\frac{dx}{dt}(t_0) = \lim_{t \to t_0} \frac{x(t) - x(t_0)}{t - t_0} \tag{15}$$

definiert. In der Funktion $x(t)$ ist die Populationsgröße $x$ die abhängige und die Zeit $t$ die unabhängige Variable. $x(t)$ heißt (wie bereits betrachtet) im Zeitpunkt $t_0$ differenzierbar, falls der Grenzwert (15) im Punkt $t_0$ existiert. Wir betrachten in der Regel Modelle, die differenzierbare Funktionen verwenden. Wir werden an verschiedenen Stellen auch die Schreibweise $x'(t_0)$ oder $\dot{x}(t_0)$ anstelle von

$$\frac{dx}{dt}(t_0)$$

benutzen. Die Verwendung sowohl eines Striches als auch eines Punktes als Symbole zum Differenzieren ist sinnvoll, wenn nach unterschiedlichen Variablen differenziert wird. Differenzieren wir die gleiche Funktion nach verschiedenen Variablen, sprechen wir auch von partiellen Ableitungen.

Die Gerade, die durch den Punkt $(t_0, x(t_0))$ geht und den Anstieg $dx/dt(t_0)$ hat, ist geometrisch die Tangente der Funktion $x(t)$ im Punkt $t_0$. Die Tangente existiert genau dann, wenn der Grenzwert (15) existiert. Hängt die Ableitung $dx/dt(t)$ stetig von $t$ ab, so sprechen wir von einer stetig differenzierbaren Funktion.

Das oben angesprochene Modell lässt sich als Differentialgleichung in der Form

$$\frac{dx}{dt}(t) = c\, x(t) \tag{16}$$

schreiben. $c$ ist dabei der Proportionalitätsfaktor zwischen der Veränderung $dx/dt$ und der Populationsgröße $x(t)$.

Auf der rechten Seite der Differentialgleichung (16) kommt die Zeit $t$ nicht explizit vor, sondern nur vermittelt durch $x(t)$. Wir sprechen dann von einer autonomen Differentialgleichung. Inhaltlich bedeutet dies, dass das Modell unabhängig vom Beobachtungszeitpunkt und somit zu jedem Anfangszeitpunkt reproduzierbar ist.

Bei der Populationsgröße $x_0 = x(t_0)$ zu einem Anfangszeitpunkt $t = t_0$ sprechen wir von einem Anfangswert. Wir werden ergänzend zu den allgemeinen Betrachtungen in Kapitel 2 in Abschnitt 3.2 darauf zurückkommen, unter welchen Bedingungen eine Differentialgleichung mit einem gegebenen Anfangswert eindeutig lösbar ist. In dem betrachteten Beispiel ist dies der Fall.

Durch Anwendung bekannter Formeln der Differentialrechnung kann man sich davon überzeugen, dass

$$x(t) = x(t_0)e^{c(t-t_0)} \tag{17}$$

eine Lösung der Differentialgleichung (16) mit dem gegebenen Anfangswert $x(t_0)$ ist. Dazu verwenden wir zunächst

$$\frac{d}{dt}e^t = e^t \quad.$$

Wir werden weiter unten betrachten, dass unter geeigneten Voraussetzungen zur Differenzierbarkeit

$$x(t) = e^t x(0)$$

die einzige Lösung der Differentialgleichung

$$\frac{d}{dt} x(t) = x(t)$$

ist, d.h. es gilt Wachstum = Populationsgröße in geeigneten Skalen für $x$ und $t$ .

Die Möglichkeit, die Lösung einer Differentialgleichung „zu erraten", besteht nur in einfachen Situationen. Als nächstes werden wir zeigen, wie man in einer für eine bestimmte Problemklasse typischen Vorgehensweise die Lösung durch Anwendung von Algorithmen der Integralrechnung herleiten kann. Leider ist auch dies in der für die Realität typischen Situation eine Ausnahme.

Die Berechnung der Lösung der Differentialgleichung (16) durch Methoden der Integralrechnung werden wir dadurch erreichen, dass wir den Differentialquotienten

$$\frac{dx}{dt}$$

als das auffassen, was der Begriff bereits „suggeriert": ein Quotient der Differentiale $dx$ und $dt$. Inhaltlich sind dabei $dx$ und $dt$ als „unendlich kleine" Veränderungen von $x$ und $t$ zu interpretieren. Der Differentialquotient $dx/dt$ ist das Verhältnis der Veränderung $dx$ der abhängigen Variablen $x$ bei Veränderung $dt$ der unabhängigen Variablen $t$. $dx$ und $dt$ werden dabei als Differentiale bezeichnet. Auf eine Betrachtung von Differentialen werden wir im Abschnitt 5.11 zu Graßmann-Algebren zurückkommen.

Wir wollen uns dem praktischen Vorgehen im vorliegenden Fall zuwenden. Die Differentialgleichung

$$\frac{dx}{dt} = c\,x$$

(die Abhängigkeit $x(t)$ haben wir zur Schreibvereinfachung weggelassen) lösen wir durch die Methode der „Trennung der Variablen". Das soll bedeuten, dass wir die $x$-Terme auf die linke Seite der Gleichung und die $t$-Terme auf die rechte Seite der Gleichung schreiben:

$$\frac{dx}{x} = c\,dt \quad .$$

Nach einem formalen Ergänzen durch das Symbol zur Integration haben wir Grundintegrale zur „unbestimmten Integration" vor uns:

$$\int \frac{dx}{x} = \int c\,dt \quad .$$

„Unbestimmte Integration" bedeutet dabei, dass die Integration als Umkehrung zum Differenzieren betrachtet wird. $F(x)$ sei eine Stammfunktion zu $f(x)$, d.h. es gelte $F'(x) = f(x)$. Dann gilt entsprechend dem Hauptsatz der Differential- und Integralrechnung

$$\int_a^b f(x)dx = F(b) - F(a) \quad .$$

Mit den bekannten Grundintegralen

$$\int \frac{dx}{x} = ln(|x|) + i_1$$

und

$$\int c\,dt = c\,t + i_2$$

mit den Integrationskonstanten $i_1$ und $i_2$ erhalten wir

$$ln|x| = c\,t + c_0$$

mit $c_0 = i_2 - i_1$. Dabei bedeutet $|x|$ den Betrag von $x$, also $|x| = x$ für $x \geq 0$ und $|x| = -x$ für $x < 0$, z.B. $|-2| = 2$, $|3| = 3$. Durch Anwenden der Exponentialfunktion erhalten wir

$$|x| = e^{ct}\,e^{c_0} \quad .$$

Mit der Definition

$$c_1 = \left\{ \begin{array}{ll} e^{c_0} & \text{für } x > 0 \\ -e^{c_0} & \text{für } x < 0 \end{array} \right.$$

folgt

$$x = e^{ct}\,c_1 \quad .$$

Die Integrationskonstante $c_1$ können wir so wählen, dass sich ein gegebener Anfangswert $x(t_0)$ ergibt:

$$x(t_0) = e^{c\,t_0}\,c_1 \quad .$$

Damit folgt

$$c_1 = x(t_0)\,e^{-c\,t_0} \quad .$$

Ein Einsetzten ergibt

$$x(t) = x(t_0)e^{c(t-t_0)} \quad .$$

Wir haben die oben „durch Erraten" angegebene Lösung mit Hilfe von Methoden der Integralrechnung erhalten.

Für die Berechnung wurde $x \neq 0$ vorausgesetzt, da sonst $1/x$ nicht definiert ist. Liegt ein Anfangswert $x(t_0) = 0$ vor (oder würde sich ein solcher für ein bestimmtes $t_1 > t_0$ ergeben, dann hätten wir $t_1$ anstelle von $t_0$ in der Begründung zu verwenden), so ist

$$x(t) = 0$$

die eindeutig bestimmte Lösung der Differentialgleichung. Dieser für den verwendeten Lösungsweg zunächst auszuschließende Spezialfall ist im Ergebnis der Berechnung wieder enthalten.

Für verschiedene Werte von $c$ erhalten wir die graphische Darstellung in Abbildung 29.

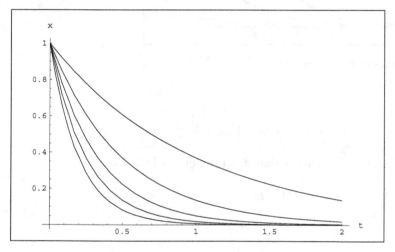

Abbildung 29: Lösungen von (17) mit $t_0 = 0$, $x(t_0) = 1$ sowie $c = -1$, $-2, -3, -4, -5$

Bei $c < 0$ erhalten wir allgemein

$$\lim_{t \to \infty} x(t_0) e^{c(t-t_0)} = 0 \quad .$$

Je größer der Betrag $|c|$ von $c$, um so schneller konvergiert die Lösung gegen 0.

Für $c > 0$ erhalten wir die graphische Darstellung in Abbildung 30.
Es gilt im Fall $c > 0$

$$\lim_{t \to \infty} x(t_0) e^{c(t-t_0)} = \infty \quad .$$

Die Lösung wächst um so schneller, je größer $c$ ist (exponentielles Wachstum). Die Taylorreihe der Exponentialfunktion

$$x(t) = e^{t-t_0}$$

im Entwicklungspunkt $t = t_0$ ist wie bereits betrachtet gegeben durch

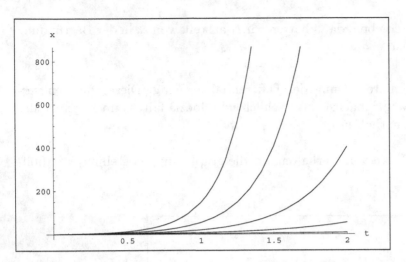

Abbildung 30: Exponentielles Wachstum mit $c = 1, 2, 3, 4, 5$

$$e^{t-t_0} = 1 + (t - t_0) + \frac{1}{2!}(t - t_0)^2 + ... + \frac{1}{n!}(t - t_0)^n + ... \quad .$$

Die Exponentialfunktion $e^{t-t_0}$ wächst damit schneller als jede Potenz

$$(t - t_0)^n$$

für beliebig große $n$, d.h. es gilt

$$\lim_{t \to \infty} \frac{(t - t_0)^n}{e^{(t-t_0)}} = 0 \quad .$$

Wir betrachten nun diskrete Zeitschritte: nach $n$ Schritten habe die Population unter Verwendung des Startwertes $x_0$ die Größe $x_n$ erreicht. Wir können zwei Ansätze betrachten.

(i) Ist die Elterngeneration ausgestorben, wenn die Tochtergeneration sich fortpflanzt, sind die Generationen also getrennt, so ist der Ansatz

$$x_{n+1} = c\, x_n \quad (n = 0, 1, 2, 3, ...) \tag{18}$$

sinnvoll. Wir haben hier ein proportionales Verhältnis mit der Konstanten $c > 0$ zwischen den Generationen als Modellansatz. Als explizite Darstellung von $x_n$ erhalten wir die geometrische Folge

$$x_n = c^n\, x_0 \quad . \tag{19}$$

Man beweist unmittelbar durch vollständige Induktion, dass (19) aus (18) folgt.

Wir sagen auch, dass geometrisches Wachstum vorliegt. Für $c > 1$ wächst die Population unbegrenzt, für $c < 1$ stirbt sie asymptotisch aus, d.h. es gilt

$$\lim_{n \to \infty} x_n = 0 \quad .$$

(ii) Wenn wir wie im oben betrachteten Differentialgleichungsmodell die Veränderung $x_{n+1} - x_n$ zwischen den Generationen proportional zur Generationsgröße $x_n$ ansetzen, erhalten wir

$$x_{n+1} - x_n = c \, x_n$$

mit $c > -1$.

$c = -1$ würde unmittelbar $x_{n+1} = 0$ für $n = 0, 1, 2, 3, \ldots$ implizieren. $c < -1$ führt zu einer negativen Populationsgröße und ist daher biologisch nicht sinnvoll.

Es folgt

$$x_{n+1} = (1 + c)^n \, x_0 \quad .$$

Als explizite Beschreibung erhalten wir

$$x_{n+1} = (1 + c)^n x_0 \quad .$$

Für $c > 0$ folgt ein streng monotones Wachstum als geometrische Folge, für $-1 < c < 0$ nimmt die Population monoton ab mit

$$\lim_{n \to \infty} x_n = 0 \quad .$$

## 3.2 Existenz und Eindeutigkeit der Lösung einer autonomen Differentialgleichung

Die autonome Differentialgleichung sei durch folgende Beziehung zwischen der zeitlichen Veränderung $dx/dt$ und einer Funktion $f(x(t))$ von der Populationsgröße $x(t) \in \mathbb{R}$ gegeben:

$$\frac{dx}{dt} = f(x(t)) \quad . \tag{20}$$

Auf der rechten Seite von (20) soll die Zeit $t \in \mathbb{R}$ nicht explizit vorkommen. Die zeitliche Veränderung $dx/dt$ wird häufig in der Form

$$\dot{x}(t) = \frac{dx}{dt}(t) \tag{21}$$

geschrieben. Der Punkt als Symbol zum Differenzieren soll stets auf das Differenzieren nach der Zeit $t$ hinweisen. Es wird nämlich vorkommen, dass wir nach verschiedenen Variablen differenzieren können und müssen. Die rechte Seite $f(x)$ von (20) ist eine Funktion von der abhängigen Variablen $x$ aus (21). $f(x)$ als Funktion in $x$ kann auf Differenzierbarkeit untersucht werden. Um den Unterschied beim Differenzieren zu verdeutlichen, schreiben wir in diesem Fall

$$\frac{df}{dx}(x) = f'(x)$$

und verwenden in diesem Zusammenhang den Strich als Symbol zum Differenzieren.

Der im vorigen Abschnitt betrachtete Spezialfall ist durch

$$f(x) = c\,x$$

gegeben. Auch in der allgemeinen Situation ist ein Anfangswert

$$x(t_0) = x_0 \qquad\qquad (22)$$

für die Lösungen von (20) von Bedeutung (zur Vereinfachung verwenden wir vielfach $t_0 = 0$). Es gilt zunächst folgender Existenz- und Eindeutigkeitssatz für die Lösung von (20),(22) „im Kleinen":

**Satz 3.1.** *Ist $f(x)$ im Intervall $|x - x(0)| < \epsilon$ ($\epsilon > 0$) stetig differenzierbar, so existiert ein $\delta > 0$, so dass (20),(22) im Intervall $|t - t(0)| < \delta$ eine eindeutig bestimmte Lösung hat.*

Wir wollen ein Beispiel dafür angeben, dass es ohne die Voraussetzung der stetigen Differenzierbarkeit an $f(x)$ mehrere und sogar unendlich viele Lösungen eines Anfangswertproblems geben kann.

Die Funktion $\sqrt{|x|}$ ist für alle $x$ stetig, jedoch im Punkt $x = 0$ nicht differenzierbar, aber einseitig für $x \geq 0$ oder $x \leq 0$ differenzierbar. Zur Definition der einseitigen Differenzierbarkeit muss die bisher verwendete Definition lediglich auf die entsprechenden Teilmengen eingeschränkt werden. Die Differentialgleichung

$$\frac{dx}{dt} = \sqrt{x}$$

mit dem Anfangswert $x(0) = 0$ hat offensichtlich die Lösungen

$$x_1(t) = 0$$

und

$$x_2(t) = \frac{1}{4}t^2$$

für $t \geq 0$. Durch eine Translation lassen sich daraus unendlich viele Lösungen gewinnen: Für jedes $c > 0$ ist

$$x(t) = \begin{cases} 0 & \text{für } t \leq c \\ \frac{1}{4}(t-c)^2 & \text{für } t > c \end{cases}$$

eine Lösung des betrachteten Anfangswertproblems.

Die Voraussetzung an den angeführten Existenz- und Eindeutigkeitssatz lassen sich abschwächen, und es kann eine Aussage über den Definitionsbereich der Lösung getroffen werden. Beide Sätze lassen sich auch für mehrere abhängige Variable formulieren, im vorigen Kapitel wurde bereits ein allgemeinerer Rahmen dazu betrachtet.

Wir sagen, dass die Funktion $f(x)$ für $a \leq x \leq b$ eine Lipschitzbedingung mit einer Konstanten $L$ erfüllt, wenn

$$|f(x) - f(y)| \leq L|x - y|$$

für alle $a \leq x, y \leq b$ gilt. In ähnlicher Weise ist dieser Begriff auch für nicht autonome Differentialgleichungen definierbar.

Es gilt der folgende Satz von Picard-Lindelöf:

**Satz 3.2.** *Die Funktion $f(x)$ sei im Intervall $[x_0 - b, x_0 + b]$ stetig, durch $M > 0$ absolut beschränkt ($|f(x)| \leq M$) und genüge einer Lipschitzbedingung. Dann existiert im Intervall $[t_0 - b/M, t_0 + b/M]$ eine eindeutig bestimmte Lösung des Anfangswertproblems (20),(22).*

Man kann mit Hilfe des Mittelwertsatzes der Differential- und Integralrechnung zeigen, dass eine in einem beschränkten und abgeschlossenen Intervall stetig differenzierbare Funktion einer Lipschitzbedingung genügt. Damit folgt obiger Satz aus dem eben angeführten.

Eine wichtige Grundidee des Beweises besteht in einem Verfahren der sukzessiven Approximation. Wir wollen dies an einem Beispiel durch eine heuristische Betrachtung veranschaulichen.

Es soll die Differentialgleichung

$$\dot{x} = x$$

mit dem Anfangswert
$$x(0) = 1$$
gelöst werden. Mit einer Näherung der Lösung soll eine jeweils bessere Näherung durch Integration der rechten Seite der Differentialgleichung nach $t$ gewonnen werden. Eine Lösung bleibt nach einem derartigen Iterationsschritt erhalten.

Wir beginnen mit der durch den Anfangswert gegebenen identischen Funktion

$$x_0(t) = 1 \quad .$$

Ein erster Integrationsschritt liefert dann

$$x_1(t) = 1 + \int_0^t 1 \, dt = 1 + t \quad .$$

Weiter erhalten wir

$$x_2(t) = 1 + \int_0^t (1 + t) \, dt = 1 + t + t^2/2$$

sowie

$$x_3(t) = 1 + \int_0^t (1 + t + t^2/2) \, dt = 1 + t + t^2/2! + t^3/3! \quad .$$

Durch vollständige Induktion überzeugt man sich von

$$x_n(t) = 1 + t + t^2/2! + t^3/3! + ... + t^n/n! \quad .$$

Dabei bedeutet in üblicher Weise $n!$ das Produkt der natürlichen Zahlen von 1 bis $n$ (n Fakultät). Mit der so erhaltenen Reihe haben wir die Taylorreihe der Funktion $e^t$ erhalten, die (wie wir bereits wissen) die Lösung des betrachteten Anfangswertproblems ist. Dieses Verfahren wird in geeigneten Funktionenräumen durch den Fixpunktsatz von Banach beschrieben.

Wir wollen zum Abschluss dieses Abschnittes noch auf eine besondere Situation bei nur einer abhängigen Variablen (eine Populationsgröße) eingehen. Es gilt der

**Satz 3.3.** *Das Anfangswertproblem (20),(22) kann unter der Voraussetzung, dass $f(x)$ in einem offenen Intervall, in dem eine eindeutig bestimmte und nicht konstante Lösung existiert und diese stetig differenzierbar ist, keinen lokalen Extremwert haben.*

**Beweis:** Die Funktion kann in keinem Teilintervall konstant sein, sonst wäre sie im gesamten betrachteten Intervall konstant. Hat $x(t)$ in $t_1$ einen lokalen

Extremwert, so existieren $t_2 < t_1 < t_3$ ($t_2$ und $t_3$ in einer hinreichend kleinen Umgebung von $t_1$) mit $x(t_2) = x(t_3)$ und $\dot{x}(t_2) < 0$, $\dot{x}(t_3) > 0$ (lokales Minimum) bzw. $\dot{x}(t_2) > 0$, $\dot{x}(t_3) < 0$ (lokales Maximum). Dies steht im Widerspruch zur Differentialgleichung und beendet den Beweis. □

Können wir wie im vorliegenden Beispiel eine Lösung für alle $t \geq 0$ (bzw. $t \geq t_0$) angeben, so erhalten wir mit Hilfe der angegebenen Sätze deren Eindeutigkeit.

**Satz 3.4.** *$x(t)$ sei für alle $t \geq t_0$ eine Lösung des Anfangswertproblems (20), (22), und $f(x)$ sei stetig differenzierbar. Dann ist $x(t)$ eindeutig bestimmt.*

**Beweis:** Gäbe es eine weitere Lösung, so sei $t_1$ das Infimum der Menge der Punkte, in denen sich die beiden Lösungen unterscheiden. In einer hinreichend kleinen Umgebung von $t_1$ ergäbe sich ein Widerspruch zum lokalen Eindeutigkeitssatz unter den angegebenen Bedingungen. □

## 3.3 Wachstum mit Sättigung: Verhulstgleichung und logistisches Wachstum

Die Modellannahme einer Proportionalität zwischen Wachstum und Populations-größe führt zu einem exponentiellen Wachstum bzw. einer exponentiellen Abnahme. Interessante Eigenschaften der Lösungen von Differentialgleichungen entstehen aber wesentlich durch nichtlineare Terme. Insofern ist es naheliegend, als nächstes einen quadratischen Ansatz zu untersuchen. Wir betrachten die Verhulst-gleichung

$$\dot{x} = c\,x\left(1 - \frac{x}{A}\right) \tag{23}$$

für eine Funktion $t \rightarrow x(t)$ mit dem Definitions- und Wertebereich der reellen Zahlen $\mathbb{R}$. Der Punkt in $\dot{x}$ bedeutet auch weiterhin das Differenzieren nach $t$. Zu der betrachteten Differentialgleichung verwenden wir den Anfangswert

$$x(0) = x_0 \quad . \tag{24}$$

Allgemeiner können wir die Differentialgleichung

$$\dot{x} = c\,(x - B)\left(1 - \frac{x}{A}\right) \tag{25}$$

wieder mit dem Anfangswert (24) betrachten. Dann gilt:

**Satz 3.5.** *Für $B < x_0 < A$, $c \neq 0$ hat (25) die eindeutig bestimmte Lösung*

$$x(t) = B + \frac{A - B}{1 + e^{d(T-t)}} \tag{26}$$

*mit*

$$d = \frac{A - B}{A} c$$

*und*

$$T = \frac{1}{d} \ln\left(\frac{A - x_0}{x_0 - B}\right)$$

*Bemerkung:*

(i) *Die Gleichung (26) entspricht für $t = 0$ der Gleichung*

$$x(0) = B + \frac{A - B}{1 + e^{dT}} \quad.$$

*Durch Umformungen erhalten wir*

$$\frac{x_0 - B}{A - B} = \frac{1}{1 + e^{dT}}$$

$$\frac{A - B}{x_0 - B} = 1 + e^{dT}$$

$$\frac{A - x_0}{x_0 - B} = e^{dT}$$

$$\ln \frac{A - x_0}{x_0 - B} = dT$$

$$T = \frac{1}{d} \ln \frac{A - x_0}{x_0 - B} \quad.$$

(ii) *Durch die Substitution $\overline{x} = x - B$ lässt sich (25) auf (23) zurückführen: Wir erhalten folgende Umformungen:*

$$\dot{\overline{x}} = c\,\overline{x}\left(1 - \frac{\overline{x} + B}{A}\right)$$

$$\dot{\overline{x}} = c\,\frac{A - B}{A}\overline{x}\left(1 - \frac{\overline{x}}{A - B}\right)$$

$$\dot{\overline{x}} = \overline{c}\,\overline{x}\left(1 - \frac{\overline{x}}{\overline{A}}\right)$$

*mit $\overline{c} = c\,\frac{A-B}{A}$, $\overline{A} = A - B$.*

**Beweis:** Wir lösen (23) durch Trennung der Variablen und erhalten zunächst als Gleichung für die Differentiale

$$\frac{dx}{x(A-x)} = \frac{c}{A}\,dt$$

und damit für die Integrale

$$\int \frac{dx}{x(A-x)} = \int \frac{c}{A}\,dt \quad.$$

Verwenden wir die Partialbruchzerlegung

$$\frac{dx}{x(A-x)} = \frac{1}{A}\frac{1}{x} + \frac{1}{A}\frac{1}{A-x} \quad,$$

so erhalten wir

$$\frac{1}{A}\int \frac{dy}{x} - \frac{1}{A}\int \frac{dx}{A-x} = \int \frac{c}{A}dt \quad.$$

und damit wegen der bekannten Grundintegrale

$$\frac{1}{A}\ln|x| - \frac{1}{A}\ln|A-x| = \frac{c}{A}t + c_0$$

mit einer Integrationskonstanten $c_0$. Daraus folgt

$$\ln \frac{|x|}{|A-x|} = ct + c_0 \quad.$$

Ein Anwenden der Exponentialfunktion liefert

$$\frac{x}{A-x} = c_2 e^{ct} \quad.$$

Dabei ist in die Konstante $c_2$ das Vorzeichen von $x/(A-x)$ eingegangen. Es folgt

$$\frac{A-x}{x} = \frac{1}{c_2}e^{-ct}$$

und damit

$$\frac{A}{x} = 1 + \frac{1}{c_2}e^{-ct}$$

sowie

$$x = \frac{A}{1 + e^{-ct}c_3} \quad.$$

Es bleibt zu zeigen:

$$e^{dT} = c_3 \quad.$$

Wir verwenden den Anfangswert $x(0) = x_0$:

$$x_0 = \frac{A}{1 + c_3} \quad .$$

Das ist äquivalent zu

$$c_3 = \frac{A - x_0}{x_0} \quad .$$

Damit bleibt

$$e^{dT} = \frac{A - x_0}{x_0}$$

zu zeigen. Dies entspricht

$$dT = \ln \frac{A - x_0}{x_0} \quad .$$

Letztere Aussage ist aber (26) für $B = 0$ und damit ist die Behauptung bewiesen. $\quad\square$

**Satz 3.6.** *$t = T$ ist Wendepunkt von (25), für $t < T$ ist $x(t)$ konvex, für $t > T$ konkav. $x(t)$ ist monoton wachsend.*

**Beweis:** Es reicht aus, (23) zu betrachten. Die Funktion $f(t)$ ist in einem Intervall konvex, wenn $\ddot{x}(t) \geq 0$ gilt. Entsprechend ist $f(t)$ konkav für $\ddot{x}(t) \leq 0$. Man kann zeigen, dass es eine äquivalente geometrische Beschreibung für eine konvexe Funktion ist, zu fordern, dass die Verbindungsgerade zweier Intervallpunkte stets über oder auf der Funktion liegt (entsprechend konkav mit unter oder gleich). Differenzieren wir (23) nach $t$, so erhalten wir

$$\ddot{x} = \left( c - 2\frac{c}{A} \right) c x \left( 1 - \frac{x}{A} \right) \quad .$$

Daher gilt $\ddot{x} > 0$ für $0 < x < A/2$ und $\ddot{x} < 0$ für $A > x > A/2$. $\quad\square$

**Satz 3.7.** *Mit den linearen Skalentransformationen*

$$\tau = \frac{d}{2} t$$

*und*

$$w = 2\frac{x - B}{A - B} - 1$$

*gilt die Gleichung*

$$w = \tanh(\tau - \tau_0)$$

*mit*

$$\tau_0 = \frac{d}{2} T \quad .$$

*Bemerkung:*

*(i) Die Umkehrtransformationen sind*

$$t = \frac{2\tau}{d}$$

*sowie*

$$x = B + \frac{A - B}{2}(w + 1) \quad .$$

*(ii) Es bestehen die Entsprechungen*

- $x = B \leftrightarrow w = -1$
- $x = A \leftrightarrow w = 1$
- $t = T \leftrightarrow \tau = \tau_0$ .

**Beweis:** Es gilt

$$
\begin{aligned}
\tanh s \; &= \; \frac{\sinh s}{\cosh s} = \frac{e^s - e^{-s}}{e^s + e^{-s}} = \frac{1 - e^{-2s}}{1 + e^{-2s}} \\
&= \; \frac{-1 + e^{-2s}}{1 + e^{-2s}} + \frac{2}{1 + e^{-2s}} \\
&= \; -1 + \frac{2}{1 + e^{-2s}} \quad .
\end{aligned}
$$

Daraus folgt

$$\frac{1 + \tanh s}{2} = \frac{1}{1 + e^{-2s}} \quad .$$

In der oben betrachteten Lösung gilt

$$\frac{x - B}{A - B} = \frac{1}{1 + e^{d(T-t)}} \quad .$$

Setzen wir $-2s = d(T - t)$ bzw. äquivalent dazu $s = d(t - T)/2$, so gilt

$$\frac{1 + \tanh s}{2} = \frac{x - B}{A - B}$$

und äquivalent dazu

$$\tanh\left(\frac{t - T}{2}d\right) = 2\frac{x - B}{A - B} - 1 \quad .$$

Damit ist der Beweis abgeschlossen. $\qquad\qquad\qquad\qquad\qquad\qquad\square$

Wir erhalten als Folgerung:

**Satz 3.8.** *Die Gleichung (25) hat die Lösung*

$$x = \frac{A}{1 + e^{c(T-t)}} = \frac{A}{2}\left(1 + \tanh\left(\frac{c}{2}(t - T)\right)\right)$$

*mit*

$$T = \frac{1}{c}\ln\frac{A - x_0}{x_0}$$

*für $A > 0$, $x_0 > 0$ und $x_0 < A$.*

Weiterhin gilt:

**Satz 3.9.** *Die Gleichung (23) hat die Lösung*

$$x(t) = \frac{A}{1 + \left(\frac{A}{x_0} - 1\right)e^{-ct}}\quad.$$

Die Rechnungen zum Beweis können aus der obigen Betrachtung übernommen werden, wobei die (nicht in allen hier betrachteten Fällen gültige) Halbwertseigenschaft von $T$ nicht verwendet wird. Darstellungen zu $A > 0$, $c > 0$ sowie zu $A < 0$, $c < 0$ sind in den Abbildungen 31, 32 und 33 gegeben.

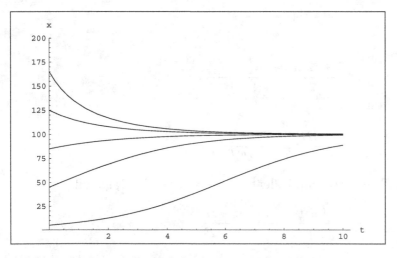

Abbildung 31: Lösung der Verhulstgleichung zu A=100, c=0.5 mit unterschiedlichen Anfangswerten

Setzen wir $\tau_0 = 0$ (d.h. wir verwenden eine Translation auf der $\tau$-Skala), so können wir feststellen:

**Satz 3.10.** *Es gilt*

$$\frac{dw}{d\tau} = 1 - w^2 \quad .$$

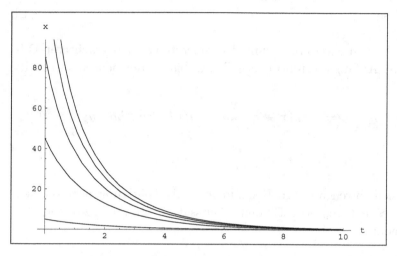

Abbildung 32: Lösungen der Verhulstgleichung zu A=-100, c=-0.5 zu unterschiedlichen Anfangswerten.

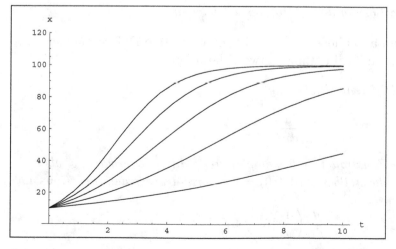

Abbildung 33: Lösung der Verhulstgleichung zu $A > 0$, $c > 0$ mit unterschiedlichen Wachstumskonstanten c, aber gleichem Anfangswert und gleichem asymptotischen Endwert

**Beweis:** Wir verwenden

$$\frac{d}{d\tau}\tanh\tau = \frac{\cosh^2\tau - \sinh^2\tau}{\cosh^2\tau} = \frac{1}{\cosh^2\tau}$$

sowie

$$1 - \tanh^2\tau = \frac{\cosh^2\tau - \sinh^2\tau}{\cosh^2\tau} = \frac{1}{\cosh^2\tau} \quad .$$

Damit ist alles bewiesen.                                                                  □

Wir können fragen, ob es eine weitere Lösung der im letzten Satz betrachteten Differentialgleichung mit Anfangswerten außerhalb des bisher betrachten Intervalls $(-1, 1)$ gibt.

**Satz 3.11.** *Die Funktion* $w = \coth(\tau - \tau_0)$ *ist ebenfalls eine Lösung der Differentialgleichung*

$$\frac{dw}{d\tau} = 1 - w^2 \quad .$$

Der Beweis ergibt sich durch analoge Rechnungen. Als Folgerung erhalten wir unter Verwendung des betrachteten Eindeutigkeitssatzes für die Lösungen von Differentialgleichungen:

**Satz 3.12.** *Ist w eine Lösung von*

$$\frac{dw}{d\tau} = 1 - w^2$$

*so ist auch* $1/w$ *eine Lösung dieser Differentialgleichung.*

Eine sich sofort daran anschließende Frage ist, ob es weitere Differentialgleichungen mit dieser Eigenschaft gibt. Eine Antwort darauf gibt:

**Satz 3.13.** *Ist die Differentialgleichung*

$$\frac{dw}{d\tau} = f(w)$$

*für eine holomorphe Funktion f (d.h. komplex stetig differenzierbar bzw. als konvergente Taylorreihe darstellbar) mit* $f(0) = 1$ *invariant unter der Inversion, d.h. gilt*

$$\frac{d}{d\tau}\left(\frac{1}{w}\right) = f\left(\frac{1}{w}\right)$$

*so folgt*

$$f(w) = (1 - w^2)c_0$$

*mit einer reellen Konstanten* $c_0$.

**Beweis:** Da $f(w)$ analytisch ist, existiert eine konvergente Potenzreihenentwicklung

$$f(w) = c_0 + c_1 w + c_2 w^2 + \dots + c_n w^n + \dots$$

und wegen

$$\frac{d}{d\tau}\left(\frac{1}{w}\right) = -\frac{1}{w^2}\frac{dw}{d\tau} = f\left(\frac{1}{w}\right)$$

auch

$$-\frac{1}{w^2}\left(c_0 + c_1 w + c_2 w^2 + \dots + c_n w^n + \dots\right) = c_0 + c_1\frac{1}{w} + c_2\frac{1}{w^2} + \dots + c_n\frac{1}{w^n} + \dots$$

bzw.

$$-\frac{c_0}{w^2} - c_1\frac{1}{w} + c_2 + \dots + c_n w^{n-2} + \dots = c_0 + c_1\frac{1}{w} + c_2\frac{1}{w^2} + \dots + c_n\frac{1}{w^n} + \dots \quad .$$

Ein Koeffizientenvergleich ergibt dann

$$c_3 = c_4 = \dots = c_n = 0$$

sowie

$$c_0 = -c_2$$

und

$$c_1 = -c_1 \quad .$$

Daraus ergibt sich unmittelbar die Behauptung. $\qquad\qquad\qquad\square$

## 3.4 Bernoulli-Zahlen und Bernoulli-Polynome

Wir wollen die Potenzreihe für die hyperbolische Tangensfunktion unter Verwendung der Bernoulli-Zahlen betrachten.

Aus der Taylorreihe für die Exponentialfunktion erhalten wir

$$\frac{e^x - 1}{x} = 1 + \frac{x}{2!} + \frac{x^2}{3!} + \dots + \frac{x^n}{(n+1)!} + \dots \quad .$$

Da diese Reihe ein von 0 verschiedenes Absolutglied hat, ist sie für hinreichend kleine $x$ invertierbar. Beide Reihen sind für hinreichend kleine $x$ absolut konvergent. Setzen wir die sich damit ergebende Potenzreihe von

$$\frac{x}{e^x - 1}$$

allgemein an als

$$\frac{x}{e^x - 1} = 1 + \frac{\beta_1}{1!}x + \frac{\beta_2}{2!}x^2 + \dots + \frac{\beta_n}{n!}x^n + \dots \quad ,$$

so folgt

$$\left(1 + \frac{x}{2!} + \dots + \frac{x^n}{(n+1)!} + \dots\right)\left(1 + \frac{\beta_1}{1!}x + \dots + \frac{\beta_n}{n!}x^n + \dots\right) = 1 \quad .$$

Wir bilden das Cauchy - Produkt beider Reihen, die sich ergebende Reihe ist für hinreichend kleine $x$ in beliebiger Anordnung der Summanden konvergent. Durch Koeffizientenvergleich (Potenzreihen sind identisch, wenn alle Koeffizienten gleich sind) erhalten wir ein rekursives System

$$2\beta_1 + 1 = 0$$
$$3\beta_2 + 3\beta_1 + 1 = 0$$
$$4\beta_3 + 6\beta_2 + 4\beta_1 + 1 = 0$$
$$5\beta_4 + 10\beta_3 + 10\beta_2 + 5\beta_1 + 1 = 0$$
$$\dots$$
$$\sum_{i=2}^{n-1}\binom{n}{i}\beta_i + 1 = 0 \quad .$$

Dabei ist

$$\binom{n}{i} = \frac{n!}{i!\,(n-i)!}$$

in üblicher Weise der Binomialkoeffizient. Die Gültigkeit ergibt sich durch vollständige Induktion. Für die ersten Glieder berechnet man leicht

$$\beta_1 = -\frac{1}{2}, \quad \beta_2 = \frac{1}{6}, \quad \beta_3 = 0, \quad \beta_4 = -\frac{1}{30}, \quad \beta_5 = 0 \quad .$$

Diejenige Funktion, die zu einer Potenzreihe mit den Koeffizienten $\beta_i$ führt, wird auch als erzeugende Funktion zu diesen Koeffizienten bezeichnet. Durch Umformung erhalten wir

$$\frac{x}{e^x - 1} + \frac{x}{2} = \frac{x}{2}\frac{e^x + 1}{e^x - 1} = \frac{x}{2}\frac{e^{x/2} + e^{-x/2}}{e^{x/2} - e^{-x/2}} = \frac{x}{2}\coth x2 \quad .$$

Setzten wir

$$\beta_{2n} = (-1)^{n-1}B_n \quad ,$$

so können wir schreiben:

$$x\coth x = 1 + \frac{2^2 B_1}{2!}x^2 - \frac{2^4 B_2}{4!}x^4 + \dots + (-1)^n\frac{2^{2n}B_n}{(2n)!} + \dots$$
$$= 1 + \sum_{n=1}^{\infty}(-1)^n\frac{2^{2n}B_n}{(2n)!}x^{2n} \quad .$$

Die $B_n$ werden Bernoulli-Zahlen genannt. Man kann zeigen, dass die Reihe für $|x| < 2\pi$ konvergiert.

In der Funktionentheorie wird gezeigt, dass für die Bernoulli-Zahlen folgende Reihenentwicklungen gelten:

$$\sum_{m=1}^{\infty} \frac{1}{m^{2n}} = \frac{(2\pi)^{2n}}{2(2n)!} B_n \quad .$$

Die Anfangsglieder sind

$$1 + \frac{1}{2^2} + \frac{1}{3^2} + ... + \frac{1}{n^2} + ... = \frac{\pi^2}{6}$$

und

$$1 + \frac{1}{2^4} + \frac{1}{3^4} + ... + \frac{1}{n^4} + ... = \frac{\pi^4}{90} \quad .$$

*Bemerkung: Allgemeiner können wir für (reelle oder komplexe) Zahlen s mit einem Realteil größer als 1 die Riemannsche Zetafunktion durch*

$$\zeta(s) = \sum_{n=1}^{\infty} \frac{1}{n^s}$$

*definieren. Diese lässt sich in die gesamte komplexe Ebene mit Ausnahme einer einfachen Polstelle s = 1 holomorph (d.h. komplex differenzierbar) fortsetzen. Im Komplexen gilt im Gegensatz zum Reellen die bemerkenswerte Eigenschaft, dass aus der einmaligen Differenzierbarkeit einer Funktion folgt, dass die Funktion unendlich oft differenzierbar ist und sich als Taylorreihe darstellen läßt. Nullstellen von $\zeta(s)$ sind die negativen geraden Zahlen (als triviale Nullstellen bezeichnet). Die berühmte bis heute nicht bewiesene Riemannsche Vermutung besagt, dass alle weiteren (nicht trivialen) Nullstellen den Realteil 1/2 haben, derzeit ist ein Preisgeld von einer Million Dollar für einen Beweis ausgesetzt. Die oben betrachtete Gleichung können wir dann auch in der Form*

$$\zeta(2n) = \frac{(2\pi)^{2n}}{2(2n)!} B_n$$

*(n = 1, 2, 3, ...) schreiben.*

In Mathematica erhält man die Beroulli-Zahl $B_n$ durch *BernoulliB[n]*.

Verwenden wir die erzeugende Funktion

$$\frac{x}{e^x - 1} e^{tx} \quad ,$$

so gelangen wir zu den Bernoulli-Polynomen $B_n(t)$ als Polynome in $t$. Die Bernoulli-Zahlen ergeben sich dann als Spezialfall $t = 0$. Wir erhalten

$$\frac{x}{e^x - 1} e^{tx} = 1 - \frac{x}{2} + \sum_{n=1}^{\infty} (-1)^{n+1} \frac{x^{2n}}{(2n)!} B_n(t) \quad .$$

In Mathematica erhält man das Bernoulli-Polynom mit $BernoulliB(n, t)$. Alternativ kann man sich in Mathematica die Potenzreihe ausgeben lassen. Mit

```
Series[x Exp[t x]/(Exp[x]-1),{t,0,4}]
```

erhält man die Ausgabe

$$1 + \left( -\frac{1}{2} + t \right) + \left( \frac{1}{12} - \frac{t}{2} + \frac{t^2}{2} x^2 \right) + \left( \frac{t}{12} - \frac{t^2}{4} + \frac{t^3}{6} \right) x^3 +$$
$$\left( -\frac{1}{720} + \frac{t^2}{24} - \frac{t^3}{12} + \frac{t^4}{24} \right) + O[x]^5 \quad .$$

Wir haben bisher eine Potenzreihenentwicklung von $x \coth x$ betrachtet. Ziel war aber die Potenzreihe zum hyperbolischen Tangens $\tanh x$. Direkt aus den Definitionsgleichungen für den hyperbolischen Sinus und Kosinus folgt

$$\tanh x = -\coth x + 2 \coth(2x) \quad .$$

Durch Einsetzen in obige Gleichungen erhalten wir:

**Satz 3.14.** *Für die hyperbolische Tangensfunktion (als Lösung der Verhulstgleichung nach einer linearen Skalentransformation) gilt*

$$\tanh x = \sum_{n=1}^{\infty} (-1)^{n+1} \frac{2^{2n} \left( 2^{2n} - 1 \right)}{(2n)!} B_n x^{2n-1} \quad .$$

*Für die hyperbolische Kotangensfunktion (ebenfalls als Lösung der Verhulstgleichung) gilt*

$$\coth x = \frac{1}{x} + \sum_{n=1}^{\infty} (-1)^n \frac{2^{2n}}{(2n)!} B_n x^{2n-1} \quad .$$

## 3.5 Gleichgewichtspunkte der Verhulstgleichung

Wir wollen Gleichgewichtspunkte der Verhulstgleichung betrachten.

**Definition 3.15.** *(i) Ein Punkt $x^* \in M$ heißt Ruhe- oder Gleichgewichtspunkt eines Flusses*

$$T : M \times \mathbb{R} \to M$$

*wenn $T(x^*, t) = x^*$ $\forall t \in \mathbb{R}$ gilt.*

*(ii) Ein Gleichgewichtspunkt $x^* \in M$ eines Flusses $T$ heißt stabil, wenn zu jedem $\epsilon > 0$ ein $\delta > 0$ existiert, so dass aus $d(x, x^*) \leq \delta$ die Ungleichung $d(x^*, T(x^*, t)) \leq \epsilon$ $\forall t \in \mathbb{R}$ folgt.*

*(iii) Ein Gleichgewichtspunkt heißt asymptotisch stabil, wenn er stabil ist und wenn ein $\delta_0 > 0$ existiert, so dass*

$$\lim_{t \to \infty} T(x, t) = x^* \quad \forall x \in M \text{ mit } d(x, x^*) \leq \delta_0$$

*gilt.*

*(iv) Eine Menge $G \subseteq M$ heißt Einzugsmenge zum asymptotisch stabilen Gleichgewichtswert $x^* \in G$ (falls $G$ ein Gebiet ist, sprechen wir vom Einzugsgebiet), wenn für alle $y \in G$ gilt:*

$$\lim_{t \to \infty} d(T(y, t), x^*) = 0 \quad .$$

Wir werden später betrachten, wie wir lokal (d.h. in einer hinreichend kleinen Umgebung eines Gleichgewichtspunktes) die Stabilität eines dynamischen Systems mit Hilfe des in diesem Punkt linearisierten Systems untersuchen können. Es soll ein dynamisches System betrachtet werden, dass wie in Kapitel 2 dargestellt durch eine Differentialgleichung gegeben ist (die dort im n-dimensionalen durch ein Vektorfeld gegeben war). Für den Fall eines eindimensionalen Zustandsraumes erhalten wir für einen Gleichgewichtspunkt $x^*$ (d.h. es gilt $f(x^*) = 0$) als Taylorreihe für $f(x)$ mit Restglied

$$f(x) = f'(x^*)(x - x^*) + O(x - x^*)^2 \quad .$$

Wir setzen $\overline{x} = x - x^*$ und erhalten die Gleichung der Linearisierung, indem wir alle Terme mit höherer als erster Ordnung weglassen:

$$\dot{\overline{x}} = f'(x^*)\overline{x} \quad .$$

Hintergrund für die Bedeutung der Linearisierung ist, dass das Ursprungssystem und das linearisierte System i.A. das gleiche lokale Stabilitätsverhalten haben.

Man beachte dabei, dass

$$f'(x) = \frac{df}{dx}$$

und nicht

$$f'(x) = \frac{df}{dt}$$

gilt. Allgemein ist eine Gleichung für einen eindimensionalen Zustandsraum in einem Gleichgewichtspunkt $x^*$ asysmptotisch stabil, wenn $f'(x^*) < 0$ gilt und instabil, wenn $f'(x^*) > 0$ gilt.

Für die Verhulstgleichung

$$\dot{x} = x \left(1 - \frac{x}{A}\right)$$

erhalten wir die Gleichgewichtswerte $x_1^* = 0$ und $x_2^* = A$. I.A. wird $x_2^*$ nur dann als biologisch sinnvoll betrachtet, wenn $A > 0$ gilt (z.B. bei Interpretation des Zustandsraumes als Konzentration oder Anzahl von Individuen). Dann gilt

$$f'(x) = c - 2\frac{c}{A}x \quad .$$

Damit gilt $f'(0) = c$ und $f'(A) = -c$. Für $c > 0, A > 0$ ist das Gleichgewicht $x_2^* = A$ also asymptotisch stabil und $x_1^* = 0$ instabil, vgl. die Abbildung 34. Für $c < 0, A < 0$ existiert nur das Gleichgewicht $x_1^* = 0$ und ist asymptotisch stabil, vgl. die Abbildung 35.

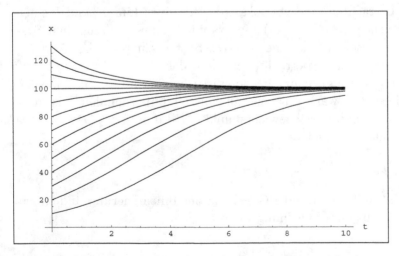

Abbildung 34: Lösung der Verhulstgleichung zu A=100, c=0.5 mit unterschiedlichen Anfangswerten

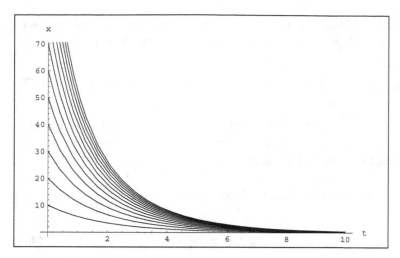

Abbildung 35: Lösungen der Verhulstgleichung zu A=-100, c=-0.5 zu unterschiedlichen Anfangswerten.

Ein Vorteil der expliziten Kenntnis der Lösung ist, dass wir nicht nur lokale Aussagen über die Stabilität treffen können. Wir wissen vielmehr, dass alle positiven Werte als Anfangswerte der Differentialgleichung im Einzugsgebiet der stabilen Gleichgewichtspunkte liegen.

Anwendungsbeispiele für die Verhulstgleichung erhalten wir für die Dynamik chemischer Reaktionen und die Dynamik der Ausbreitung von Infektionskrankheiten.

## 3.6 Massenwirkungsgesetz als Differentialgleichungsmodell

Der Gegenstand der folgenden Modellierung ist die durch die Reaktion von Molekülen entstehende Dynamik. Eine Reaktion kommt zustande, wenn geeignete Moleküle zusammenstoßen. Die Wahrscheinlichkeit dazu soll als proportional zu den Konzentrationen der Stoffe angenommen werden. Die Zufallsbewegungen, die zu Zusammenstößen führen, sollen unabhängig voneinander sein. Wir wollen von Elementarreaktionen sprechen, wenn nicht chemische Summenformeln, sondern chemische Reaktionsgleichungen entsprechend dem Teilchenmodell betrachtet werden.

Da derartige chemische oder biochemische Reaktionen vielfältige Beispiele für Modellgleichungen liefern, wollen wir zunächst präzisieren, wie wir ausgehend von den chemischen Gleichungen zur mathematischen Beschreibung gelangen.

Wir beginnen mit dem Fall einer einzigen chemischen Reaktion mit $n$ Ausgangsstoffen $A_1, A_2, ..., A_n$ und $m$ Reaktionsprodukten $R_1, R_2, ..., R_m$ ohne die Einbeziehung von Enzymen als Biokatalisatoren, d.h. die Ausgangsstoffe sind von den Reaktionsprodukten verschieden. Gegeben sei die Elementarreaktion

$$\mu_1 A_1 + \mu_2 A_2 + ... + \mu_n A_n \underset{k^-}{\overset{k^+}{\rightleftarrows}} \nu_1 R_1 + \nu_2 R_2 + ... + \nu_m R_m \quad . \qquad (27)$$

$a_1, a_2, ..., a_n, r_1, r_2, ..., r_m$ seien in zeitlicher Abhängigkeit $a_i = a_i(t)$ $(i = 1, ..., n)$ bzw. $r_j = r_j(t)$ $(j = 1, ..., m)$ die entsprechenden Konzentrationen. Die konzentrationsabhängige Reaktionsgeschwindigkeit

$$\omega = \omega(a_1, a_2, ..., a_n, r_1, r_2, ..., r_m)$$

ist gegeben durch

$$\omega = k^+ a_1^{\mu_1} \cdots a_n^{\mu_n} - k^- r_1^{\nu_1} \cdots r_m^{\nu_m} \quad . \qquad (28)$$

Die Dynamik der Reaktion ist dann durch die $n + m$ Gleichungen

$$\begin{aligned} \dot{a}_i &= -\mu_i \omega \quad (i = 1, 2, ..., n) \\ \dot{r}_j &= \nu_j \omega \quad (j = 1, 2, ..., m) \end{aligned}$$

bestimmt, wobei der Punkt das Differenzieren nach der Zeit $t$ bezeichnet. Ein einfaches Beispiel ist durch

$$A \underset{k^-}{\overset{k^+}{\rightleftarrows}} R \quad ,$$

gegeben, wobei nur ein Molekülumbau, z.B. durch Lösen einer Ringverbindung, stattfindet. Wir erhalten

$$\omega = k^+ a - k^- r$$

und

$$\begin{aligned} \dot{a} &= -\omega \\ \dot{r} &= \omega \end{aligned}$$

bzw.

$$\begin{aligned} \dot{a} &= -k^+ a + k^- r \\ \dot{r} &= k^+ a - k^- r \quad . \end{aligned}$$

Es folgt (was auch aus inhaltlichen Gründen unmittelbar klar ist)

$$\dot{a} + \dot{r} = 0$$

und somit

$$a(r) + r(t) = c = a(0) + r(0) \quad .$$

Durch Einsetzen erhalten wir

$$\dot{a} = -(k^+ + c\,k^-)\,a + k^-\,c \quad.$$

Die Gleichgewichtsbedingung lautet

$$a^* = \frac{k^-\,c}{k^+ + c\,k^-} \quad.$$

Die Transformation

$$\bar{a} = a - a^*$$

führt auf den Exponentialansatz

$$\dot{\bar{a}} = (-k^+ + c\,k^-)\bar{a}$$

und ergibt die Lösung

$$a(t) = a^* + e^{(-k^+ + c\,k^-)t} \quad.$$

Ein weiteres Beispiel erhalten wir mit der chemischen Gleichung

$$A + B \underset{k^-}{\overset{k^+}{\rightleftarrows}} R \quad.$$

Eine Anwendung von (28) ergibt

$$\omega = k^+\,a\,b - k^-\,r$$

und damit

$$\begin{aligned}
\dot{a} &= -k^+\,a\,b + k^-\,r \\
\dot{b} &= -k^+\,a\,b + k^-\,r \\
\dot{r} &= k^+\,a\,b - k^-\,r \quad.
\end{aligned}$$

mit

$$\dot{a} = \dot{b}$$

sowie

$$\dot{a} + \dot{r} = 0 \quad.$$

Wie im ersten Beispiel können wir die Aufgabenstellung auf die Lösung nur einer Differentialgleichung zurückführen. Diese Gleichung führt auf eine Verhulstgleichung der Gestalt (25).

Kommen zusätzlich $s$ Enzyme $E_1$, $E_2$, ... , $E_s$ auf beiden Seiten der chemischen Gleichung (27) vor, so erhalten wir die Gleichung

$$\mu_1 A_1 + \mu_2 A_2 + ... + \mu_n A_n + c_1 E_1 + c_2 E_2 + ... + c_s E_s \overset{k^+}{\underset{k^-}{\rightleftarrows}}$$

$$\nu_1 R_1 + \nu_2 R_2 + ... + \nu_m R_m + d_1 E_1 + d_2 E_2 + ... + d_s E_s \quad .$$

Dabei müssen alle Koeffizienten $\mu_i$ ($i = 1, ..., n$), $\nu_j$ ($j = 1, 2, ..., m$), $c_k$ ($k = 1, 2, ..., s$) und $d_l$ ($l = 1, 2, ..., s$) natürliche Zahlen sein. Anstelle von (28) ergibt sich die Reaktionsgeschwindigkeit

$$\omega = k^+ a_1^{\mu_1} \cdots a_n^{\mu_n} e_1^{c_1} \cdots e_s^{c_s} - k^- r_1^{\nu_1} \cdots r_m^{\nu_m} e_1^{d_1} \cdots e_1^{d_s} \quad .$$

Das zugehörige System von $n + m + s$ Differentialgleichungen ist dann

$$\begin{aligned} \dot{a}_i &= -\mu_i \omega \quad (i = 1, 2, ..., n) \\ \dot{r}_j &= \nu_j \omega \quad (j = 1, 2, ..., m) \\ \dot{e}_k &= (-c_k + d_k)\omega \quad (k = 1, 2, ..., s) \quad . \end{aligned}$$

Eine weitere Verallgemeinerung ergibt sich, indem wir ein System von $q$ chemischen Gleichungen mit oder ohne Enzyme betrachten:

$$\mu_1^l A_1 + \mu_2^l A_2 + ... + \mu_n^l A_n + c_1^l E_1 + c_2^l E_2 + ... + c_s^l E_s \overset{k^+}{\underset{k^-}{\rightleftarrows}}$$

$$\nu_1^l R_1 + \nu_2^l R_2 + ... + \nu_m^l R_m + d_1^l E_1 + d_2^l E_2 + ... + d_s^l E_s \quad (l = 1, 2, ..., q) \quad .$$

Dann erhalten wir auch $q$ Konstanten für die Reaktionsgeschwindigkeiten:

$$\omega^l = k^{+,l} a_1^{\mu_1,l} \cdots a_n^{\mu_n,l} e_1^{c_1,l} \cdots e_s^{c_s,l} - k^{-,l} r_1^{\nu_1,l} \cdots r_m^{\nu_m,l} e_1^{d_1,l} \cdots e_1^{d_s,l}$$

($l = 1, 2, ..., q$). Das Differentialgleichungsmodell ist ein System von $q(n + m + s)$ Differentialgleichungen

$$\begin{aligned} \dot{a}_i &= \sum_{l=1}^{q} -\mu_i^l \omega^l \quad (i = 1, 2, ..., n) \\ \dot{r}_j &= \sum_{l=1}^{q} \nu_j^l \omega^l \quad (j = 1, 2, ..., m) \\ \dot{e}_k &= \sum_{l=1}^{q} (-c_k^l + d_k^l)\omega^l \quad (k = 1, 2, ..., s) \quad . \end{aligned}$$

Da nicht in jeder chemischen Gleichung alle Ausgangsstoffe, Reaktionsprodukte und Enzyme vorkommen müssen, sind im Falle eines System von chemischen Gleichungen die Koeffizienten zweckmäßigerweise als ganze, nicht negative Zahlen anzusetzen.

Als eine Anwendung, die zu einer Verhulstgleichung führt, betrachten wir

$$U + X \quad \overset{k_1}{\underset{k_{-1}}{\rightleftarrows}} \quad 2X$$

$$V + X \quad \overset{k_2}{\rightarrow} \quad E$$

für die chemischen Verbindungen $U, V, X$ und $E$ unter der Voraussetzung der äußeren Konstanthaltung der Konzentrationen von $u(t)$ von $U$ und $v(t)$ von $V$. Die erste dieser Gleichungen beschreibt einen autokatalytischen Reaktionsschritt. Die Moleküle $U$ und $X$ sind offensichtlich in der Summenformel identisch, weisen aber eine unterschiedliche molekulare Struktur auf.

Die chemischen Konzentrationen sollen mit den entsprechenden Kleinbuchstaben bezeichnet werden. Die durch das beschriebene Massenwirkungsgesetz gegebene Systemdynamik ist lautet dann bezüglich $X$

$$\frac{dx}{dt} = k_1 \, u \, x - k_{-1} \, x^2 - k_2 \, v \, x$$

und damit

$$\frac{dx}{dt} = (k_1 u - k_2 v)x - k_{-1} x^2 \quad .$$

Die Konzentrationen $u$ und $v$ sollen durch äußere Steuerung konstant gehalten werden.

Führen wir

$$c \;=\; k_1 u - k_2 v$$
$$A \;=\; (k_1 u - k_2 v)/k_{-1}$$

ein, so erhalten wir für $x$ eine Verhulstgleichung:

$$\frac{dx}{dt} = c \, x \left( 1 - \frac{x}{A} \right) \quad .$$

Nun können wir die asymptotischen Resultate aus den Abschnitten 3.3 und 3.5 anwenden. Gilt $c > 0$ (und daher wegen $A = c/k_2$ mit einer positiven Reaktionskonstanten $k_2$ auch $A > 0$), so konvergiert die Konzentration $x$ von $X$ gegen den asymptotischen Endwert $A$, wenn der Anfangswert positiv ist, d.h. die Substanz $X$ tatsächlich vorhanden ist. Ist die Substanz nicht vorhanden, so kann auch keine bezüglich $X$ autokatalytische Reaktion ablaufen. Die Größe des positiven Anfangswertes hat keinen Einfluss auf die Größe des asymptotischen Endwertes.

Die Zeit, in der der Endwert (näherungsweise) erreicht wird, hängt von $c$ ab. Ob $c$ positiv ist, hängt von den konstant zu haltenden Konzentrationen $u, v$ und den Reaktionskonstanten $k_1$ und $k_2$ ab. Nach obiger Definition ist $c$ genau dann positiv, wenn

$$u > \frac{k_2}{k_1}v$$

gilt. Gilt dagegen

$$u < \frac{k_2}{k_1}v$$

so erhalten wir den asymptotischen Endwert 0, d.h. die Konzentration von $X$ konvergiert gegen 0. Die Substanz $X$ wird durch das chemische Reaktionssystem vollständig in das Endprodukt $E$ umgesetzt.

Als zweites Beispiel soll das S-I-S-Modell zur Dynamik der Ausbreitung von Infektionskrankheiten betrachtet werden. Es gebe zwei Teilpopulationen $S$ und $I$. $S$ seien die gesunden, aber infizierbaren Individuen (englisch: susceptible). Ein dauerhaftes Immunverhalten, das die Ansteckung verhindert, soll in diesem einfachen Modell nicht vorkommen. Die zweite Teilpopulation bestehe aus den infizierten Individuen, die Krankheitssymptome zeigen und Individuen der $S$-Population anstecken können. Diese beiden Phänomene müssen nicht (wie in diesen Beispiel) zeitlich zusammenfallen. Es könnte auch eine Inkubationszeit vorkommen (E-Phase, englisch exposed), in der die Individuen angesteckt sind, aber weder Krankheitssymptome zeigen noch andere Individuen anstecken können. Nach Ausheilung der Krankheit sollen die Individuen wieder in die S-Population gelangen (und damit weder an der Krankheit versterben noch ein dauerhaftes Immunverhalten erlangen).

Das Ansteckungsrisiko soll sowohl linear von der S-Populationsgröße $s$ als auch von der I-Populationsgröße $i$ mit dem Proportionalitätsfaktor $\beta$ (Ansteckungsrate) abhängen, wir verwenden also einen bilinearen Ansatz.

Verbunden mit einer konstanten mittleren Krankheitsdauer (Erwartungswert im Sinne der Wahrscheinlichkeitsrechnung) soll mit einer Gesundungsrate $\gamma$ die Abnahme der I-Population proportional zu deren Größe sein. Die Konstanten $\beta$ und $\gamma$ setzen wir wie üblich als positiv voraus. $s = s(t)$ und $i = i(t)$ sind von der Zeit $t$ abhängige Populationsgrößen.

Damit ergibt sich insgesamt der Modellansatz

$$\frac{di}{dt} = \beta\, i\, s - \gamma\, i \quad .$$

Weiterhin soll vorausgesetzt werden, dass die Gesamtpopulation eine konstante Größe habe:

$$i + s = n \quad .$$

Ein Einsetzen in den Modellansatz ergibt

$$\frac{di}{dt} = (\beta n - \gamma)i - \beta i^2 \quad .$$

Damit haben wir mit

$$c = \beta n - \gamma$$

und

$$A = (\beta n - \gamma)/\beta$$

die Verhulstgleichung

$$\frac{di}{dt} = c\,i \left( 1 - \frac{i}{A} \right)$$

vorliegen. Für $c > 0$ stellt sich also für einen positiven Anfangswert $i(0)$ das endemische Gleichgewicht

$$A = (\beta n - \gamma)/\beta$$

ein. „Endemisch" bedeutet, dass die Epidemie konstant erhalten bleibt. Es gilt $c > 0$ genau dann, wenn

$$n > \frac{\gamma}{\beta}$$

gilt. Für

$$n < \frac{\gamma}{\beta}$$

stirbt die Krankheit dagegen asymptotisch aus.

Der sich nach gewisser Zeit (näherungsweise) einstellende Gleichgewichtszustand $A > 0$ oder $0$ ist also von dem (als positiv vorausgesetzten) Anfangswert unabhängig. Um die Krankheit zu bekämpfen, hat es somit keinen Sinn, die Zahl der Erkrankten in einem Zeitraum durch äußere Einwirkung auf das System zu verringern, da die innere Systemdynamik später eine Rückkehr zum Gleichgewicht bewirkt. Es kommt vielmehr darauf an, das Verhältnis von Gesundungsrate zur Ansteckungsrate zu beeinflussen. Gelingt es, für dieses Verhältnis einen Wert zu erreichen, der die Populationsgröße übersteigt, so verschwindet die Krankheit asymptotisch.

Es gibt eine umfangreiche Theorie zur Dynamik der Ausbreitung von Infektionskrankheiten. Eine Übersicht wird in [CAP 1991] vermittelt. In den Abschnitten 6.8 und 6.9 werden wir als System von mehreren abhängigen Variablen ein Mehrkompartmentmodell und ein Modell mit drei Krankheitsstadien betrachten.

## 3.7　Die Verhulstgleichung unter Einwirkung einer Räuberpopulation: Hystereseeigenschaften der Lösungen, Stabilität in Abhängigkeit von Parametern

Das Spruce-Budworm-Modell beschreibt die Ausbreitung von Larven der Fichtenknospen als eine ökologische Anwendung. Bei der Modellierung des Befalls von Waldbeständen in Kanada durch Fichtenlarven wurde dies durch L.Ludwig, D.D.Jones und C.S.Holling [Lud 19978] eingeführt.

Die Fichtenlarvenpopulation entwickelt sich dabei entsprechend einer Gleichung, in der das Verhulstmodell durch einen Term ergänzt wird, der die Einwirkung von Vögeln als Räuber für die Beutepopulation der Larven beschreibt. Die Vögel nutzen die Fichtenlarven als Nahrungsquelle in Abhängigkeit von deren Populationsgröße. Treten wenig Fichtenlarven auf, so wenden sich die Vögel einer anderen Nahrungsqelle zu. Gibt es ausreichend viele Fichtenlarven, so werden diese zur bevorzugten Nahrungsquelle.

$x(t)$ bezeichne die Populationsgröße der Fichtenlarven zur Zeit $t$. Mit positiven Konstanten $c$, $A$, $D$ und $E$ betrachten wir den Modellansatz

$$\frac{dx}{dt} = c\,x\left(1 - \frac{x}{A}\right) - \frac{D\,x^2}{E^2 + x^2} \quad . \tag{29}$$

Der Term

$$r(x) = \frac{D\,x^2}{E^2 + x^2}$$

ergänzt die Verhulstgleichung und modelliert die Einwirkung der Vögel als Räuber in Bezug auf die Fichtenlarven. Die Differentialgleichung ist autonom, da

$$f(x) = c\,x\left(1 - \frac{x}{A}\right) - \frac{D\,x^2}{E^2 + x^2}$$

nicht explizit von der Zeit abhängt. Für eine kleine Populationsgröße $x$ ist auch $r(x)$ bei stetiger Abhängigkeit klein: $r(0) = 0$. Für eine große Population $x$ gilt

$$\lim_{x \to \infty} r(x) = \lim_{x \to \infty} \frac{D\,x^2}{E^2 + x^2} = D \quad .$$

Damit ist $D$ der asymptotische Endwert von $r(x)$ für großes $x$. Wesentlich ist der sigmoide Verlauf von $r(x)$ in Abbildung 36.

Es gibt qualitativ gleiche Resultate für andere sigmoide Kurven, die die Einwirkung der Vögel modellieren. Für den angegebenen Ansatz ergibt sich der Vorteil, dass der Einfluss von Parametern auf das qualitative Lösungsverhalten explizit

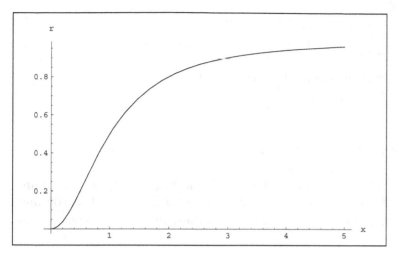

Abbildung 36: Sigmoider Verlauf des Beuteterms mit $D = E = 1$

durch einen analytischen Ausdruck beschreibbar ist.

Die vier in (29) vorkommenden Parameter $c$, $A$, $D$ und $E$ ermöglichen eine flexible Anpassung des Modells an Beobachtungsdaten. Für $c$ und $A$ haben wir bei der Betrachtung der Verhulstgleichung (die hier als Spezialfall $D = 0$ entsteht) eine Interpretation gegeben. Durch $D$ und $E$ wird gesteuert, welcher asymptotische Endwert erreicht wird und wie schnell die Annäherung geschieht.

Die vier Parameter in (29) beschreiben Wachstumseigenschaften der Fichtenlarven und der Vögel. Eine größere Zahl der Parameter ermöglicht eine höhere Flexibilität in der Anpassung an reale Beobachtungsdaten. Zur praktischen Anpassung sind allerdings auch ausreichend viele Beobachtungswerte notwendig.

Für eine qualitative Diskussion ist es dagegen von Vorteil, wenn das betrachtete Modell weniger Parameter enthält. Dies erreichen wir durch eine Skalentransformation für $t$ und $x$. Mit

$$x^* = \frac{w}{A} x$$
$$c^* = \frac{D}{E} c$$
$$A^* = \frac{A}{E}$$
$$t^* = \frac{E}{D} t$$

erhalten wir

$$\frac{dx^*}{dt^*} = c^* \, x^* \left(1 - \frac{x^*}{A^*}\right) - \frac{(x^*)^2}{1 + (x^*)^2} \quad .$$

Wir lassen zur Schreibvereinfachung den Stern wieder weg:

$$\frac{dx}{dt} = c \, x \left(1 - \frac{x}{A}\right) - \frac{x^2}{1 + x^2} \quad . \tag{30}$$

Damit haben wir formal wieder (29) mit $D = 1$ und $E = 1$ erhalten.

(30) kann im Gegensatz zur Situation bei der Verhulstgleichung zu bestimmten Parametern verschiedene lokal stabile Lösungen besitzen. Für $A = 100$ und $c = 0.3$ erhalten wir in unterschiedlicher Skalenauflösung die Abbildungen 37 und 38.

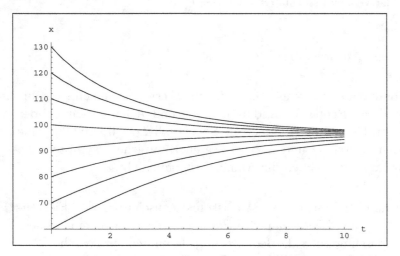

Abbildung 37: Annäherung an die (größere lokal stabile) Gleichgewichtslösung bei der Verhulstgleichung mit Beuteterm zu unterschiedlichen Anfangswerten

Wir wollen als nächstes untersuchen, zu welchen Parameterkombinationen es wie viele Gleichgewichtslösungen (lokal stabil oder instabil) gibt. Eine Gleichgewichtslösung liegt vor, wenn $\dot{x} = dx/dt = 0$ gilt, also keine zeitliche Veränderung durch die Differentialgleichung (30) bewirkt wird. Damit muss auch für die rechte Seite

$$f(x, c, A) = c \, x \left(1 - \frac{x}{A}\right) - \frac{x^2}{1 + x^2} \tag{31}$$

der Differentialgleichung (30) eine Nullstelle vorliegen:

$$f(x^*) = 0 \quad . \tag{32}$$

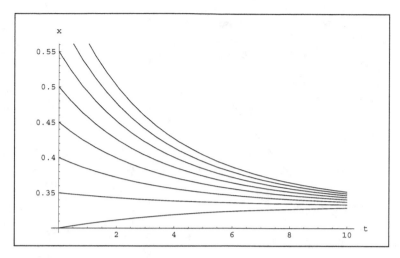

Abbildung 38: Annäherung an die (kleinere lokal stabile) Gleichgewichtslösung bei der Verhulstgleichung mit Beuteterm zu unterschiedlichen Anfangswerten

Nach den Betrachtungen aus Abschnitt 3.5 ist das Gleichgewicht (definiert durch die Nullstelle von $f(x)$) lokal stabil, wenn

$$\frac{df}{dx}(x^*) < 0$$

gilt und instabil, wenn

$$\frac{df}{dx}(x^*) > 0$$

gilt. Die erste dieser Ungleichungen beschreibt, dass $f(x)$ im Punkt $x = x^*$ streng monoton fällt, die zweite, dass $f(x)$ in $x = x^*$ streng monoton wächst. Man beachte, dass in diesem Zusammenhang nach $x$ (also der von der Zeit abhängigen Populationsgröße aus (30)) differenziert wird.

Im Beispiel $A = 100$ und $c = 0.3$ gibt es außer der trivialen Nullstelle $x_1 = 0$ noch 3 weitere positive Nullstellen $x_1 < x_2 < x_3$, die wir in der graphischen Darstellung nicht in jeder Auflösung erkennen, vgl. die Abbildungen 39, 40 und 41.
$x_0$ und $x_2$ sind instabil, während $x_1$ und $x_3$ lokal asymptotisch stabil sind. Die zugehörige Systemdynamik für die Differentialgleichung mit verschiedenen Anfangswerten wurde in den Abbildungen 37 und 38 veranschaulicht.

Für das Beispiel $A = 100$, $c = 0.8$ gibt es dagegen außer der trivialen Nullstelle $x_0 = 0$ nur eine weitere Nullstelle $x_1$, vgl. Abbildung 41.
Die Gleichung (31) mit (32) hat stets die triviale Lösung

$$x_0 = 0 \quad ,$$

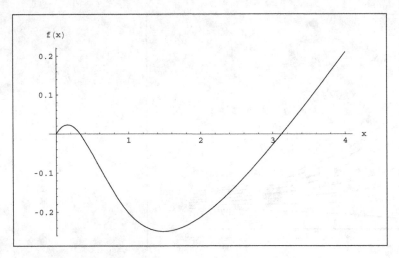

Abbildung 39: Gleichgewichtslösungen mit Nullstellen $x_1, x_2, x_3$

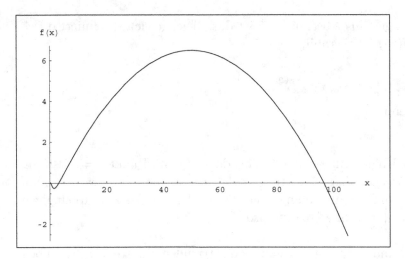

Abbildung 40: Gleichgewichtslösungen mit Nullstellen $x_1/x_2, x_3, x_4$

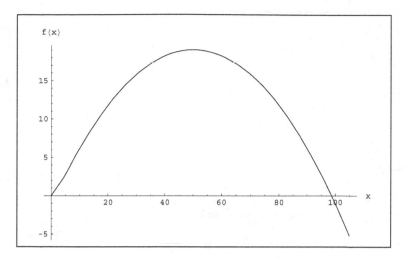

Abbildung 41: Gleichgewichtslösungen als Nullstellen $x_0, x_3$

da $x$ als Faktor ausgeklammert werden kann. Die übrigen Nullstellen ergeben sich dann (nach dem Ausklammern als verbleibender Faktor) durch

$$c\left(1 - \frac{x}{A}\right) - \frac{x}{1+x^2} = 0 \quad . \tag{33}$$

Die Nullstellen von (33) sind auch die Schnittpunkte (bezüglich $x$) der Geraden

$$g(x) = c\left(1 - \frac{x}{A}\right)$$

mit der Funktion

$$h(x) = \frac{x}{1+x^2} \quad .$$

Drei typische Situationen für den Anstieg der Geraden in Bezug auf die zu schneidende Funktion $x/(1+x^2)$ sind in der Abbildung 42 dargestellt.
In der Umgebung von $x = 0$ benötigt man zu einer klareren Orientierung eine feinere Auflösung. Für kleine $x$ erhalten wir Abbildung 43.

Wir werden später bei Betrachtungen zur singulären Störungstheorie auf die Kombination von schnell und langsam veränderlichen Funktionen zurückkommen. Man beachte, dass in Abbildung 43 die horizontale Achse die Populationsgröße $x$ und nicht die Zeit $t$ darstellt.

Der allgemeine Fall wird in Abhängigkeit von den beiden Parametern $c$ und $A$ durch folgenden Satz beschrieben:

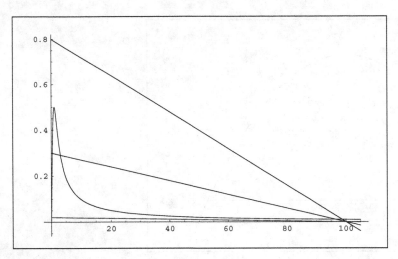

Abbildung 42: Schnittpunktverhalten von Geraden und $x/(1-x^2)$

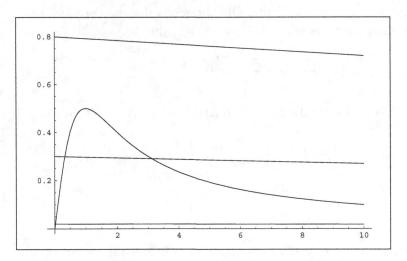

Abbildung 43: Schnittpunktverhalten von Geraden und $x/(1-x^2)$ für kleine $x$

**Satz 3.16.** *(i) Im Inneren des Gebietes G, dass in der A-c-Ebene durch die in Parameterdarstellung gegebene Kurve*

$$c(a) = \frac{2\,a^3}{(a^2 + 1)^2}, \quad A(a) = \frac{2\,a^3}{a^2 - 1}$$

*für $a > 1$ berandet wird, existieren drei nichttriviale Gleichgewichtslösungen von (30).*

*(ii) Auf dem Rand von G existieren zwei nichttriviale Gleichgewichtslösungen.*

*(iii) Im Äußeren von G existiert eine nichttriviale Gleichgewichtslösung.*

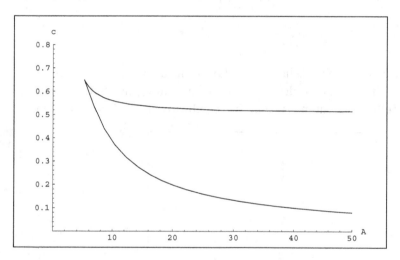

Abbildung 44: Parametergebiet in der $A$-$c$-Ebene für ein, zwei oder drei nichttriviale Gleichgewichtslösungen zum Spruce-Budworm-Modell

Das im Satz beschriebene Gebiet $G$ wird in der Abbildung 44 dargestellt. Man beachte, dass in dieser Abbildung die Achsen den Modellparametern $A$ und $c$ entsprechen. Jedes Parameterpaar entspricht einem Punkt in der Parameterebene.

Durch direkte Rechnungen erhält man

$$\lim_{a \to \infty} A(a) = \infty, \quad \lim_{a \to \infty} c(a) = 0$$

sowie

$$\lim_{a \to +1} A(a) = \infty, \quad \lim_{a \to +1} c(a) = \frac{1}{2} \ .$$

Die vom Parameter $a$ für $a > 1$ gegebene Kurve $(A(a), c(a))$ in der A-c-Ebene ist stetig. Man kann sich davon überzeugen, dass die Tangente $(A'(a), c'(a))$ im

Punkt $a = \sqrt{3}$ eine Unstetigkeitsstelle hat. Dieser Wert entspricht der „Spitze" in obiger Abbildung. Man spricht auch von einer Spitzenkatastrophe im Sinne der Thom'schen Katastrophentheorie [THO 1976]. In der Katastrophentheorie werden Singularitäten in Parameterräumen klassifiziert, wir kommen darauf in Kapitel 8 zurück.

**Beweisskizze zum Satz:** Wir wollen zuerst zeigen, dass es ein, zwei oder drei Nullstellen von

$$c \left( 1 - \frac{x}{A} \right) - \frac{x}{1 + x^2}$$

bzw. Schnittpunkte von

$$g(x) = c \left( 1 - \frac{x}{A} \right)$$

mit

$$h(x) = \frac{x}{1 + x^2}$$

gibt. Die Möglichkeit von zwei Nullstellen ergibt Grenzsituationen, die wir als Gleichungen formulieren können, die zu der Parameterdarstellung des Satzes führen. Als graphische Darstellung erhalten wir eine obere Grenzlage in Abbildung 45.

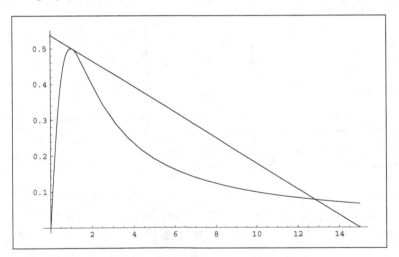

Abbildung 45: Obere Grenzlage für Gleichgewichtslösungen

Die untere Grenzlage ist in Abbildung 46 dargestellt.

Wegen $g(0) = c/A > 0$ und $h(0) = 0$ einerseits sowie $g(A) = 0$ und $h(A) > 0$ andererseits folgt aus dem Zwischenwertsatz für stetige Funktionen, dass es mindestens einen Schnittpunkt von $g(x)$ und $h(x)$ gibt. Schnittpunkte kann es nur für $x > 0$ geben. Wir werden zeigen, dass $h(x)$ für $0 < x < \sqrt{3}$ konkav und für $\sqrt{3} < x$ konvex ist. Ist eine Funktion in einem Intervall konvex bzw. konkav, so liegt die Verbindungsgerade zweier Kurvenpunkte stets unterhalb bzw. oberhalb

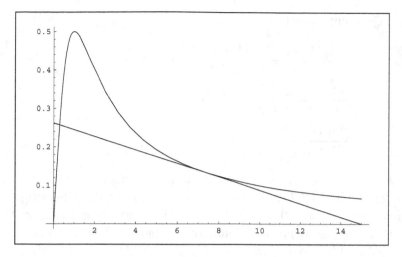

Abbildung 46: Untere Grenzlage für Gleichgewichtslösungen

der Kurve.

Man kann schlussfolgern, dass es maximal drei Schnittpunkte von $g(x)$ und $h(x)$ gibt. Der Anstieg der Geraden $g(x)$ liegt dabei zwischen dem der oben skizzierten Grenzlagen, vgl. Abbildung 47.

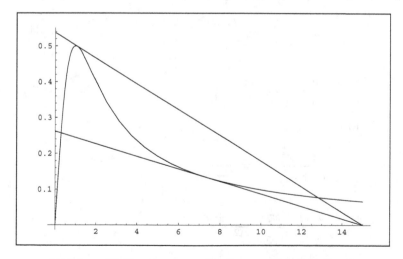

Abbildung 47: Randwerte zur Bestimmung des Gebietes G

Zur Untersuchung von $h(x)$ auf Konvexität berechnen wir die zweite Ableitung. Zunächst erhalten wir für die erste Ableitung

$$h'(x) = \frac{(1 - x^2) - x(2x)}{(1 + x^2)^2} = \frac{1 - x^2}{(1 + x^2)^2} \quad .$$

Daraus folgt nach der Quotientenregel

$$h''(x) = \frac{-2x(1+x^2)^2 - (1-x^2)2(1+x^2)2x}{(1+x^2)^4}$$

$$= \frac{-2x(1+x^2) - 4x(1-x^2)}{(1+x^2)^3}$$

$$= \frac{2x(3-x^2)}{(1+x^2)^3} \quad .$$

Für $x > 0$ folgt aus $h'(x) = 0$ als notwendiger Bedingung für einen Extremwert $x = 1/2$. Wegen $h'(1/2) = 0$ und $h''(1/2) < 0$ ist $x = 1$, $h(1/2) = 1$ das eindeutig bestimmt Maximum von $h(x)$ für $x > 0$. Für $0 < x < 1/2$ ist $h(x)$ streng monoton wachsend und für $x > 1/2$ streng monoton fallend. Aus $h''(x) = 0$ folgt für $x > 0$ $x = \sqrt{3}$. Für $0 < x < \sqrt{3}$ ist $h(x)$ konkav ($h''(x) < 0$), für $x > \sqrt{3}$ ist $h(x)$ konvex ($h''(x) > 0$), in $x = \sqrt{3}$ liegt ein Wendepunkt vor.

Für die in den Abbildungen dargestellte Grenzsituationen müssen sich $g(x)$ und $h(x)$ berühren und gleiche Ableitungen haben:

$$h(x_*) = g(x_*), \quad h'(x_*) = g'(x_*) \quad .$$

Aus den Definitionen von $g(x)$ und $h(x)$ erhalten wir

$$c\left(1 - \frac{x_*}{A}\right) = \frac{x_*}{1 - x_*^2} \tag{34}$$

sowie

$$-\frac{c}{A} = \frac{1 - x_*^2}{(1 + x_*^2)^2} \quad . \tag{35}$$

Durch Einsetzen von (35) in (34) folgt

$$c + \frac{1 - x_*^2}{(1 + x_*^2)^2}x_* = \frac{x_*}{1 + x_*}$$

und daraus

$$c = \frac{x_*(1 + x_*^2) - x_* + x_*^3}{(1 + x_*^2)^2}$$

sowie

$$c = \frac{2x_*^3}{(1 + x_*^2)^2} \quad . \tag{36}$$

Setzen wir diese Gleichung in (35) ein, erhalten wir

$$A = \frac{2x_*^3}{x_*^2 - 1} \quad . \tag{37}$$

Mit dem Berührungspunkt $x_*$ der Tangente $g(x)$ an $h(x)$ sind durch (36), (37) die Parameter $c$ und $A$ gegeben. Für jeden Wert $x_* > 1$ ist eine derartige Lösung gegeben. Für $1 < x_* < \sqrt{3}$ liegt der obere Grenzfall und für $x_* > \sqrt{3}$ der untere Grenzfall vor. Der Wert $x_* = \sqrt{3}$ entspricht dem „Spitzenpunkt" aus obiger Abbildung. Damit können wir $x_*$ als einen Parameter $a$ verwenden, womit die Skizze der Grundideen zum Beweis des Satzes abgeschlossen ist.                $\square$

Die außerhalb des im vorstehenden Satz beschriebenen Gebietes $G$ gegebene nichttriviale Lösung ist lokal asymptotisch stabil. Im Inneren von $G$ existieren zwei lokal asymptotisch stabile Lösungen.

Wenn wir ausgehend von einer Gleichgewichtslösung der Differentialgleichung (30) „geringfügig" die Parameter $c$ und $A$ verändern, so erhalten wir ein System, dass sich i.A. nicht im Gleichgewicht befindet, sondern eine lokale Störung eines Gleichgewichtes sein kann.

Diese „geringfügige" Störung entspricht einer $\epsilon$-Umgebung in der A-c-Parameterebene. Überschreiten wir durch eine derartige Veränderung die Grenze des Gebietes $G$ von Außen nach Innen (außerhalb des Spitzenpunktes), so gelangen wir von einer im Äußeren von $G$ lokal asymptotisch stabilen Lösung zu einer der beiden auch im Inneren asymptotisch stabilen Lösung. Die andere dieser im Inneren von $G$ gegebenen Lösungen bleibt im umgekehrten Fall nicht stabil. Folgen wir einem Weg (hinreichend oft differenzierbar in der Parameterdarstellung) in der A-c-Parameterebene, der $G$ auf verschiedene Seiten des Spitzenpunktes schneidet (z.B. vertikale Wege), so können wir beim Eintritt in $G$ stets zu einer lokal asymptotisch stabilen Lösung zurückkehren, die dann beim Verlassen von $G$ instabil wird. Folgen wir dem Weg in umgekehrter Richtung, so gelangen wir in $G$ zu der zweiten lokal asymptotisch stabilen Lösung. Folgen wir in der beschriebenen Weise z.B. dem vertikalen Weg in der A-c-Parameterebene, der zu $A = 8$ bei $c = 0.4$ beginnt, zu $c = 0.65$ führt und dann umgekehrt zurück läuft, so werden die sich lokal einstellenden Gleichgewichtswerte $x_*$ durch Abbildung 48 veranschaulicht.

Ein Gleichgewicht verändert sich stetig, bis eine weitere Erhöhung bzw. Verringerung auf diese Weise nicht mehr möglich ist. Die gestrichelte Linie stellt das instabile Gleichgewicht dar.

Eine dreidimensionale Darstellung, die dem jeweiligen Lösungszweig der lokal stabilen Gleichgewichtslösung so weit wie möglich stetig bis zu den Grenzen von $G$ folgt, erhalten wir in den Abbildungen 49 und 50.

Betrachten wir die Projektionen der Kurven, in denen lokal stabile Lösungen nicht mehr erhalten bleiben, so erhalten wir die beiden Kurventeile aus obiger Abbildung, die durch den Spitzenpunkt getrennt sind.

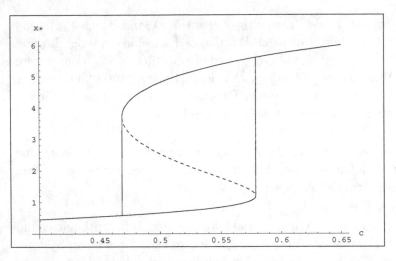

Abbildung 48: Hystereseverhalten der Gleichgewichtslösungen bei konstantem $A$ in Abhängigkeit von $c$

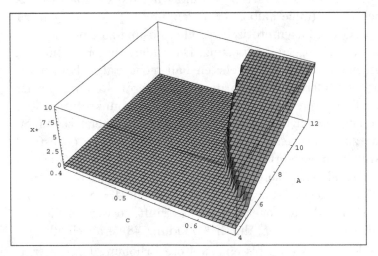

Abbildung 49: Dreidimensionale Darstellung des Gleichgewichtes in Abhängigkeit von $c$ und $A$ (im Überlappungsbereich mit dem kleineren, dem „Nischengleichgewicht")

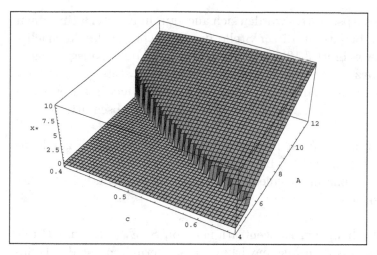

Abbildung 50: Dreidimensionale Darstellung des Gleichgewichtes in Abhängigkeit von $c$ und $A$ (im Überlappungsbereich mit dem größeren, dem „Ausbruchsgleichgewicht")

## 3.8 Unterschiedliche Zeitskalen in der Michaelis-Menten-Theorie der Enzymkinetik, singuläre Störungstheorie

Enzyme sind bemerkenswert effektive Biokatalysatoren. Sie wirken aktivierend oder hemmend in biologischen Prozessen. Auf Grund der Komplexität und Vielschichtigkeit biologischer und biochemischer Prozesse sollte man zunächst vereinfachende Modelle betrachten, um ein qualitatives Verständnis grundlegender Teilprozesse zu erzielen. Als ein erster Schritt ist folgender von Michaelis und Menten vorgeschlagene Reaktionsmechanismus zu verstehen:

$$S + E \quad \underset{k_{-1}}{\overset{k_1}{\rightleftarrows}} \quad (SE) \tag{38}$$

$$(SE) \quad \overset{k_2}{\rightarrow} \quad P + E \quad . \tag{39}$$

Dabei bezeichnet $S$ ein Substrat, das sich zunächst mit einem Enzym $E$ zu einem Substrat-Enzym-Komplex (SE) verbindet (und auch wieder zerfallen kann). Weiterhin kann der Substrat-Enzym-Komplex in das Enzym und ein Reaktionsprodukt $P$ zerfallen. In der chemischen Summengleichung sind $S$ und $P$ identisch, es erfolgt unter Einbeziehung des Enzyms ein struktureller Umbau von $S$ nach $P$. Beide Reaktionen (38), (39) sollen Elementarreaktionen sein, deren Dynamik sich dann nach den in Abschnitt 3.6 beschriebenen Differentialgleichungen verhalten soll.

Die Betrachtungen dieses Abschnittes würden sich auch gut in Kapitel 6 einordnen lassen. Wir wollen aber bereits an dieser Stelle die Betrachtung des Michaelis-Menten-Wachstums in Abschnitt 3.13 vorbereiten. Dort wird davon ausgegangen, dass sich das System bezüglich einer schnellen Teilreaktion stets (nahezu) im Gleichgewicht befindet, so dass danach nur noch die Systemdynamik für eine Population zu betrachten ist. Wir kommen darauf am Ende dieses Abschnitts zurück.

Die Konzentration des Enzyms $E$ ist in realen Systemen im Vergleich zur Konzentration von $S$ um den Faktor $10^{-2}$ bis $10^{-7}$ kleiner. Wir werden sehen, dass dies zu Teilprozessen mit sehr unterschiedlicher Reaktionsgeschwindigkeit führt („unterschiedliche Zeitskalen").

Wir bezeichnen die zeitabhängigen Konzentrationen von $S$, $E$, $(SE)$ und $P$ mit $s(t)$, $e(t)$, $c(t)$ bzw. $p(t)$. Aus dem Massenwirkungsgesetz erhalten wir das Differentialgleichungssystem

$$\frac{ds}{dt} \;=\; -k_1\, e\, s + k_{-1}\, c \tag{40}$$

$$\frac{de}{dt} \;=\; -k_1\, e\, s + (k_{-1} + k_2)c \tag{41}$$

$$\frac{dc}{dt} \;=\; k_1\, e\, s - (k_{-1} + k_2)c \tag{42}$$

$$\frac{dp}{dt} \;=\; k_2\, c \tag{43}$$

mit den Anfangswerten

$$s(0) \;=\; s_0 > 0 \tag{44}$$

$$e(0) \;=\; e_0 > 0 \tag{45}$$

$$c(0) \;=\; 0 \tag{46}$$

$$p(0) \;=\; 0 \;\;. \tag{47}$$

Das Verhältnis

$$\epsilon = \frac{e_0}{s_0} \tag{48}$$

von Enzymkonzentration zu Substratkonzentration zum Anfangszeitpunkt $t = 0$ soll klein sein (in Anwendungen $10^{-2}$ bis $10^{-7}$). Sind die Lösungen von (40) - (42) bekannt, so ergibt sich $p(t)$ auf Grund von (43) und (47) durch

$$p(t) = \int_0^t c(\bar{t})d\bar{t} \;\;.$$

Außerdem folgt aus (41) und (42)

$$\frac{de}{dt} + \frac{dc}{dt} = 0$$

und damit unter Beachtung der Anfangswerte

$$e(t) + c(t) = e_0 \quad .$$

Das System (40) - (43) reduziert sich somit auf zwei wesentliche Gleichungen:

$$\frac{ds}{dt} = -k_1 e_0 s + (k_1 s + k_{-1})c \tag{49}$$

$$\frac{dc}{dt} = k_1 e_0 s - (k_1 s + k_{-1} + k_2)c \tag{50}$$

mit den Anfangswerten

$$s(0) = s_0$$
$$c(0) = 0 \quad .$$

Durch eine Skalentransformation reduzieren wir die Zahl der Parameter:

$$\tau = k_1 e_0 t$$
$$u(\tau) = \frac{s(t)}{s_0}$$
$$v(\tau) = \frac{c(t)}{e_0}$$
$$\lambda = \frac{k_2}{k_1 s_0}$$
$$K = \frac{k_{-1} + k_2}{k_1 s_0}$$
$$\epsilon = \frac{e_0}{s_0} \quad .$$

Als transformiertes Gleichungssystem erhalten wir

$$\frac{du}{d\tau} = -u + (u + K - \lambda)v \tag{51}$$

$$\epsilon \frac{dv}{d\tau} = u - (u + K)v \tag{52}$$

$$u(0) = 1 \tag{53}$$

$$v(0) = 0 \tag{54}$$

mit

$$K - \lambda > 0 \quad . \tag{55}$$

Aus (51), (52) erhält man, dass ein Gleichgewicht nur für $u = 0$, $v = 0$ existiert. Wir wollen zeigen, dass die Lösung des Anfangswertproblems (51) - (54) für $t \to \infty$ gegen das Gleichgewicht konvergiert. Eine graphische Darstellung, die zunächst noch nicht dem eigentlichen Untersuchungsziel dieses Abschnittes, nämlich $\epsilon \ll 1$ entspricht, ist in der Abbildung 51 zu finden.

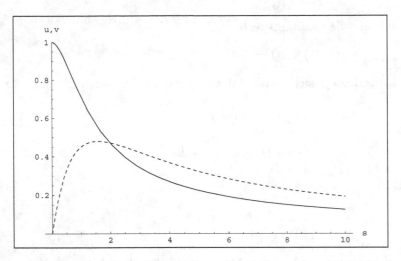

Abbildung 51: Monotonieverhalten der Lösung des Michaelis-Menten-Systems ($u$ durch gezeichnet, $v$ gestrichelt)

**Satz 3.17.** *Für die Lösung von (51) - (55) gilt:*
*(i) $u(\tau)$ ist für alle $\tau \geq 0$ positiv, streng monoton fallend, und es gilt*

$$\lim_{\tau \to \infty} u(\tau) = 0 \quad,$$

*(ii) Es gilt $0 < v(\tau) < 1$ für alle $\tau > 0$. Es existiert ein $\tau_0$, so dass $v(\tau)$ für $0 \leq \tau \leq \tau_0$ streng monoton wachsend und für $\tau_0 \leq \tau$ streng monoton fallend ist. Es gilt*

$$\lim_{\tau \to \infty} v(\tau) = 0 \quad.$$

Der elementare, aber nicht ganz kurze Beweis soll aus Platzgründen übergangen werden.

Betrachten wir nun die numerische Lösung von (51) - (55) mit $\epsilon = 0.001$ (also $\epsilon \ll 1$) und sonst gleichen Parametern, so erhalten wir in Abbildung 52 eine Darstellung, die auf den ersten Blick den Eindruck erweckt, dass der Anfangswert $v(0) = 0$ nicht erfüllt ist.

Für eine kleine Umgebung des Anfangszeitpunktes erhalten wir die Abbildung 53. Wir haben in den Abbildungen 52 und 53 zwei Teile der Lösung von (51) - (55) mit qualitativ unterschiedlichem Verhalten dargestellt. Im ersten Lösungsteil (innere Lösung, Abbildung 53) ändert sich (näherungsweise) der Anfangswert $u(0) = 1$ nicht, während sich $v(t)$ von $v(0) = 0$ zu einem „Plateauwert" verändert, der dann als „scheinbarer Anfangswert" in Abbildung 52 auftritt. Eine mathematische Fundierung dieser „Beobachtung" wird durch einen Reihenansatz im Rahmen der singulären Störungstheorie gegeben, auf den wir einführend eingehen. Das Zusammenfügen der beiden Lösungsteile wird allgemein durch eine asymptotische

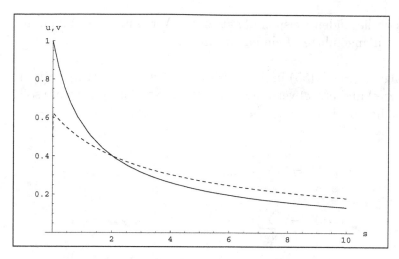

Abbildung 52: „äußere Lösung" des Michaelis-Menten-Systems ($u$ durch gezeichnet, $v$ gestrichelt)

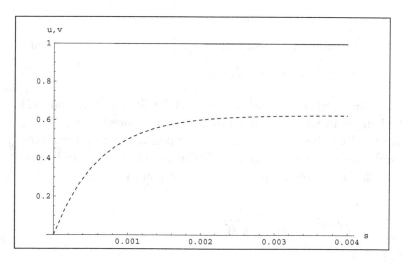

Abbildung 53: „innere Lösung" des Michaelis-Menten-Systems ($u$ durch gezeichnet, $c$ gestrichelt)

Aussage erreicht. Im vorliegenden Beispiel hängt dieser Wert mit dem Maximum von $v(t)$ nach dem oben angeführten Lemma zusammen.

Wir wollen die Lösung von (51) - (55) in der Abhängigkeit von $\epsilon$ betrachten (und die Bezeichnungen $u(\tau, \epsilon)$ und $v(\tau, \epsilon)$ verwenden). Unsere erste Ansatzvariante soll mit einer Potenzreihe in $\epsilon$ beginnen:

$$u(\tau, \epsilon) = \sum_{n=0}^{\infty} \epsilon^n u_n(\tau)$$

$$v(\tau, \epsilon) = \sum_{n=0}^{\infty} \epsilon^n v_n(\tau) \quad .$$

Die Koeffizienten $u_n(\tau)$ und $v_n(\tau)$ (als Funktionen in $\tau$) sollen durch einen Koeffizientenvergleich der $\epsilon$-Potenzen gewonnen werden. Mit diesem Ansatz werden wir zur äußeren Lösung gelangen. Für die Null-Potenz erhalten wir durch Einsetzen in das zu untersuchende Differentialgleichungssystem

$$\frac{du_0}{d\tau} = -u_0 + (u_0 + K - \lambda)v_0 \tag{56}$$

$$0 = u_0 - (u_0 + K)v_0 \quad . \tag{57}$$

Die Gleichung (57) ist keine Differentialgleichung, da auf der linken Seite von (52) ein $\epsilon$-Faktor auftritt. Außerdem ist (57) nicht mit den Anfangswerten $u_0(0) = 1$ und $v_0(0) = 0$ verträglich. Für eine Umgebung des Nullpunktes werden wir eine Lösung (innere Lösung) mit einem modifizierten Reihenansatz finden und diese beiden Lösungen schließlich mit einem „matching"-Prozess zusammenfügen. Aus (57) folgt

$$v_0(\tau) = \frac{u_0(\tau)}{u_0(\tau) + K} \quad .$$

Ein Einsetzen in (56) ergibt

$$\frac{du_0}{d\tau} = -\frac{\lambda u_0}{u_0 + K} \quad .$$

Eine explizite Lösung ist für die Koeffizientenfunktionen $u_n$ und $v_n$ i.A. nicht möglich. Für $u_0$ erhalten wir eine implizite Gleichung:

$$u_0(\tau) + K \ln u_0(\tau) = 1 - \lambda \tau \quad .$$

Der Koeffizientenvergleich in der ersten und zweiten $\epsilon$-Potenz führt zu den Differentialgleichungssystemen

$$\frac{du_1}{d\tau} = -u_1 + (u_0 + K - \lambda)v_1 + u_1v_0 \qquad (58)$$

$$\frac{dv_0}{d\tau} = u_1 - u_1v_0 - (u_0 + K)v_1 \qquad (59)$$

und

$$\frac{du_2}{d\tau} = -u_2 + u2v_0 + u_1v_1 + (u_0 + K - \lambda)v_2 \qquad (60)$$

$$\frac{dv_1}{d\tau} = u_2 - u_2v_0 - u_1v_1 - (u_0 + K)v_2 \quad . \qquad (61)$$

Wegen $\epsilon \ll 1$ sind nur wenige Anfangsterme der Reihenentwicklung von praktischer Relevanz. Bei der Lösung von (58), (59) sowie (60), (61) und weiteren Systemen beim Koeffizientenvergleich für $n > 2$ erhalten wir jeweils zwei Integrationskonstanten, die wir beim Zusammenfügen von äußerer und innerer Lösung noch bestimmen müssen.

Für die Betrachtung in einer Umgebung von $\tau = 0$ führen wir eine Skalentransformation der Zeitachse durch:

$$\sigma = \frac{\tau}{\epsilon} \quad .$$

Wir können nun die Funktionen auf die neue (wegen $\epsilon \ll 1$ schnellere) Zeitskala beziehen:

$$U(\sigma, \epsilon) = u(\tau, \epsilon)$$
$$V(\sigma, \epsilon) = v(\tau, \epsilon) \quad .$$

Ein Umrechnen des Systems (51) - (54) ergibt

$$\frac{dU}{d\sigma} = -\epsilon U + \epsilon(U + K - \lambda)V$$
$$\frac{dV}{d\sigma} = U - (U + K)V$$
$$U(0) = 1$$
$$V(0) = 0 \quad .$$

Auch für die transformierten Gleichungen können wir einen Reihenansatz verwenden:

$$U(\sigma, \epsilon) = \sum_{n=0}^{\infty} \epsilon^n U_n(\sigma) \tag{62}$$

$$V(\sigma, \epsilon) = \sum_{n=0}^{\infty} \epsilon^n V_n(\sigma) \tag{63}$$

$$U(0) = 1$$

$$V(0) = 0 \quad .$$

Für das Anfangsglied der Ordnung 0 der Reihenentwicklung gilt dann

$$\frac{dU_0}{d\sigma} = 0 \tag{64}$$

$$\frac{dV_0}{d\sigma} = U_0 - (U_0 + K)V_0 \tag{65}$$

$$U_0(0) = 1 \tag{66}$$

$$V_0(0) = 0 \quad . \tag{67}$$

Im Gegensatz zu (56), (57) tritt keine Unverträglichkeit mit den Anfangswerten (66), (67) auf. Eine Lösung von (64) - (67) ergibt

$$U_0(\sigma) = 1$$

$$V_0(\sigma) = \frac{1 - e^{-(1+K)\sigma}}{1 + K} \quad .$$

Es gilt somit

$$\lim_{\sigma \to \infty} (U_0(\sigma), V_0(\sigma)) = \left(1, \frac{1}{1+K}\right) = \lim_{\tau \to 0} (u_0(\tau), v_0(\tau))$$

als eine Bedingung für das Zusammenfügen („matching") von äußerer und innerer Lösung. Vergleichen wir die erste $\epsilon$-Potenz in (62), (63), so erhalten wir

$$\frac{dU_1}{d\sigma} = -U_0 + (U_0 + K - \lambda)V_0$$

$$\frac{dV_1}{d\sigma} = U_1 - (U_0 + K)V_1 - U_1 V_0$$

sowie für den in $\epsilon$ quadratischen Term

$$\frac{dU_2}{d\sigma} = -U_1 + (U_1 + K - \lambda)V_1 + U_1 V_0 + U_0 V_1$$

$$\frac{dV_2}{d\sigma} = U_2 - (U_0 + K)V_2 - U_1 V_1 - U_2 V_0 \quad .$$

Mit den Anfangsbedingungen $U_n(0) = 0$ für $n \geq 1$ und $V_n(0) = 0$ für $n \geq 0$ sind die Lösungen für alle $\epsilon$-Potenzen eindeutig bestimmt. Das Zusammenfügen der äußeren und inneren Lösungsterme (genauer: die Bestimmung der Integrationskonstanten für die äußere Lösung) erfolgt über die Bedingung

$$\lim_{\sigma \to \infty} (U_i(\sigma), V_i(\sigma)) = \lim_{\tau \to 0} (u_i(\tau), v_i(\tau))$$

für alle $i \geq 0$ bzw. zusammenfassend

$$\lim_{\sigma \to \infty} (U(\sigma, \epsilon), V(\sigma, \epsilon)) = \lim_{\tau \to 0} (u(\tau, \epsilon), v(\tau, \epsilon)) \quad .$$

Die innere Reaktion läuft in der Regel in so kurzen Zeiten ab, dass sie experimentell nicht beobachtet wird. Es reicht vielfach aus, im Ausgangssystem $\epsilon = 0$ zu verwenden. Dies entspricht der nullten Ordnung der betrachteten Reihenentwicklung. Entsprechend geht man in der „Pseudo-steady-state-Hypothese" von Michaelis und Menten vor. Das gegebene System sei

$$\frac{du}{d\tau} = f(u, v) \tag{68}$$

$$\epsilon \frac{dv}{d\tau} = g(u, v) \tag{69}$$

mit $0 < \epsilon \ll 1$. Da bei gleichen Größenordnungen von $f(u, v)$ und $g(u, v)$ die Veränderung von $v$ „wesentlich schneller" (Faktor $1/\epsilon$) als die Veränderung von $u$ abläuft, wird als Hypothese angenommen, dass sich $v$ bezüglich $u$ im Gleichgewicht befindet, d.h. wir setzen formal $\epsilon = 0$:

$$\frac{du}{d\tau} = f(u, v) \tag{70}$$

$$0 = g(u, v) \quad . \tag{71}$$

Wir wollen annehmen, dass (71) nach $v$ aufgelöst werden kann:

$$v = h(u) \quad .$$

Im obigen Beispiel haben wir

$$v = \frac{u}{u + K} \quad .$$

Ob wir für $v = h(u)$ einen geschlossenen Lösungsausdruck erhalten können oder auf numerische Methoden zurückgreifen, spielt gegenüber der Existenz der Auflösung eine untergeordnete Rolle. Durch Einsetzen der Auflösung in (70) erhalten wir

$$\frac{du}{d\tau} = f(u, h(u)) \quad . \tag{72}$$

$f(u, h(u))$ wird auch als uptake-Funktion zum System (68), (69) bezeichnet.

Gehen wir zum Ausgangssystem (49), (50) zurück, so erhalten wir

$$\frac{ds}{dt} = -\frac{Qs}{s + K_m} \qquad (73)$$

mit $Q = k_2 e_0$ und der Michaelis-Menten-Konstanten

$$K_m = \frac{k_{-1} + k_2}{k_1} \quad .$$

Durch Integration erhalten wir analog zum obigen Vorgehen die implizite Gleichung

$$s(t) + K_m \ln(s(t)) = -Qt + s_0 + K_m \ln(s_0) \quad .$$

## 3.9   Diffusion durch Zufallsbewegungen

Wir betrachten eine von der Zeit $t$ und einer eindimensionalen Raumvariablen $x$ abhängige Funktion $w = w(x,t)$ ($x, t \in \mathbb{R}$). Wir wollen zeigen, dass ausgehend von diskreten Raum- und Zeitschritten als Ergebnis eines Grenzwertprozesses mit dem Laplace-Operator

$$\Delta = \frac{\partial^2}{\partial x^2}$$

die partielle Differentialgleichung

$$\frac{\partial w}{\partial t} = D\Delta w$$

mit der Diffusionskonstanten $D$ entsteht. Damit wollen die Ergänzung der Verhulstgleichung durch einen Term vorbereiten, der die räumliche Wirkungsausbreitung beschreibt.

Wir wollen annehmen, das sich ein Teilchen entlang der reellen Achse mit einem Raumschritt $\Delta x$ und einem Zeitschritt $\Delta t$ jeweils mit der Wahrscheinlichkeit $1/2$ in positiver und negativer Richtung bewegt.

Wird nach $n$ Schritten der Raumpunkt $m$ erreicht und werden dabei $a$ Schritte in positiver Richtung und $b$ Schritte in negativer Richtung durchlaufen, so erhalten wir

$$\begin{aligned} n &= a + b \\ m &= a - b \end{aligned}$$

bzw. äquivalent dazu

$$a = \frac{n+m}{2}$$
$$b = \frac{n-m}{2} \quad .$$

Die Zahl der Möglichkeiten, nach $n$ Schritten zum Raumpunkt $m$ zu gelangen, beträgt $\binom{n}{a}$, die Gesamtzahl der Möglichkeiten ist $2^n$. Damit beträgt die Wahrscheinlichkeit, den Raumpunkt $m$ zu erreichen

$$p(m,n) = \frac{1}{2^n}\binom{n}{a} = \frac{1}{2^n}\frac{n!}{a!(n-a)!}$$

mit der Fakultät $n!$ als Produkt der natürlichen Zahlen von 1 bis $n$. Wir wollen zeigen, dass asymptotisch

$$p(m,n) \sim \sqrt{\frac{2}{\pi n}}\, e^{-\frac{m^2}{2n}}$$

gilt. Dazu verwenden wir, dass nach der Sterlingschen Formel

$$n! \sim \sqrt{2\pi n}\left(\frac{n}{e}\right)^n$$

gilt. Dies bedeutet

$$\lim_{n\to\infty} \frac{n!}{\sqrt{2\pi n}\left(\frac{n}{e}\right)^n} = 1 \quad .$$

Weiterhin sei $m$ klein gegenüber $n$ ($m \ll n$), in den Abschätzungen ersetzen wir näherungsweise $n-m$ und $n+m$ durch $n$, da $\lim_{n\to\infty}\frac{n-m}{n} = 1$ und $\lim_{n\to\infty}\frac{n+m}{n} = 1$ gilt. Zur Abschätzung verwenden wir die Anfangsglieder der Taylorreihe des Logarithmus im Entwicklungspunkt 1:

$$\ln(1+x) = x - \frac{x^2}{2} + \dots \quad .$$

Wir erhalten dann

$$p(m,n) = \frac{1}{2^n}\binom{n}{a}$$

$$= \frac{1}{2^n}\frac{n!}{\left(\frac{n+m}{2}\right)!\left(\frac{n-m}{2}\right)!}$$

$$= \frac{1}{2^n}\frac{\sqrt{2\pi n}\left(\frac{n}{e}\right)^n}{\sqrt{2\pi\frac{n+m}{2}}\left(\frac{n+m}{2e}\right)^{\frac{n+m}{2}}\sqrt{2\pi\frac{n-m}{2}}\left(\frac{n-m}{2e}\right)^{\frac{n-m}{2}}}$$

$$= \sqrt{\frac{2}{\pi n}}\left(\frac{n}{n+m}\right)^{\frac{n+m}{2}}\left(\frac{n}{n-m}\right)^{\frac{n-m}{2}}$$

$$= \sqrt{\frac{2}{\pi n}}\,\Omega$$

mit

$$\Omega = \left(\frac{n}{n+m}\right)^{\frac{n+m}{2}} \left(\frac{n}{n-m}\right)^{\frac{n-m}{2}} \quad .$$

Daraus folgt

$$\ln \Omega = \frac{n+m}{2} \ln \left(1 - \frac{m}{n+m}\right) + \frac{n-m}{2} \ln \left(1 - \frac{m}{n-m}\right) \quad .$$

Mit der Reihenentwicklung des Logarithmus erhalten wir weiter

$$
\begin{aligned}
\ln \Omega &= \frac{n+m}{2} \ln \left(1 - \frac{m}{n+m}\right) + \frac{n-m}{2} \ln \left(1 - \frac{m}{n-m}\right) + \dots \\
&= -\frac{m}{2} - \frac{1}{4}\frac{m^2}{n+m} + \frac{m}{2} - \frac{1}{4}\frac{m^2}{n-m} + \dots \\
&= -\frac{m^2}{2n} + \dots
\end{aligned}
$$

und damit

$$\Omega = e^{-\frac{m^2}{2n}} + \dots \quad .$$

Dadurch ist die Behauptung bewiesen.                                    □

Setzen wir nun für einen Raumschritt $\Delta x$ und einen Zeitschritt $\Delta t$ ($\Delta$ ist an dieser Stelle nicht der Laplaceoperator, sondern eine Raum- bzw. Zeitdifferenz, nach einem Grenzwertprozess wird diese Differenz nicht weiter auftreten, so dass keine Verwechslungsgefahr mit dem Laplaceoperator besteht)

$$
\begin{aligned}
x &= m\,\Delta x \\
t &= n\,\Delta t \quad,
\end{aligned}
$$

so erhalten wir für die durch

$$w(x,t) = p\left(\frac{x}{\Delta x}, \frac{t}{\Delta t}\right)\frac{1}{2\Delta x}$$

definierte Funktion

$$w(x,t) = \sqrt{\frac{\Delta t}{2\pi t(\Delta x)^2}}\, e^{-\frac{x^2 \Delta t}{2t(\Delta x)^2}} \quad .$$

Wir können Raum- und Zeitschritt sinnvoll aneinander koppeln, indem wir

$$\lim_{\substack{\Delta x \to 0 \\ \Delta t \to 0}} \frac{(\Delta x)^2}{2\Delta t} = D$$

fordern. Dann gilt

$$w(x,t) = \sqrt{4\pi t D}\, e^{-\frac{x^2}{4tD}} \quad .$$

Durch direktes Nachrechnen überzeugt man sich von der Gültigkeit der partiellen Differentialgleichung

$$\frac{\partial w}{\partial t} = D\frac{\partial^2 w}{\partial x^2} \quad .$$

Beispielsweise gilt für Hämoglobin im Blut $D = 10^{-7} cm^2/s$ und für Sauerstoff im Blut $D = 10^{-5} cm^2/s$.

## 3.10 Ergänzung durch einen Diffusionsterm: Wellenansatz; Veränderung des Stabilitätsverhaltens durch räumliche Wirkungsausbreitung

Die bisher betrachteten Differentialgleichungen hingen zum größten Teil nur von der Zeit $t$ ab (gewöhnliche Differentialgleichungen). Wollen wir neben der zeitlichen auch eine räumliche Veränderung in das Modell einbeziehen, so müssen wir zusätzlich Ableitungen nach einer oder mehreren Raumvariablen bilden. Dabei gelangen wir zur Theorie der partiellen Differentialgleichungen. In diesem Abschnitt werden wir mit Hilfe des Wellenansatzes wieder zu gewöhnlichen Differentialgleichung zurückgeführt. Wir erhalten als Modell eine Differentialgleichung zweiter Ordnung (die zweite Ableitung der abhängigen Variablen tritt auf) bzw. ein System von zwei gewöhnlichen Differentialgleichungen erster Ordnung (nur erste Ableitungen) in zwei abhängigen Variablen.

Verwenden wir die Zeit $t$ und eine Raumvariable $x$, so kann man einen Diffusionsprozess für eine Populationsgröße oder eine Teilchendichte $w(t,x)$ durch die Gleichung

$$\frac{\partial w}{\partial t} = c^2\frac{\partial^2 w}{\partial x^2} \tag{74}$$

entsprechend den Betrachtungen des vorigen Abschnittes beschreiben. Diese können wir dadurch erhalten, dass wir für ein Intervall der $x$-Geraden (oder eine Kugel im dreidimensionalen Raum) die Raum-Zeit-Bilanzgleichung (bezüglich der Individuen oder der durch die Konzentration gegebenen „Gesamtmasse") aufstellen und beachten, dass Teilchen das Intervall nur über die Randpunkte verlassen können. Wir können auch einen stochastischen Ansatz verwenden: es liegt eine gleiche Wahrscheinlichkeit für ein Teilchen vor, in einem Zeitschritt einen Raumschritt nach rechts oder links zurückzulegen. Von diesem zunächst diskreten Ansatz gelangen wir wie im vorigen Abschnitt betrachtet zum kontinuierlichen Differentialgleichungsmodell (74). Für eine partielle Differentialgleichung können wir Anfangswerte $w(x,0)$ zu $t = 0$ und/oder Randwerte $w(a,t)$ zum Randpunkt

$x = a$ vorgeben. Für Existenz- und Eindeutigkeitssätze benötigt man geeignete Funktionenräume, auf derartige Fragen können wir aus Platzgründen nicht eingehen.

Wir können für die vorliegende partielle Differentialgleichung eine explizite Lösung angeben (aus dieser „Grundlösung" lassen sich durch Integration weitere Lösungen gewinnen):

$$w(x, t) = \frac{1}{2c\sqrt{\pi t}} e^{-x^2/4c^2 t} \quad .$$

Man überzeugt sich von dieser Behauptung durch einfaches Ausrechnen der partiellen Ableitungen $\partial w/\partial t$ und $\partial^2 w/\partial x^2$. Rein formal werden die partiellen Ableitungen wie die gewöhnlichen Ableitungen ausgerechnet, wenn man annimmt, dass die übrigen Variablen (nach denen jeweils nicht differenziert wird) konstant sind. $w(x,t)$ ist auch als Dichtefunktion (in $x$) der Normalverteilung mit dem Mittelwert 0 und der Varianz $c\sqrt{2t}$ bekannt.

Die rechte Seite der in Abschnitt 3.7 betrachteten Differentialgleichung zur Verhulstgleichung mit einem zusätzlichen Beuteterm können wir als Reaktionsterm auffassen, der beschreibt, wie sich eine Population (oder auch eine Konzentration in einer chemischen oder biochemischen Reaktion) an einem bestimmten Raumpunkt zeitlich verändert. Nehmen wir nun noch $\partial^2 u/\partial x^2$ als Diffusionsterm hinzu, der beschreibt, wie zu einem bestimmten Zeitpunkt die räumliche Ausbreitung erfolgt, so gelangen wir zu einer Reaktions-Diffusions-Gleichung :

$$\frac{\partial w}{\partial t} = cw\left(1 - \frac{w}{A}\right) - \frac{w^2}{1+w^2} + d^2\frac{\partial^2 w}{\partial x^2} \quad . \tag{75}$$

Durch eine Skalentransformation für $x$ können wir $d = 1$ erreichen, zur Vereinfachung der Rechnungen soll dies nun vorausgesetzt werden.

Wir wollen diese Gleichung mit einem speziellen Ansatz, dem Wellenfrontansatz, lösen. Dies ist sinnvoll, weil gezeigt werden kann, dass unter bestimmten Voraussetzungen jede Lösung der Differentialgleichung (75) asymptotisch gegen eine Lösung des Wellenfrontansatzes konvergiert.

Es soll eine Lösung von (75) unter der zusätzlichen Annahme

$$w(x + ct, t) = w(x, 0) \tag{76}$$

bestimmt werden. Mit (76) ist die Lösung $w(x,t)$ durch die Anfangswerte $w(x, 0)$ bestimmt, man kann (76) nämlich auch in der Form

$$w(x, t) = w(x - ct, 0)$$

schreiben. Die Gleichungen bedeuten, dass sich $w(x,t)$ als Funktion von

$$z = x - ct \tag{77}$$

schreiben lässt. Wir müssen allerdings beachten, dass keinesfalls alle Anfangswerte von $w(x,t)$ zu $t = 0$ zu Lösungen von (75) führen. Definieren wir

$$u(z) = w(z,0) \quad , \tag{78}$$

so folgt

$$w(x,t) = u(x - ct) \quad .$$

Durch partielles Differenzieren von $w(x,t)$ unter Verwendung von (78) und der Kettenregel erhalten wir

$$\frac{\partial w}{\partial t} = -cu'(z) \tag{79}$$

mit (77). Weiterhin gilt

$$\frac{\partial^2 w}{\partial x^2} = u''(z) \quad . \tag{80}$$

Mit (79) und (80) erhalten wir aus (75) mit $d = 1$ die gewöhnliche autonome Differentialgleichung

$$u''(z) + cu'(z) + u(z)\,(1 - u(z)) + \frac{u^2(z)}{1 + u^2(z)} = 0 \tag{81}$$

zweiter Ordnung (es kommt eine zweite Ableitung vor). Führen wir mit

$$v(z) = u'(z) \tag{82}$$

eine neue abhängige Variable $v(z)$ ein, so können wir (81) auch als System von zwei gewöhnlichen autonomen Differentialgleichungen erster Ordnung schreiben:

$$u' = v \tag{83}$$

$$v' = -cv - u(1 - u) + \frac{u^2}{1 + u^2} \quad . \tag{84}$$

Zur Schreibvereinfachung haben wir die Bezugnahme auf die unabhängige Variable $z$ unterdrückt. Aus (83), (84) folgt mit (82) umgekehrt (81).

Auf Stabilitätseigenschaften von gewöhnlichen autonomen Differentialgleichungen erster Ordnung mit mehreren abhängigen Variablen werden wir zurückkommen. Inhaltlich beschreibt das System den zeitlichen Verlauf mehrerer Populationen mit Wechselwirkungen. Einen Satz über die Stabilität von Gleichgewichtslösungen bei zwei abhängigen Variablen benötigen wir zur weiteren Behandlung des oben betrachteten Falles schon an dieser Stelle.

**Satz 3.18.** *Es sei ein autonomes Differentialgleichungssystem*

$$u'(z) \;=\; f(u(z), v(z)) \tag{85}$$
$$v'(z) \;=\; g(u(z), v(z)) \tag{86}$$

*mit der Gleichgewichtslösung* $f(u(z^*), v(z^*)) = 0$,
$g(u(z^*), v(z^*)) = 0$. *Weiterhin gelte für die durch*

$$r(z) \;=\; f(u(z), v(z)) - \frac{\partial f}{\partial u}(z^*)(u(z) - u(z^*)) - \frac{\partial f}{\partial v}(z^*)(v(z) - v(z^*))$$

$$s(z) \;=\; g(u(z), v(z)) - \frac{\partial g}{\partial u}(z^*)(u(z) - u(z^*)) - \frac{\partial g}{\partial v}(z^*)(v(z) - v(z^*))$$

*definierten Funktionen* $r(z)$ *und* $s(z)$

$$\lim_{z \to z^*} \frac{r(z)}{z - z^*} \;=\; 0$$

$$\lim_{z \to z^*} \frac{s(z)}{z - z^*} \;=\; 0 \quad .$$

*Sind dann für die Matrix*

$$M = \begin{pmatrix} \frac{\partial f}{\partial u} & \frac{\partial f}{\partial v} \\ \frac{\partial g}{\partial u} & \frac{\partial g}{\partial v} \end{pmatrix}(z^*) \quad ,$$

*deren Spur*

$$tr\,M = \frac{\partial f}{\partial u} + \frac{\partial g}{\partial v}$$

*und Determinante*

$$det\,M = \frac{\partial f}{\partial u}\frac{\partial g}{\partial v} - \frac{\partial f}{\partial v}\frac{\partial g}{\partial u}$$

*die Ungleichungen*

$$det\,M(z^*) > 0 \quad , \quad tr\,M(z^*) < 0$$

*erfüllt, so ist die Gleichgewichtslösung* $z = z^*$ *lokal asymptotisch stabil. Gilt dagegen*

$$det\,M(z^*) < 0$$

*oder*

$$tr\,M(z^*) > 0$$

*so ist die Gleichgewichtslösung* $z = z^*$ *instabil.*

Die wesentliche Aussage besteht darin, dass unter den angegebenen Bedingungen die Stabilität des Systems (85),(86) aus der Stabilität der Linearisierung berechnet werden kann.

Das System (83),(84) führt zur Gleichgewichtsbedingung

$$v = 0$$
$$h(u) = cu(1 - u) - \frac{u^2}{1 + u^2} = 0 \quad . \tag{87}$$

Mit (87) liegt die gleiche Gleichgewichtsbedingung wie in Abschnitt 3.7 vor. Als Bedingung für die lokale Stabilität ergibt sich aus dem angeführten Satz

$$h'(u^*) > 0 \quad .$$

Für $h'(u^*) < 0$ liegt dagegen Instabilität vor. Damit haben sich im Vergleich zu Abschnitt 3.7 lokale Stabilität und Instabilität vertauscht. Da dies durch den zusätzlichen Diffusionsterm bedingt ist, spricht man in einem derartigen Fall auch von diffusionsbedingten Stabilitätseigenschaften.

Einen Einblick in die Lösungskurven in der u-v-Ebene und dem damit verbundenen Stabilitätsverhalten erhalten wir durch die Abbildungen 54 und 55 in unterschiedlicher Auflösung für die u-Achse.

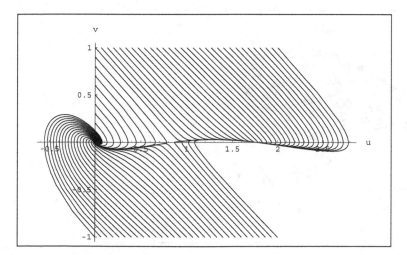

Abbildung 54: Lösungstrajektorien in der u-v-Ebene zu unterschiedlichen Anfangsbedingungen mit Informationen zur lokalen Stabilität

Eine Darstellung der zugehörige Wellenfrontlösung erhalten wir aus der im vorigen Abschnitt angeführten instabilen Lösung.

Viele der bisher betrachteten Modelle, begonnen mit der Verhulstgleichung mit einer unabhängigen Variablen (z.B. als Modell einer chemischen Reaktion oder einer

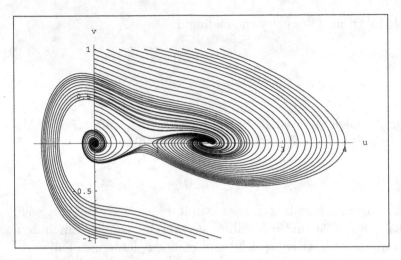

Abbildung 55: Lösungstrajektorien in der u-v-Ebene zu unterschiedlichen Anfangsbedingungen mit Informationen zur lokalen Stabilität

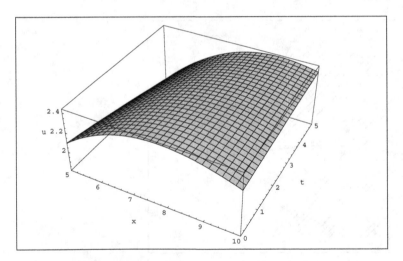

Abbildung 56: Dreidimensionale Darstellung der Wellenfrontlösung

Infektionskrankheit) über Räuber-Beute-Modelle bis zur Belousov-Zhabotinskii-Reaktion lassen sich durch einen Diffusionsterm zu räumlich inhomogenen Modellen erweitern. Die Syntheseprozesse in der Zelle sind an bestimmte Zellstrukturen gebunden, das Ergebnis der biochemischen Umsetzungen kann sich mit Diffusionsmechanismen ausbreiten. Zur Beschreibung verwendet man Reaktions-Diffusionsgleichungen. Auch auf chemischem Niveau kommt es zur Entstehung interessanter räumlicher Muster bei Reaktionen mit periodischem Verlauf. Die Entstehung der vielfältigen Fellzeichnungen in der Tierwelt lässt sich ebenso mit Reaktions-Diffusions-Gleichungen modellieren. Nicht das sichtbare Ergebnis der individuellen Entwicklung ist im einzelnen genetisch determiniert. Nur Eiweiße und insbesondere Enzyme sind als strukturelle Steuerelemente genetisch determiniert. Diese werden über biochemische und biologische Mechanismen tätig und können dadurch aufgrund äußerer Einflüsse modifiziert werden. Auch die Frage, welche genetisch determinierte Information überhaupt verwendet wird, wird durch die erwähnten Steuermechanismen entschieden. Für ein angemessenes Verständnis ist daher ein systemtheoretischer Ansatz nötig. Bei der Betrachtung partieller Differentialgleichungen treten im Vergleich zu den gewöhnlichen viele neue Probleme und Lösungsansätze auf.

Wir wollen die bereits mehrfach verwendete Verhulstgleichung mit einen Diffusionsterm, aber ohne Beuteterm $-\frac{w^2}{1+w^2}$ betrachten:

$$\frac{\partial w}{\partial t} = c_0\, w(1 - \frac{w}{k}) + d\,\frac{\partial^2 w}{\partial x^2} \ . \tag{88}$$

Diese Gleichung wird auch als Fischersche Gleichung bezeichnet. Wir wollen zur Vereinfachung den Fall $c_0 = k = d = 1$ betrachten:

$$\frac{\partial w}{\partial t} = w(1 - w) + \frac{\partial^2 w}{\partial x^2} \ . \tag{89}$$

Durch Wahl geeigneter Einheiten für $w, t$ und $x$ kann (88) stets in die Gestalt (89) gebracht werden. Ohne den Term $d\frac{\partial^2 w}{\partial x^2}$ ist (88) die Verhulstgleichung, und ohne den Term $c_0\, w(1 - w/k)$ ist (88) die Diffusionsgleichung.

Wir verwenden wieder einen Ansatz, der zu einer wellenförmigen Wirkungsausbreitung führt. Dieser Ansatz ist keinesfalls zwangsläufig und erfasst auch keinesfalls alle möglichen Lösungen. Er ist zunächst nur dadurch motiviert, dass er erfolgreich zu Lösungen führt, die aber typisch für die Problemstellung sind. Wir kommen auf diesem Weg zu keinen expliziten, durch Formeln beschriebenen Lösungen. Eine explizite Lösung (die allerdings nur für einen Spezialfall gültig ist) geben wir am Ende dieses Abschnittes an. Wir verwenden den Ansatz

$$w(x, t) = u(x - c\,t) \ . \tag{90}$$

Dieser Ansatz besagt, dass die gesuchte Lösung entlang der Geraden $x = ct + c_1$ mit einer Konstanten $c_1$ konstante Werte hat. Die zu $t = 0$ gegebenen Anfangswerte $w(x, 0) = u(x)$ breiten sich in der dreidimensionalen Darstellung von $w = w(x, t)$ mit der Geschwindigkeit $c$ „wellenförmig" entsprechend dem Bild einer sich bewegenden Wasserwelle aus, vgl. dazu Abbildung 60. Ob ein solcher Ansatz mit der gegebenen partiellen Differentialgleichung (89), der Fischerschen Gleichung, verträglich ist, muss sich erst noch zeigen. Außerdem ist die Frage nach den möglichen Werten $c$ der Wellengeschwindigkeit von Interesse.

Ein entscheidender Punkt ist wiederum, dass mit dem Ansatz (90) die partielle Differentialgleichung (89) in eine gewöhnliche Differentialgleichung mit der einzigen unabhängigen Variablen $z = x - ct$ reduziert werden kann. Es gilt wegen der Kettenregel beim Differenzieren

$$\frac{\partial w}{\partial t} = \frac{\partial u}{\partial z}\frac{\partial z}{\partial t} = -c\frac{du}{dz} = -c\,u'(z)$$

sowie

$$\frac{\partial^2 w}{\partial x^2} = \frac{d^2 u}{dz^2} = u''(z) \ ,$$

und damit folgt aus (89)

$$u''(z) + c\,u'(z) + u(z)\big(1 - u(z)\big) = 0 \ . \tag{91}$$

Führen wir die neue abhängige Variable

$$v(z) = u'(z) \tag{92}$$

ein, so können wir (91) in vertrauter Form als ein System gewöhnlicher Differentialgleichungen erster Ordnung schreiben. Das System lautet:

$$u' \ = \ v \tag{93}$$
$$v' \ = \ -c\,v - u(1 - u) \ . \tag{94}$$

Das System (93),(94) hat nur die Gleichgewichtspunkte $(u, v) = (0, 0)$ und $(u, v) = (1, 0)$. Der erste ist stabil und der zweite instabil. Allerdings verlässt für eine Wellengeschwindigkeit $c$ mit $c^2 < 4$ die Lösung von (93),(94) den biologisch sinnvollen Bereich $u \geq 0$. Wir veranschaulichen die Situation für die Werte $c = 1$ und $c = 3$ in Abbildung 57.
Wir haben folgendes Programm verwendet:

```
c=1;l=50;
modell={u'[z]==v[z], v'[z]== - c v[z] - u[z] (1 - u[z]),
u[0]==0.9, v[0]==-0.2};
```

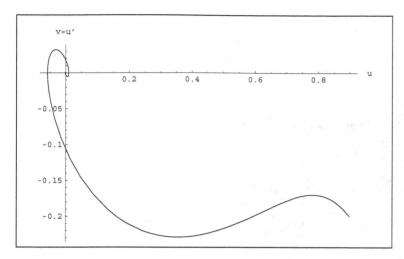

Abbildung 57: Lösungskurven in der $u$-$v$-Phasenebene zu $c = 1$

```
loesung=NDSolve[modell,{u,v},{z,0,1}];
abb=ParametricPlot[Evaluate[{u[z],v[z]}/.loesung],{z,0,1},
PlotPoints->50,PlotRange->All,
AxesLabel->{"u","v=u'"}]
```

In hinreichender Nähe des Gleichgewichtspunktes $(u, v) = (0, 0)$ erfolgt die Annäherung spiralförmig. Für $-2 < c < 2$ führt der Wellenansatz (90) zu keiner biologisch sinnvollen Lösung. Der Betrag der Wellengeschwindigkeit muss also mindestens 2 sein. Bei geeigneten Anfangswerten gelangen wir mit Hilfe des Programms

```
c=3;l=10;
modell={u'[z]==v[z], v'[z]== - c v[z] - u[z] (1 - u[z]),
u[0]==u0, v[0]==v0};
p:={loesung=NDSolve[modell,{u,v},{z,0,1}];
abb=ParametricPlot[Evaluate[{u[z],v[z]}/.loesung],{z,0,1},
DisplayFunction->Identity,
PlotPoints->50]};
bild1a=Table[{u0=0.7; v0=0.5- 0.1 i;p},{i,0,15}];
bild1b=Table[{u0=0.05 i; v0=-1;p},{i,1,13}];
abb0=Show[Evaluate[bild1a,bild1b],
DisplayFunction->$DisplayFunction,
PlotRange->All,AxesLabel->{"u","v=u'"}];
```

zu einer biologisch sinnvollen Lösung in Abbildung 58.
Es gibt eine Lösung von (93), (94), die vom instabilen Gleichgewichtspunkt $(u, v) = (1, 0)$ zum stabilen Gleichgewichtspunkt $(u, v) = (0, 0)$ führt. Startet

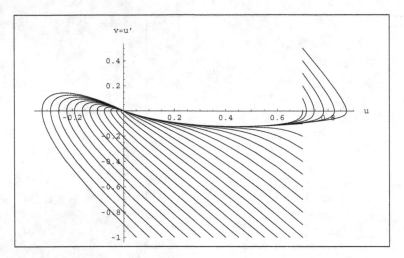

Abbildung 58: Lösungskurven in der $u$-$v$-Phasenebene zu $c = 3$ mit
Konvergenz gegen (0,0)

man die Rechnungen mit Anfangswerten in der Nähe von $(1,0)$, so kann die
Lösung sich bei entsprechenden Anfangswerten beliebig weit vom Koordinatenursprung entfernen. Mit den Anfangswerten $u(0) = 0.999$ und $v(0) = -0.001$
erhalten wir eine gegen $u = 0$, $v = 0$ konvergierende Lösung. Dazu erhalten wir
mit dem Programm

```
c=2;l=30;
modell={u'[z]==v[z], v'[z]== - c v[z] - u[z] (1 - u[z]),
u[0]==0.999, v[0]==-0.001};
loesung=NDSolve[modell,{u,v},{z,0,l}];
abb=Plot[Evaluate[u[z]/.loesung],{z,0,l},
PlotPoints->50,PlotRange->All,
PlotRegion->{{0.13,0.57},{0.4,0.8}},AxesLabel->{"z","u"}]
```

die Darstellung in Abbildung 58.

Mit

```
c=2;l=200;
modell={u'[z]==v[z], v'[z]== - c v[z] - u[z] (1 - u[z]),
u[0]==0.999, v[0]==-0.001};
loesung=NDSolve[modell,{u,v},{z,0,l}];
uu[z_]:=If[z>0,u[z]/.loesung[[1]],0.999];
Plot3D[uu[x - c t],{x,0,100},{t,0,20},
PlotPoints->30,PlotRange->All,
PlotRegion->{{0.13,0.57},{0.4,0.8}},AxesLabel->{"x","t","w"}]
```

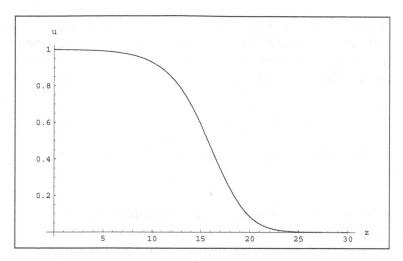

Abbildung 59: Typische Wellenfrontlösung

ergibt sich eine spezielle Lösung von (91) in Abbildung 60.

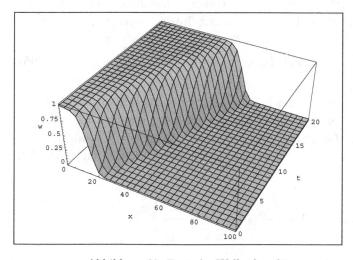

Abbildung 60: Typische Wellenfrontlösung

Wir erhalten die in Abbildung 60 dargestellte Wellenfrontlösung, wenn wir Anfangswerte für $t = 0$ (dann folgt $x = z$) verwenden, wie sie in Abbildung 59 dargestellt sind.

Man kann zeigen, dass die Lösung von (88) mit Anfangswerten, die außerhalb eines beschränkten Intervalls verschwinden, gegen die beschriebene Wellenlösung mit minimaler Wellengeschwindigkeit $c = 2$ konvergiert. Da bei den Anwendungen die Konzentration oder Individuenanzahl ohnehin nur in einem beschränkten

Raumgebiet betrachtet wird, ist die Wellengeschwindigkeit mit dem Betrag 2 der typische Fall. Für die Wellengeschwindigkeit $c = 5/\sqrt{6} \approx 2.041$, also für einen Wert, der sich nur geringfügig vom „typischen Wert" $c = 2$ unterscheidet, existiert eine explizite Lösungsformel von (91). Dies erkennen wir, indem wir vom Ansatz

$$u(z) = \frac{1}{(1 + a\,e^{bz})^s}$$

ausgehen. Ein Einsetzen in (91) führt auf die Werte $s = 2$, $b = 1/\sqrt{6}$ und $c = 5/\sqrt{6}$ .

## 3.11  Verhulstgleichung mit Verzögerung, Abhängigkeiten der Dämpfung und Oszillation der Lösungen von der Verzögerungszeit und Verzweigungspunkte für Lösungen

In den bisher betrachteten Differentialgleichungen hing die Ableitung als Maß für die Änderung einer Populationsgröße oder Konzentration vom Zustand des Systems als Funktion der Populationsgröße ab. In der Realität wird im Allgemeinen eine zeitliche Verzögerung z.B. für die Dauer von Syntheseprozessen auftreten. Eine Möglichkeit, dies in das Verhulstmodell aufzunehmen, besteht im Ansatz

$$\frac{dw}{dt}(t) = cw(t)\left(1 - \frac{w(t-T)}{A}\right) \tag{95}$$

mit der Zeitverzögerung $T$. Allgemeiner könnte man einen Ansatz verwenden, der nicht nur auf die Werte vor einer festen Verzögerungszeit, sondern auf alle vor $t$ liegenden Werte mit einer Gewichtsfunktion $g(t)$ zurückgreift. Darin ist auch der Fall enthalten, dass die Werte in einem endlichen Intervall vor dem aktuellen Zeitpunkt $t$ verwendet werden:

$$\frac{dw}{dt}(t) = cw(t)\left(1 - \frac{\int_{-\infty}^{t} g(t-s)w(s)ds}{A}\right) \quad .$$

Verwenden wir die Skalentransformation

$$
\begin{aligned}
w^*(t) &= \frac{w(t)}{A} \\
t^* &= c\,t \\
T^* &= c\,T \quad,
\end{aligned}
$$

erhalten wir eine Gleichung ohne die Parameter $A$ und $c$:

$$\frac{dw^*}{dt^*}(t) = w^*(t)\left(1 - w^*(t-T)\right) \quad .$$

Lassen wir die Sterne zur Schreibvereinfachung wieder weg, so gilt

$$\frac{dw}{dt}(t) = w(t)\,(1 - w(t - T)) \quad .$$                         (96)

Die Gleichgewichtswerte von (96) sind die gleichen wie bei der Verhulstgleichung ohne Verzögerung, da es bei gleichen Funktionswerten unerheblich ist, auf welches Argument wir zugreifen. Somit haben wir $w = 0$ und $w = 1$ als Gleichgewichtswerte. Wir wollen die Linearisierung von (96) in einer Umgebung von $w = 1$ betrachten. Dazu verwenden wir die Translation

$$n(t) = 1 + w(t) \quad .$$                                               (97)

Setzen wir (97) in (96) ein und lassen den quadratischen Term weg (Linearisierung), so erhalten wir

$$\frac{dn}{dt}(t) = -n(t - T) \quad .$$                                   (98)

Zu dieser Gleichung kommen wir auch, wenn wir eine exponentielle Abnahme mit Zeitverzögerung untersuchen. Es ist daher naheliegend, zu versuchen, ob wir (98) mit Hilfe eines Exponentialansatzes lösen können. Wir werden sehen, dass dies in der Tat der Fall ist.

Sind die Anfangswerte für das Intervall $[-T, 0]$ gegeben, so ist für $t$ aus dem Intervall $[0, T]$ die rechte Seite von (98) eine bekannte Funktion, so dass die Differentialgleichung durch Integration gelöst werden kann. Diese Betrachtung können wir jeweils um ein weiteres Intervall der Länge $T$ nach rechts fortsetzen. Diese intervallweise Lösung können wir auch für (96) vornehmen, für jedes Intervall erhalten wir dabei eine nicht autonome Differentialgleichung.

Mit komplexen Werten $a$ und $\lambda$ verwenden wir den Ansatz

$$n(t) = a\,e^{(\lambda)t} \quad .$$                                       (99)

Zu einer reellen Lösung gelangen wir z.B., indem wir den Realteil aus diesem Ansatz verwenden. Die Exponentialfunktion für rein imaginäre Exponenten führt in bekannter Weise zum Einheitskreis in der komplexen Ebene und damit zu periodischem Verhalten:

$$e^{ix} = \cos(x) + i\,\sin(x) \quad .$$

Setzen wir (99) in (98) ein, so erhalten wir

$$\lambda a e^{\lambda t} = -a e^{\lambda(t - T)}$$

und damit für $a \neq 0$

$$\lambda = -e^{-\lambda T} \quad .$$                                      (100)

Diese Gleichung muss für jedes $t$ erfüllt sein. Gilt sie, so ergibt der Ansatz (99) eine Lösung von (98). In (100) kommt $a$ nicht mehr vor, da man $a$ heraus kürzen konnte. Wir können somit $a$ als frei wählbaren Skalierungsparameter für eine Lösung verwenden.

Wir zerlegen $\lambda$ in Real- und Imaginärteil:

$$\lambda = \mu + i\omega$$

und erhalten

$$\mu + i\omega = -e^{\mu T}(\cos(\omega T) - i\,\sin(\omega T))$$

bzw. einzeln für Real- und Imaginärteil

$$\mu \;=\; -e^{-\mu T}\cos(\omega T) \tag{101}$$
$$\omega \;=\; e^{-\mu T}\sin(\omega T)\;\;. \tag{102}$$

Zur Schreibvereinfachung setzen wir

$$-\mu = m \quad . \tag{103}$$

(101),(102) können wir mit (103) auch in folgender Form schreiben:

$$m \;=\; -e^{mT}\cos(\omega T) \tag{104}$$
$$\omega \;=\; e^{mT}\sin(\omega T)\;\;. \tag{105}$$

Es gilt der

**Satz 3.19.** *Mit der zusätzlichen Bedingung $\omega = 0$ hat (104),(105) nur Lösungen für*

$$T \le \frac{1}{e} \quad und \quad m \ge 1 \quad .$$

*Zu jedem $T$ mit*

$$0 < T < \frac{1}{e}$$

*gibt es genau zwei Lösungen $m(T)$. Es gibt einen monoton wachsenden und einen monoton fallenden Lösungszweig von $m(T)$.*

Der Satz beschreibt die Lösungsmöglichkeiten unter der zusätzlichen Bedingung, dass keine Schwingungen, sondern nur eine Dämpfung auftritt. Dies ist nach Aussage des Satzes nur bis zur maximalen Verzögerungszeit $T = 1/e$ möglich. Die Dämpfung hat die Mindestgröße 1.

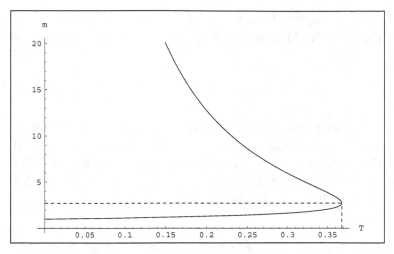

Abbildung 61: Zusammenhang zwischen Dämpfung und Verzögerung ohne Oszillation

Mit $\omega = 0$ reduziert sich das System (104),(105) auf eine Gleichung

$$m = e^{mT} \quad . \tag{106}$$

Zum Beweis des Satzes führen wir den Parameter

$$y = mT \tag{107}$$

ein. Aus (106) folgt zunächst

$$m > 0$$

sowie

$$m = e^y \quad . \tag{108}$$

Mit (107) folgt aus (108)

$$T = ye^{-y} \quad . \tag{109}$$

Damit haben sich (108),(109) als Folgerungen aus (106) ergeben. Umgekehrt erhalten wir mit der Parameterdarstellung

$$(T(y), m(y)) = \left( ye^{-y}, e^y \right)$$

für alle $y \geq 0$ eine Lösung von (106). $m(y) = e^y$ ist offensichtlich für alle $y \geq 0$ monoton wachsend. Es gilt

$$T(1) = \frac{1}{e} \quad , \quad m(1) = e \quad .$$

Aus (109) folgt

$$T'(y) = (1 - y)e^{-y} \quad .$$

Somit ist $T(y)$ für $0 < y < 1$ streng monoton wachsend und für $y \geq 1$ streng monoton fallend. Daraus folgt die Monotonieaussage des Satzes und der Beweis ist abgeschlossen. $\qquad\qquad\qquad\qquad\qquad\qquad\qquad\qquad\qquad\qquad\quad$ $\square$

Als nächstes wollen wir uns der Beantwortung der Frage zuwenden, welche Lösungen von (104),(105) sich ergeben, wenn Oszillationen zulässig sind, d.h. $\omega > 0$ gilt. Den Fall $\omega < 0$ können wir durch die Transformation $\bar{\omega} = -\omega$ auf den Fall $\omega > 0$ zurückführen, da der Sinus eine ungerade $(sin(-x) = -sin(x))$ und der Kosinus eine gerade Funktion $(cos(-x) = cos(x))$ ist. Es gilt der

**Satz 3.20.** *(i) Es existiert eine stetige Lösung* $\omega = \omega(T)$, $m = m(T)$ *von (104),(105) für*

$$\frac{1}{e} \leq T \leq \frac{\pi}{2}$$

*mit*

$$\omega\left(\frac{1}{e}\right) = 0 \quad m\left(\frac{1}{e}\right) = e$$

$$\omega\left(\frac{\pi}{2}\right) = 1 \quad m\left(\frac{\pi}{2}\right) = 0 \quad .$$

*(ii) Bei dieser Lösung ist* $m(T)$ *für* $1/e < T < \pi/2$ *streng monoton fallend.*
*(iii) Es existiert ein* $T^*$ *mit* $1/e < T^* < \pi/2$, *so dass die Lösung* $\omega(T)$ *gemäß (i) für* $1/e < T < T^*$ *streng monoton wächst und für* $T^* < T < \pi/2$ *streng monoton fällt.*

Gemeinsam mit der im bereits bewiesenen Satz beschriebenen Lösung erhalten wir die Abbildung 62 für die $T$-$m$-Ebene und die Abbildung 63 für die $T$-$\omega$-Ebene. Zum Beweis des Satzes führen wir den Parameter

$$x = \omega T \tag{110}$$

ein. Aus (106) folgt $m > 0$. Zusammen mit $T \geq 0$ erhalten wir

$$x \geq 0 \quad .$$

Eine Division von (104) durch (105) ergibt

$$mT = \frac{x}{\tan(x)} \quad .$$

Aus (105) folgt damit

$$\omega = e^{\frac{x}{\tan(x)}} \sin(x) \quad .$$

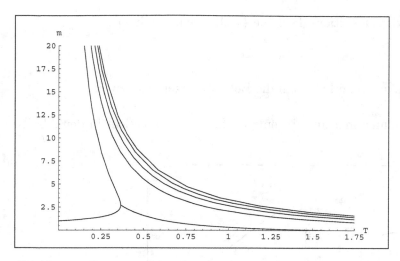

Abbildung 62: Parameterdarstellung des Zusammenhangs von Verzögerungszeit und Dämpfung mit und ohne Oszillationen

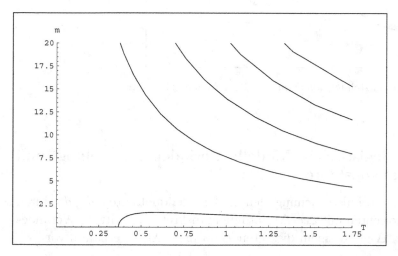

Abbildung 63: Parameterdarstellung des Zusammenhangs zwischen
Verzögerung und Oszillation

Durch Anwendung der Definitionsgleichung (110) erhalten wir

$$m = e^{\frac{x}{\tan(x)}} \cos(x) \quad .$$

Mit einer Kurvendiskussion erhält man die Behauptungen des Satzes. $\quad\square$

Die Parameterdarstellung in $x$ aus obigen Satz führt zur Übersicht in den Abbildungen 64 und 65.

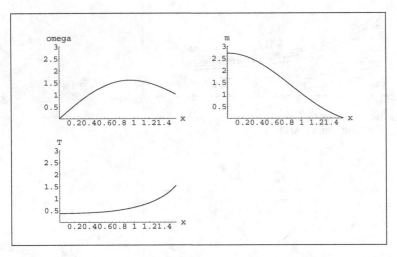

Abbildung 64: Parameterdarstellung von $\omega$, $m$, und $T$ in Abhängigkeit
von $0 \le x \le \pi/2$

## 3.12 Diskretes logistisches Modell: Periodenverdopplung und Feigenbaumkonstante

Ersetzen wir in der Verhulstgleichung den Differentialquotienten $dx/dt$ durch einen Differenzenquotienten mit $\Delta x/\Delta t$ mit einem diskreten Schritt der Veränderung der Population $\Delta x$ und einem diskreten Zeitschritt $\Delta t$, so erhalten wir

$$\frac{\Delta x}{\Delta t} = c\,x\left(1 - \frac{x}{A}\right) \quad .$$

Mit

$$T = \Delta t = t_{n+1} - t_n$$

sowie

$$\Delta x = n_{n+1} - x_n$$

folgt

$$x_{n+1} = x_n + T\,c\,x_n\left(1 - \frac{x_n}{A}\right)$$

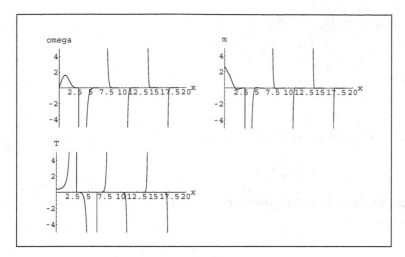

Abbildung 65: Parameterdarstellung von $\omega$, $m$, und $T$ in Abhängigkeit von $0 \leq x \leq 20$

bzw.

$$x_{n+1} = T(1+c)x_n - \frac{Tc}{A}x_n^2 \quad .\tag{111}$$

Definieren wir

$$u_n = x_n \frac{c}{A(c+1)}$$

und

$$r = T(1+c) \quad ,$$

so können wir (111) in der Form

$$u_{n+1} = ru_n(1-u_n)\tag{112}$$

schreiben. Damit wir bei einem Iterationsschritt eine nicht negative Populationsgröße $u_{n+1}$ erhalten, haben wir

$$0 \leq u_n \leq 1\tag{113}$$

vorauszusetzen. Um für kleine positive $u_n$ auch $u_{n+1} \geq 0$ zu erhalten, muss

$$r \geq 0\tag{114}$$

gelten. Bilden wir die quadratische Ergänzung, so haben wir

$$u_{n+1} = -r\left(u_n - \frac{1}{2}\right)^2 + \frac{r}{4} \quad .\tag{115}$$

Das Maximum der rechten Seite wird für

$$u_n = 1/2$$

als

$$u_{n+1} = \frac{r}{4}$$

angenommen. Damit (113) und (114) erfüllt sind, muss

$$0 \leq r \leq 4$$

gelten. Wir erhalten die Gleichgewichtslösungen (also $u_{n+1} = u_n$) als Schnittpunkte der Diagonalen

$$u_{n+1} = u_n$$

mit der quadratischen Funktion

$$u_{n+1} = r u_n (1 - u_n) \quad .$$

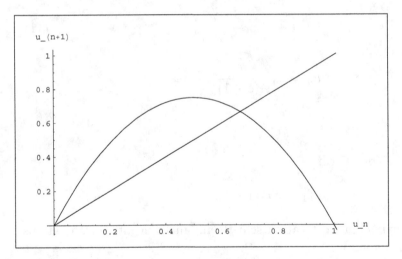

Abbildung 66: Lösung des diskreten logistischen Modells

Lösen wir die quadratische Gleichung (115), die aus $u_{n+1} = u_n = u_1^*$ entsteht, so erhalten wir die triviale Lösung

$$u_1^* = 0 \tag{116}$$

sowie

$$u_2^* = 1 - \frac{1}{r} \quad . \tag{117}$$

Da die Lösung aus inhaltlichen Gründen als nicht negativ vorausgesetzt werden muss, existiert (117) nur für $r > 1$ (für $r = 1$ fällt sie mit der trivialen Lösung $u_1^*$

zusammen).

Wir wollen nun die Stabilität der Gleichgewichtslösungen (116) und (117) untersuchen. Dazu setzen wir

$$u_n = u^* + \delta_n \tag{118}$$
$$u_{n+1} = u^* + \delta_{n+1} \quad . \tag{119}$$

Ein Einsetzen in (112) ergibt nach kurzer Umformung

$$\delta_{n+1} = \delta_n(r - 2ru^*) - r\delta_n^2 \quad . \tag{120}$$

(i) Beginnen wir mit $u_1^* = 0$, so folgt aus (120)

$$\delta_{n+1} = r\delta_n(1 - \delta_n) \quad . \tag{121}$$

Aus (113) und (118), (119) folgt $0 \le \delta_n \le 1$, $0 < \delta_{n+1} \le 1$ folgt

$$\delta_{n+1} \le r\delta_n$$

und damit

$$\lim_{n \to \infty} \delta_n = 0 \quad . \tag{122}$$

Der triviale Gleichgewichtswert $u_1^* = 0$ ist daher für $r < 1$ lokal stabil.
Verwenden wir iterativ (112) zur Berechnung einer (evtl. lokal stabilen Gleichgewichtslösung), so gelangen wir zur folgenden graphischen Darstellung:

Beginnend mit einem Startwert $u_0$ mit $0 < u_0 < 1$ laufen wir abwechselnd vertikal zum Funktionswert von $f(u) = ru(1 - u)$ und horizontal zur Diagonalen. Auf Grund dieses Wechsels spricht man auch von „cobwebbing". Im vorliegenden Fall gelangen wir auf Grund von (122) beim „cobwebbing" zu einer Konvergenz zum Koordinatenursprung als stabilen Gleichgewichtswert.

Ist dagegen $r > 1$, so werden hinreichend kleine Störungen $\delta_n > 0$ wegen (121) zunächst verstärkt. Das Gleichgewicht ist daher instabil.

(ii) Als nächstes betrachten wir den Gleichgewichtswert

$$u_2^* = 1 - \frac{1}{r} \quad .$$

Aus (120) folgt dann

$$\delta_{n+1} = \delta_n(2 - r) - r\delta_n^2 \quad .$$

Daraus folgt zunächst, dass für $1 < r < 3$ ein lokal stabiles und für $0 \le r < 1$ sowie für $3 < r \le 4$ ein instabiles Lösungsverhalten vorliegt.

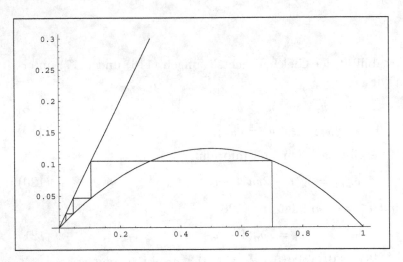

Abbildung 67: Cobwebbing-Lösung zu $r < 1$

Als ein Beispielbild für das zugehörige „cobwebbing" erhalten wir

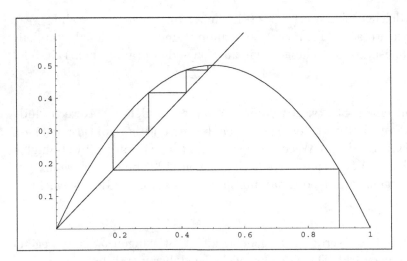

Abbildung 68: Cobwebbing-Lösung zu $1 < r < 3$

Für $3 < r < 4$ existieren keine lokal stabilen Lösungen. Man kann aber fragen, ob es stabile Zweierzyklen gibt. Dies bedeutet, dass

$$u_{n+2} = u_n$$

aber

$$u_{n+1} \neq u_n$$

gilt. Dann ist offensichtlich mit $u_n$ auch der davon verschiedene Wert $u_{n+1}$ ein Startwert zu einem derartigen Zweierzyklus. Man kann nun ebenfalls nach der lokalen asymptotischen Stabilität fragen, d.h., ob kleine Störungen abnehmen. Man kann zeigen, dass ein $r_2$ mit $3 < r_2 < 4$ existiert, so dass für $3 < r < r_2$ lokal stabile Zweierzyklen entstehen, diese Stabilität aber für $r > r_2$ verlorengeht. M.J.Feigenbaum hat in allgemeinerem Zusammenhang gezeigt, dass es eine streng monoton wachsende und beschränkte Folge von Parametern $r_n$ gibt, so dass bei Überschreiten dieser Parameterwerte jeweils eine Periodenverdopplung eintritt, vgl. [FEI 1978]. Er hat gezeigt, dass als universelle Eigenschaft

$$\lim_{n \to \infty} \frac{r_{n+1} - r_n}{r_{n+2} - r_{n+1}} = \delta_{feig} = 4.66920...$$

gilt. Diese Periodenverdopplung wird in Abbildung 69 veranschaulicht.

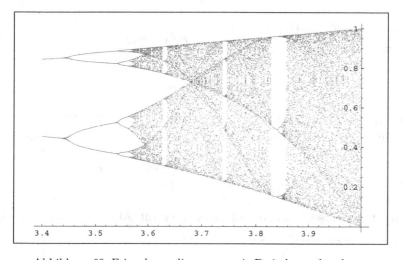

Abbildung 69: Feigenbaumdiagramm mit Periodenverdopplung

Eine besonders interessante Eigenschaft der Feigenbaum - Periodenverdopplung ist es, dass kleine Ausschnitte dieser Darstellung wiederum das gleiche Verhalten wie die Darstellung insgesamt haben.

## 3.13 Weitere Modelle zu einer abhängigen Population: Bertalanffy-, Gompertz-Gleichung, hyperbolisches, parabolisches und Michaelis-Menten-Wachstum

Eine Verallgemeinerung des Verhulst-Modells ist das Bertalanffy-Modell:

$$\frac{dx}{dt} = cx \left(1 - \left(\frac{x}{A}\right)^n\right) . \tag{123}$$

Wir setzen $A > 0$ und $c > 0$ voraus. Für $n = 1$ erhalten wir wiederum das Verhulst-Modell. Für $x < A$ ist die rechte Seite der autonomen Differentialgleichung (123) in der Abhängigkeit von $n > 0$ monoton wachsend. Für $0 < n < 1$ ist die Wachstumshemmung durch Ressourcenverknappung für $0 < n < 1$ stärker als beim Verhulst-Modell und für $n > 1$ schwächer. Ein Vorteil der betrachteten Verallgemeinerung besteht darin, dass wir durch den zusätzlichen Parameter $n$ verbesserte Möglichkeiten haben, die Parameter des Modells an gegebene Messdaten anzupassen. Dagegen versuchen wir bei der qualitativen Analyse des Modells, die Zahl der Parameter so gering wie möglich zu halten. Mit Hilfe einer (in diesem Fall allerdings im Unterschied zu bisherigen Ansätzen) nichtlinearen Transformation der $x$-Achse gelangen wir wiederum zur Verhulstgleichung. Wir verwenden

$$z = \left(\frac{x}{A}\right)^n \qquad (124)$$

und erhalten

$$\frac{d\,ln(|z|)}{dt} = \frac{d\,(n\,ln(|x|))}{dt} = n\frac{1}{x}\frac{dx}{dt} = nA(1 - z)$$

und damit

$$\frac{dz}{dt} = ncAz(1 - z) \quad . \qquad (125)$$

Mit (125) haben wir dann eine Verhulstgleichung vorliegen. Verwenden wir deren Lösung und führen eine Rücktransformation durch, so erhalten wir die explizite Lösung

$$x(t) = cA\left(1 + \left(\left(\frac{A}{x(0)}\right)^n - 1\right)e^{-nAt}\right)^{-1/n} \quad .$$

Für $n = 0.5$ erhalten wir zu verschiedenen Anfangswerten die Abbildung 70.

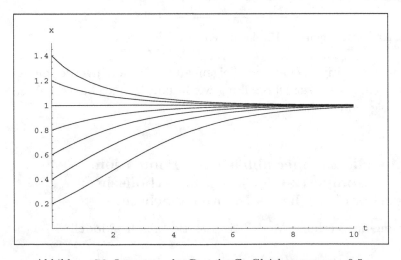

Abbildung 70: Lösungen der Bertalanffy-Gleichung zu $n = 0.5$

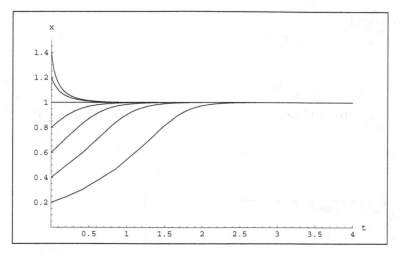

Abbildung 71: Lösungen der Bertalanffy-Gleichung zu $n = 5$

$n = 5$ führt zur Darstellung in Abbildung 71.
Aus der Transformation (124) folgt

$$\lim_{t \to -\infty} x(t) = 0$$

sowie

$$\lim_{t \to \infty} x(t) = A \quad .$$

Das Gompertz-Modell ist durch die autonome Differentialgleichung

$$\frac{dx}{dt} = -c\,x\,ln(x/A) \tag{126}$$

gegeben ($A, c > 0$). Man kann zeigen, dass man dieses Modell aus dem Bertalanffy-Modell durch einen Grenzübergang $n \to +0$ erhält. Die Differentialgleichung (126) kann man wie die Verhulstgleichung durch die Methode der Trennung der Variablen lösen. Unter Verwendung von

$$t_w = \frac{1}{c} \left(ln(A) - ln(x(0))\right)$$

für

$$0 \leq x(0) < A$$

ergibt sich als doppelte Anwendung der Exponentialfunktion

$$x(t) = A e^{-e^{c(t_w - t)}}$$

mit dem Wendepunkt

$$x_w = \frac{A}{e} \quad .$$

Wir erhalten die Grenzwerte

$$\lim_{t \to -\infty} x(t) = 0$$

sowie

$$\lim_{t \to \infty} x(t) = A \quad .$$

Einen Eindruck vom Kurvenverlauf erhalten wir bei verschiedenen Anfangswerten durch die Abbildung 72.

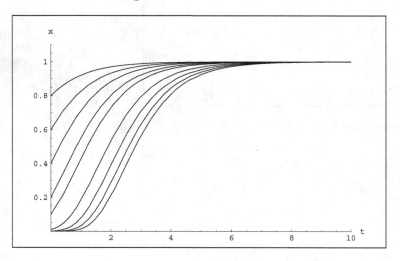

Abbildung 72: Lösungen der Gompertz-Gleichung

Vom hyperbolischen Wachstum sprechen wir, wenn das Differentialgleichungsmodell durch

$$\frac{dx}{dt} = cx^{n+1}$$

mit den Konstanten $c > 0$ und $n > 0$ gegeben ist. Mit Hilfe der Methode der Trennung der Variablen gelangt man zu

$$x(t) = (nc(t_0 - t))^{-1/n}$$

mit einer Integrationskonstanten $t_0$. Es gilt

$$\lim_{t \to -\infty} x(t) = 0$$

sowie

$$\lim_{t \to -t_0} x(t) = \infty \quad .$$

Im Gegensatz zu den oben betrachteten Modellen konvergiert die Populationsgröße bereits in endlicher Zeit gegen unendlich. Das Modell ist damit nur für bestimmte Teilgebiete realistisch. Als graphische Veranschaulichung erhalten wir die Abbildung 73.

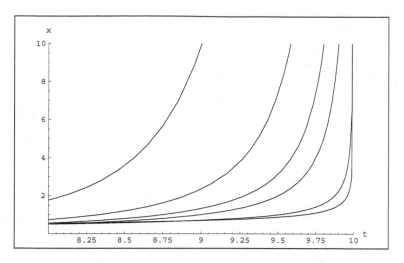

Abbildung 73: hyperbolisches Wachstum

Mit dem Differentialgleichungsmodell

$$\frac{dx}{dt} = cx^{-n+1}$$

mit $c > 0$ und $n > 0$ gelangen wir zu einem als parabolisch bezeichneten Wachstumsverhalten. Das explizite Lösungsverhalten ist gegeben durch

$$x(t) = \left( nc(t_0 + t)^{1/n} \right) \quad .$$

Es existiert kein Wendepunkt. Wir erhalten

$$\lim_{t \to -\infty} x(t) = 0 \quad .$$

Für $n > 0$ gilt

$$\lim_{t \to \infty} x(t) = \infty \quad .$$

Von einem Michaelis-Menten-Wachstumsmodell spricht man, wenn die Ausgangs-Differentialgleichung

$$\frac{dx}{dt} = \frac{cx}{1 + \frac{x}{A}} \tag{127}$$

vorliegt. Wir haben in Abschnitt 3.8 einführend die Michaelis-Menten-Theorie mit einem Differentialgleichungssystem mit Zeitskalen unterschiedlicher Maßstäbe (schnelle und langsame Veränderungen) betrachtet. Die hier angeführte Differentialgleichung entsteht als sogenannte „uptake-Funktion", bei der die schnelle Veränderung bereits durch eine Näherungsbetrachtung eliminiert wurde.

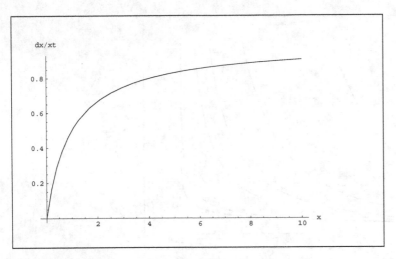

Abbildung 74: Wachstumsgeschwindigkeit beim Michaelis-Menten-Wachstum in Abhängigkeit von der Populationsgröße

Mit beachte, dass auf Grund der Gestalt der rechten Seite von (127) die Veränderung $dx/dt$ der Populationsgröße $x$ monoton wachsend mit einem Sättigungswert $Ac$ ist, vgl. Abbildung 74.

Für die Lösung von (127) erhalten wir durch die Methode der Trennung der Variablen eine implizite Lösungsbeschreibung:

$$c(t - t_0) = ln\left(\frac{x}{A}e^{x/A}\right)$$

mit einer Integrationskonstanten $t_0$. Es gilt wiederum

$$\lim_{t \to -\infty} x(t) = -\infty$$

sowie

$$\lim_{t \to \infty} x(t) = \infty \quad .$$

Eine Veranschaulichung des Lösungsverlaufes von $x(t)$ aus (127) ergibt die Abbildung 75.

## 3.14   Fibonacci-Folgen

Ein weiteres recht bekanntes diskretes Wachstumsmodell ist durch die Fibonacci-Zahlen $F_n$ ($n = 1, 2, 3, ...$) gegeben. Wir definieren dazu die Anfangswerte

$$F_1 = F_2 = 1$$

und weiter rekursiv

$$F_{n+2} = F_{n+1} + F_n \quad (n = 1, 2, 3, ...) \quad .$$

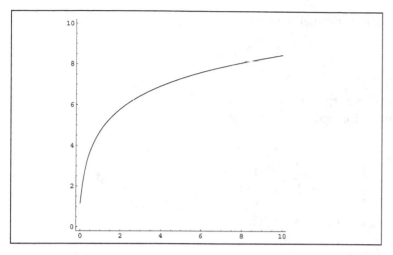

Abbildung 75: Michaelis-Menten-Wachstum (horizontale Achse bezeichnet $t$ und vertikale Achse bezeichnet $x$)

Dann gilt

**Satz 3.21.** *Für alle* $n = 1, 2, 3, \dots$ *können die Fibonacci-Zahlen explizit durch*

$$F_n = \frac{1}{\sqrt{5}} \left( \left( \frac{1 + \sqrt{5}}{2} \right) - \left( \frac{1 - \sqrt{5}}{2} \right) \right)$$

*berechnet werden.*

Der Beweis ist durch vollständige Induktion durch direktes Nachrechnen zu erbringen. Interessant ist, dass in der Formel irrationale Zahlen vorkommen, obwohl die Fibonacci-Zahlen im Zahlenbereich der natürlichen Zahlen liegen. Wir hatten früher schon den Bereich der reellen Zahlen zum Bereich der komplexen Zahlen erweitert, um Zusammenhänge zwischen den reellen Winkelfunktionen und den hyperbolischen Winkelfunktionen zu erkennen. Einen Zusammenhang der Fibonacci-Zahlen mit Potenzreihen beschreibt:

**Satz 3.22.** *Die Fibonacci-Zahlen sind die Koeffizienten der Potenzreihenentwicklung von*

$$f(x) = \frac{1}{1 - x - x^2} \quad ,$$

*es gilt*

$$f(x) = \sum_{n=1}^{\infty} F_{n+1} x^n \quad .$$

**Beweis:** Aus der expliziten Formel folgt

$$\lim_{n \to \infty} \frac{F_n + 1}{F_n} = \frac{1 + \sqrt{5}}{2} \quad .$$

Nach dem d'Alembert-Konvergenzkriterium konvergiert die Potenzreihe für $|x| < 2/(1 + \sqrt{5})$. Wir nehmen folgende Umformung vor:

$$
\begin{aligned}
f(x) &= 1 + x + \sum_{n=0}^{\infty} F_{n+3} x^{n+2} \\
&= 1 + x + \sum_{n=0}^{\infty} (F_{n+1} + F_{n+2}) x^{n+2} \\
&= 1 + x + x \sum_{n=1}^{\infty} f_{n+1} x^n + x^2 \sum_{n=0}^{\infty} F_{n+1} x^n \\
&= 1 + x \sum_{n=0}^{\infty} F_{n+1} x^n + x^2 \sum_{n=0}^{\infty} F_{n+1} x^n \\
&= 1 + x f(x) + x^2 f(x) \quad .
\end{aligned}
$$

Eine Auflösung nach $f(x)$ ergibt dann

$$f(x) = \frac{1}{1 - x - x^2} \quad .$$

Damit ist der Beweis abgeschlossen. $\qquad\qquad\square$

Für numerische Rechnungen erweist sich der Matrizenkalkül als günstig. Auch prinzipiell ist es von Interesse, dass sich die Fibonacci-Zahlen als Komponenten von Potenzen einer Matrix ergeben, wobei die Matrizenmultiplikation im Gegensatz zur oben betrachteten expliziten Darstellung den Bereich der natürlichen Zahlen nicht verlässt:

**Satz 3.23.** *(i) Es gilt*

$$\begin{pmatrix} F_{n+2} & F_{n+1} \\ F_{n+1} & F_n \end{pmatrix} = \begin{pmatrix} 1 & 1 \\ 1 & 0 \end{pmatrix} \begin{pmatrix} F_{n+1} & F_n \\ F_n & F_{n-1} \end{pmatrix}$$

*(ii)*

$$\begin{pmatrix} F_{n+2} & F_{n+1} \\ F_{n+1} & F_n \end{pmatrix} = \begin{pmatrix} 1 & 1 \\ 1 & 0 \end{pmatrix}^{n+1} \quad .$$

Zum Beweis überzeugt man sich davon, dass (i) direkt aus den rekursiven Definitionsgleichungen folgt. Eine wiederholte Anwendung von (i) unter Verwendung der Anfangswerte ergibt dann (ii). $\qquad\qquad\square$

Weitere Rekursionsgleichungen sind:

**Satz 3.24.** *(i) Für positive natürliche Zahlen n und m > 1 gilt*

$$F_{n+m} = F_{m-1}F_n + F_mF_{n+1}$$

*(ii)*

$$F_nF_{n+2} - F_{n+1}^2 = (-1)^{n+1}$$

*(iii)*

$$F_n^2 + F_{n+1}^2 = F_{2n+1}$$

*(iv)*

$$F_{n+2}^2 - F_n^2 = F_{2n+2} \quad .$$

**Beweis:** Für (i) verwenden wir

$$
\begin{pmatrix} F_{m+n+2} & F_{m+n+1} \\ F_{m+n+1} & F_{m+n} \end{pmatrix} = \begin{pmatrix} 1 & 1 \\ 1 & 0 \end{pmatrix}^{m+n+1}
$$
$$
= \begin{pmatrix} 1 & 1 \\ 1 & 0 \end{pmatrix}^{m} \begin{pmatrix} 1 & 1 \\ 1 & 0 \end{pmatrix}^{n+1}
$$
$$
= \begin{pmatrix} F_{m+1} & F_m \\ F_m & F_{m-1} \end{pmatrix} \begin{pmatrix} F_{n+2} & F_{n+1} \\ F_{n+1} & F_n \end{pmatrix} \quad .
$$

Die Komponente 2,2 ergibt dann die Behauptung (i). (ii) folgt aus

$$F_nF_{n+2} - F_{n+1}^2 = \det \begin{pmatrix} F_{n+2} & F_{n+1} \\ F_{n+1} & F_n \end{pmatrix} = \det \begin{pmatrix} 1 & 1 \\ 1 & 0 \end{pmatrix}^{n+1} = (-1)^{n+1} \quad .$$

Aus (i) und (ii) folgt dann

$$
\begin{aligned}
F_n^2 + F_{n+1}^2 &= F_{n-1}F_{n+1} + (-1)^n + F_nF_{n+2} + (-1)n + 1 \\
&= F_{n-1}F_{n+1} + F_nF_{n+2} \\
&= F_{2n+1}
\end{aligned}
$$

und damit ist (iii) gezeigt. (iv) folgt aus

$$
\begin{aligned}
F_{n+2}^2 - F_n^2 &= (-1)^{n+2} + F_{n+1}F_{n+3} - (-1)^n - F_{n-1}F_{n+1} \\
&= F_{n+1}F_{n+3} - F_{n-1}F_{n+1} \\
&= F_{n+1}(F_{n+2} + F_{n+1}) - (F_{n+1} - F_n)F_{n+1} \\
&= F_{n+1}F_{n+2} + F_nF_{n+1} \\
&= F_{2n+2} \quad .
\end{aligned}
$$

Damit ist der Beweis abgeschlossen. $\qquad\qquad\square$

Wenn wir die Rekursionsvorschrift der Fibonacci-Zahlen beibehalten, aber die Anfangswerte beliebig zulassen, gelangen wir zu den Lucas-Folgen

$$a_{n+2} = a_{n+1} + a_n$$

für $n = 1, 2, 3, \ldots$ .

Lucas-Folgen können auf Fibonacci-Zahlen zurückgeführt werden:

**Satz 3.25.** *Es gilt für Lucas-Folgen $a_n$*

$$a_{n+1} = a_1 F_{n-1} + a_2 F_n \quad .$$

Zum Beweis überzeugen wir und induktiv von

$$\begin{pmatrix} a_{n+2} & a_{n+1} \\ a_{n+1} & a_n \end{pmatrix} = \begin{pmatrix} 1 & 1 \\ 1 & 0 \end{pmatrix}^n \begin{pmatrix} a_2 & a_1 \\ a_1 & a_2 - a_1 \end{pmatrix} \quad .$$

Daraus folgt

$$\begin{pmatrix} a_{n+2} & a_{n+1} \\ a_{n+1} & a_n \end{pmatrix} = \begin{pmatrix} F_{n+1} & F_n \\ F_n & F_{n-1} \end{pmatrix} \begin{pmatrix} a_2 & a_1 \\ a_1 & a_2 - a_1 \end{pmatrix}$$

und damit ist die Behauptung gezeigt.                                          □

## 3.15   Diffusions- und Wärmeleitungsgleichung, Fourierreihen

Wir haben in den meisten Betrachtungen die Dynamik von Systemen hinsichtlich der zeitlichen Veränderung der Systemvariablen untersucht. In vielen Modellen kommt es auch auf die räumliche Abhängigkeit an. Mathematisch bedeutet dies, dass wir nicht nur die Zeit als unabhängige Variable verwenden, sondern auch eine oder mehrere Raumkoordinaten als unabhängige Variable vorkommen, wir haben dies in der Erweiterung der Verhulstgleichung in Abschnitt 3.10 betrachtet. Enthalten Funktionen Ableitungen nach verschiedenen Variablen, so sprechen wir von partiellen Differentialgleichungen.

Wird zu einem Zeitpunkt $t = 0$ eine bestimmte Einheit der Wärmemenge im Punkt $x = 0$ eines Stabes freigesetzt (oder allgemeiner im Koordinatenursprung $(x, y, z) = (0, 0, 0)$ des dreidimensionalen Raumes), so interessiert, wie sich diese zu einem späteren Zeitpunkt $t > 0$ im Raum verteilt. Zur Beschreibung verwendet man eine Wärmedichte $f(t, x)$. Das gleiche Problem tritt auf, wenn eine bestimmte Menge einer chemischen Verbindung an einem bestimmten Punkt freigesetzt wird und diese sich unter homogenen Bedingungen im Raum verteilt. Statt chemischer Verbindungen können auch Populationen betrachtet werden. Wir haben in Abschnitt 3.9 einen stochastischen Ansatz betrachtet, der zur Wärmeleitungsgleichung führt. Die dafür relevante Funktion ist auch in der Statistik von grundlegender Bedeutung ist. Im eindimensionalen Fall (Stab oder radiale Wirkungsausbreitung) betrachten wir

$$f(x, t) = \frac{1}{2c\sqrt{\pi t}} e^{-x^2/(4c^2 t)} \quad . \tag{128}$$

Bei drei Raumdimensionen $x, y$ und $z$ verwenden wir

$$f(x, y, z, t) = \frac{1}{(2c)^3 \sqrt{\pi t}^3} e^{-(x^2+y^2+z^2)/(4c^2 t)} \ . \tag{129}$$

Wir wollen mit Hilfe von (128) in Abbildung 76 veranschaulichen, wie sich die Ausgangswärmemenge durch Wärmeleitung oder eine chemische Verbindung durch Diffusion ausbreitet.

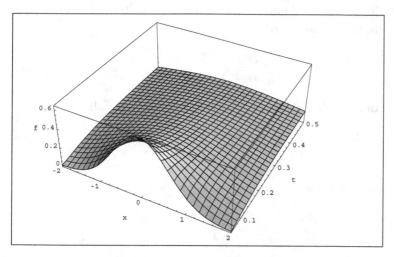

Abbildung 76: Wärmeleitung bzw. Diffusion mit $a = 1$ und $c = 1$

Durch Integration über die jeweils verwendeten Raumvariablen muss sich zu jedem Zeitpunkt $t > 0$ die bei $t = 0$ freigesetzte Wärmemenge (oder Stoffmenge bzw. Populationsgröße) ergeben, deshalb kommt auch die Konstante $\pi$ ins Spiel.

Wir wollen zeigen, dass (128) und (129) Lösungen von partiellen Differentialgleichungen sind. Die partielle Ableitung $\partial f / \partial t$ von $f$ nach $t$ erhält man in Mathematica durch $D[f, t]$. Die Berechnung können wir mit dem Mathematica-Programm

```
f=1/(2 c Sqrt[Pi t]) E^(-x^2/(4 c^2 t));
D[f,t] // Together
```

vornehmen. Die partielle Ableitung $\partial f / \partial t$ im Punkt $(x_0, t_0)$ ist ein Maß dafür, wie stark sich die Funktion $f(x, t)$ bei Veränderung der unabhängigen Variablen $t$ (in einer Umgebung von $t_0$) und konstantem $x = x_0$ verändert. Sie wird wie die gewöhnliche Ableitung einer nur von $t$ abhängigen Funktion $\overline{f}(t) = f(t, x_0)$ definiert, indem die übrigen Variablen als konstant angenommen werden.

Wir erhalten

$$\frac{\partial f}{\partial t} = \frac{-2 c^2 t + x^2}{8 c^3 e^{x^2/(4 c^2 t)} t^2 \sqrt{\pi t}} \ .$$

Dabei wird mit `// Together` erreicht, dass der Hauptnenner gebildet wird. Die zweite partielle Ableitung $\partial^2 f/\partial x^2$ von $f$ nach $x$ wird in Mathematica mit $D[f, x, x]$ oder $D[f, x, 2]$ berechnet. Nach der Eingabe von $f$ wie im obigen Programm ergibt sich

```
In[n] := D[f,t] - c^2 D[f,x,x] // Together
Out[n] = 0
```

Dadurch haben wir die gesuchte Differentialgleichung erhalten, die auch als Wärmeleitungsgleichung bezeichnet wird:

$$\frac{\partial f}{\partial t} = c^2 \frac{\partial^2 f}{\partial x^2} \ . \tag{130}$$

Entsprechend rechnet man nach, dass für den dreidimensionalen Fall

$$\frac{\partial f}{\partial t} = c^2 \left( \frac{\partial^2 f}{\partial x^2} + \frac{\partial^2 f}{\partial y^2} + \frac{\partial^2 f}{\partial z^2} \right) \tag{131}$$

gilt. Die darin auftretende Summe der zweiten Ableitungen

$$\frac{\partial^2 f}{\partial x^2} + \frac{\partial^2 f}{\partial y^2} + \frac{\partial^2 f}{\partial z^2}$$

wird Laplaceoperator (angewendet auf $f$) und $c^2$ Wärmeleitungs- bzw. Diffusionskonstante genannt.

Während bei den bisher betrachteten gewöhnlichen Differentialgleichungen soviel Anfangswerte vorzugeben waren, wie es abhängige Variable gibt, sieht es bei den partiellen Differentialgleichungen wesentlich komplizierter aus. Man kann z.B. eine Funktion in den Raumvariablen zum Anfangszeitpunkt $t = 0$ vorgeben und spricht dann von einem Anfangswertproblem. Unter geeigneten Voraussetzungen ist dieses Anfangswertproblem eindeutig lösbar. Manchmal ist es aber sinnvoller, für die Lösung bestimmte Eigenschaften am Rande des Lösungsgebietes zu fordern, z.B. wenn Substanzen ein durch gegebene Strukturen (z.B. Zellmembran) begrenztes Raumgebiet nicht verlassen sollen. In diesem Fall spricht man von Randwertproblemen.

Setzen wir die Wärmeverteilung (oder Konzentrationen) $u(x)$ auf der x-Achse zum Anfangszeitpunkt $t = 0$ als gegeben voraus, so können wir die Verteilung $u(x, t)$ zu späteren Zeiten $t > 0$ als Lösung des Anfangswertproblems angeben:

$$u(x, t) = \int_{-\infty}^{\infty} u(y) f(x - y, t) \, dy \ .$$

Beim entsprechenden dreidimensionalen Problem haben wir dann mit drei ineinander geschachtelten Integralen oder einem Raumintegral zu arbeiten. Wir wollen in Abbildung 77 ein Beispiel betrachten. Zum Anfangszeitpunkt $t = 0$ liege für $2 < x < 3$ eine Anfangsdichte $u(x) = 1$ vor, sonst 0. Wir verwenden die Diffusionskonstante $c^2 = 1$.

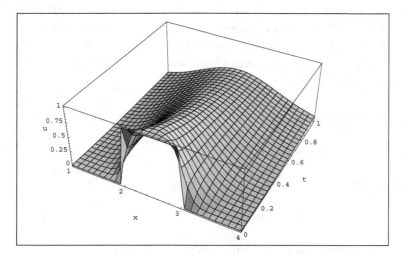

Abbildung 77: Darstellung der Lösung eines Anfangswertproblems für die Diffusion

Diese Abbildung erhalten wir mit folgendem Programm:

```
pi=Pi// N;
f[x_,t_]:=1/(2 c Sqrt[pi t]) Exp[-x^2/(4 c^2 t)];
c=0.5;u0[x_]:=If[x>2 && x<3,1,0];
u[x_,t_]:=If[t>0,NIntegrate[f[x-y,t],{y,2,3}],u0[x]];
bild=Plot3D[u[x,t],{x,1,4},{t,0,1},PlotPoints->30,
PlotRange->All,AxesLabel->{"x","t","u"}]
```

Wir suchen eine Lösung für die Reaktions-Diffusions-Gleichung (mit $c_0 = k = 1$)

$$\frac{\partial w}{\partial t} = w + d\frac{\partial^2 w}{\partial x^2} \tag{132}$$

mit Anfangswerten $w(0,x) = g_0(x)$ für Werte der Raumvariablen $x$ aus dem Intervall $[a, b]$ der Länge $l = b - a$ und den Randwerten $w(t, a) = w(0, a) = w(0, b) = w(t, b)$ für $t \geq 0$. Wir fordern also, dass die Lösung an den beiden Rändern $x = a$ und $x = b$ gleiche und zeitlich konstante Randwerte hat. Diese Situation wird als ein Rand-Anfangswert-Problem bezeichnet. Randbedingungen bieten bei vielen realen Situationen vernünftige Beschreibungen, z.B. läuft ein Diffusionsvorgang der Biochemie nur in einem bestimmten Zell- oder Gewebegebiet mit einer durch die anatomischen Gegebenheiten gegebenen Randbegrenzung ab. Wenn wir uns für die Musterentstehung auf der Körperoberfläche interessieren, wobei noch Homogenität in einer Richtung auftritt (z.B. bei bestimmten Schwanzmustern von Säugetieren), so liegt ein räumlich eindimensionales Problem vor. Im allgemeinen müssen aber zwei oder drei Raumvariable verwendet werden. Dadurch wird die Behandlung technisch aufwendiger, und es kommen auch einige neue geometrische Probleme ins Spiel. Wir beschränken uns in diesem Abschnitt auf eine Raumvariable $x$. In diesem Abschnitt lösen wir das beschriebene Rand-Anfangswert-Problem und skizzieren dazu einige typische Ideen, die in vielen Variationen bei der Lösung partieller Differentialgleichungen zum Tragen kommen.

Wir beginnen mit dem Separationsansatz

$$w(t, w) = f(t)g(x) \tag{133}$$

mit einer Funktion $g(x)$, für die

$$g''(x) = \mu \, g(x) \tag{134}$$

gilt. Wir erhalten Lösungen von (132) mit Funktionen $f(t)$, für die

$$f'(t)g(x) \;=\; f(t)\,g(x) + d\,\mu f(t)g(x) \tag{135}$$
$$f'(t) \;=\; (1 + d\,\mu)f(t) \tag{136}$$

gilt. (136) hat nach Abschnitt 2.1 die Lösung

$$f(t) = f(0)e^{(1+d\,\mu)t} \ .$$

Wir haben mit einem Separationsansatz aus der partiellen Differentialgleichung (132) die gewöhnlichen Differentialgleichungen (134) und (136) erhalten. Bei den Funktionen $f(t)$ und $g(x)$ mit nur einer unabhängigen Variablen $t$ bzw. $x$ haben wir die Ableitung in der Schreibweise mit dem Ableitungsstrich geschrieben. Analog zu den Bezeichnungen zur linearen Algebra wird eine Funktion $g(x)$, die beim Bilden der zweiten Ableitung in (134) das $\mu$-fache ergibt, als Eigenfunktion bezeichnet, und $\mu$ heißt Eigenwert. Wir können Lösungen der gewöhnlichen Differentialgleichung (134) angeben.

$$g_1(x) = e^{\lambda\,x}$$

führt zu einem positiven Eigenwert $\mu = \lambda^2$, während

$$g_2(x) \;=\; \sin(\lambda\,x) \quad \text{und} \tag{137}$$
$$g_3(x) \;=\; \cos(\lambda\,x) \tag{138}$$

negative Eigenwerte $\mu = -\lambda^2$ ergeben. Wenn wir eine Lösung von (132) mit vorgegebenen Anfangswerten $g_0(x) = w(x, 0)$ zum Anfangszeitpunkt $t = 0$ suchen, so wollen wir uns nicht nur auf Exponential-, Sinus- und Kosinusfunktionen als Möglichkeiten der Anfangsfunktion $g_0(x)$ beschränken. Geben wir uns über einem Intervall $[a, b]$ eine Funktion $g_0(x)$ vor, die (evtl. mit Ausnahme endlich vieler Sprungpunkte) stetig ist und für die $g_0(a) = g_0(b)$ gilt, so können wir diese mit $l = b - a$ durch einen Ansatz

$$
\begin{aligned}
g_0(x) = \quad a_0 \quad &+a_1 \sin(2\pi\, x/l) + b_1 \cos(2\pi\, x/l) \\
&+a_2 \sin(4\pi\, x/l) + b_2 \cos(4\pi\, x/l) \\
&+... \\
&+a_n \sin(2n\pi\, x/l) + b_n \cos(2n\pi\, x/l)
\end{aligned}
\qquad (139)
$$

beliebig genau annähern. Eine Präzisierung dieser Aussage erfordert einen erheblichen technischen Aufwand. Wir wollen statt dessen das Vorgehen an Beispielen verdeutlichen. Der Ansatz (139) wird als Fourierreihe von $g_0(x)$ bezeichnet. Als erstes betrachten wir im Intervall $[0, 10]$ eine stetige Funktion $y = f(x)$, die für $0 \le x \le 5$ durch den quadratischen Ausdruck $y = 5 + x^2$ gegeben ist und für $5 \le x \le 10$ linear entsprechend der Funktion $y = 55 - 5\,x$ fällt, vgl. Abbildung 78.

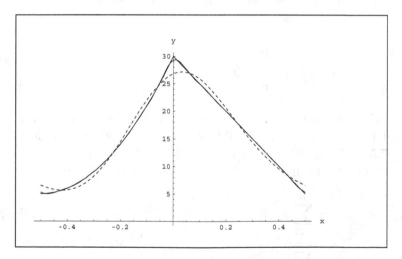

Abbildung 78: Fourierentwicklung bis zum Glied mit $n = 2$ (gestrichelt) sowie bis zum Glied $n = 10$ (durchgezeichnet) und Ausgangsfunktion (durchgezeichnet)

Einen in der Abbildung erkennbaren Unterschied zwischen der Ausgangsfunktion und der Entwicklung bis $n = 10$ gibt es nur in der Nähe von $x = 0$, $x = 5$ und $x = 10$. Wir haben folgendes Programm verwendet:

```
Needs["Calculus'FourierTransform'"];
f=If[x<5,5+x^2,5+25-5 (x-5)];
reihe2=NFourierTrigSeries[f,{x,0,10},2];
reihe10=NFourierTrigSeries[f,{x,0,10},10]
bild=Plot[{f,reihe3,reihe10},{x,0,10},
PlotStyle->{{},Dashing[{0.01}],{}},AxesLabel->{"x","y"}]
```

Mit `Needs[..]` wird ein zusätzliches Programmpaket zur Ermittlung der Fourier-reihe eingelesen. Die Ermittlung der Reihe erfolgt mit dem Befehl
`NFourierTrigSeries[f,{x,0,10},2]`.
Dabei ist $f$ die Funktion, die entwickelt werden soll, `{x,0,10}` gibt das Intervall $[0, 10]$ für $x$ an, und 2 (bzw. 10) gibt an, bis zu welchem Glied entwickelt werden soll. Es ist (zumindest bei größeren $n$) keine sinnvolle Alternative, direkt mit dem Ansatz (139) die Koeffizienten $a_0, a_1, \ldots, a_n$ und $b_1, \ldots, b_n$ durch Kurvenanpassung mit `Fit[...]` zu bestimmen, da lange Rechenzeiten entstehen würden (ganz abgesehen von weiteren numerischen Stabilitätsproblemen). Wir können uns das Ergebnis ausgeben lassen, z.B. zu $n = 2$:

```
In[2]:= reihe2


                      Pi x                2 Pi x
Out[2]= 15.4167 - 10.1321 Cos[----] + 1.26651 Cos[------] -
                       5                    5


         Pi x          2 Pi x
>    3.22515 Sin[----] - 0. Sin[------]
          5              5
```

Bei Funktionen mit Sprüngen kann die Näherung durchaus wesentlich schlechter ausfallen. Als Beispiel betrachten wir in Abbildung 79 eine Funktion mit dem Wert 1 für $2.5 \leq x \leq 7.5$ und dem Wert 0 für $0 \leq x < 2.5$ und $7.5 < x \leq 10$. Mit der Reihenentwicklung (139) erhalten wir folgende Lösung von (132):

$$w(t,x) \;=\; a_0 e^t + \sum_{i=1}^{n} a_i \sin(2\pi i x/l) e^{(1-d(2\pi i/l)^2)t} + \tag{140}$$

$$+ \sum_{i=1}^{n} b_i \cos(2\pi i x/l) e^{(1-d(2\pi i/l)^2)t} \; .$$

Wir wollen diesen Abschnitt mit einer 3D-Darstellung der Lösung (140) mit zufällig gewählten $a_0, a_1, \ldots a_n, b_1, \ldots b_n$ beenden.
Die Abbildung 80 haben wir mit folgendem Programm erhalten:

```
n=10; l=10; d=0.1; tmax=3; pi=N[Pi];
```

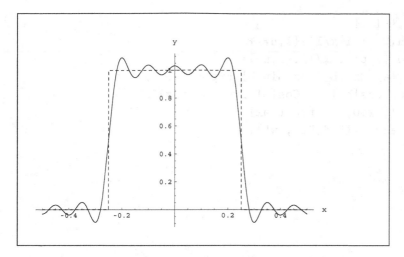

Abbildung 79: Fourierreihe bis zum Glied $n = 10$ (durchgezeichnet) für Rechteckfunktion als Ausgangsfunktion (gestrichelt)

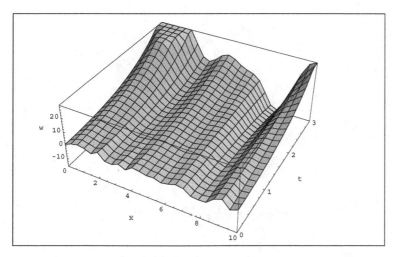

Abbildung 80: 3D-Darstellung der Lösung eines Rand-Anfangswert-Problems

```
zuf:=Random[Real,{-1,1}];
u=zuf+Sum[zuf Sin[2 pi i x/l],{i,n}]+
        Sum[zuf Cos[2 pi i x/l],{i,n}];
w[t_,x_]=E^t (u/.{a_ Sin[b_]->a Sin[b] Exp[-d (b/x)^2 t],
                a_ Cos[b_]->a Cos[b] Exp[-d (b/x)^2 t]});
bild=Plot3D[w[t,x],{x,0,l},{t,0,tmax},
            AxesLabel->{"x","t","w"}]
```

# 4 Funktionalgleichungsmodelle

Funktionalgleichungsmodelle gehen von algebraischen Beziehungen für die zur Modellierung verwendete Funktion aus. Dabei ist von Interesse, dass die Gleichung als Beschreibung struktureller Zusammenhänge nur bestimmte Funktionen als Lösungen besitzt (und weniger darum, nachzuweisen, dass diese Funktionen Lösungen sind). Bei der Modellbildung kommt es bei unterschiedlichen Ausgangspunkten darauf an, Modelle oder Modellklassen durch Eigenschaften festzulegen. Bei der Behandlung der Funktionalgleichungen wird an dieser Stelle nicht auf Methoden der Differentialrechnung zurückgegriffen, die ein zentraler Punkt bei Differentialgleichungsmodellen sind. Bei den Differentialgleichungsmodellen sind strukturelle Beziehungen zwischen Größen und deren räumlicher oder zeitlicher Veränderung der Beschreibungsansatz. Funktionalgleichungsmodelle und Differentialgleichungsmodelle können zur gleichen Lösung führen, wie z.B. beim exponentiellen Wachstum oder beim Wachstum mit Kapazitätsgrenze nach Verhulst. Für eine Gesamtdarstellung des interessanten Gebietes der Funktionalgleichungen verweisen wir auf [ACZ 2006].

Wir werden die Lösungen bestimmter Modellgleichungen unter Stetigkeitsvoraussetzungen bestimmen. Bevor wir ein Modell betrachten, dass zum exponentiellen Wachstum führt, zeigen wir:

**Satz 4.1.** $f : \mathbb{R} \to \mathbb{R}$ *sei eine für alle reellen Zahlen* $\mathbb{R}$ *definierte reellwertige stetige Funktion, und es gelte*

$$f(x + y) = f(x) + f(y) \quad . \tag{141}$$

*Dann gilt für eine reelle Zahl* $c$

$$f(x) = c\,x \quad .$$

Die Gleichung (141) besagt, dass die Addition in $\mathbb{R}$ und der Übergang zum Funktionswert vertauschbare Operationen sind: zuerst die Addition ergibt $x + y$ danach die Bildung des Funktionswertes führt zu $f(x + y)$, gehen wir dagegen erst von Zahlen $x$ und $y$ zum Funktionswert, erhalten wir $f(x)$ und $f(y)$, die Addition danach ergibt $f(x) + f(y)$.

**Beweis:** Setzen wir in (141) $x = x_0$ und $y = x_0$ für ein beliebiges $x_0$, folgt $f(2x_0) = 2f(x_0)$. Daraus folgt insbesondere $f(0) = 0$. Durch vollständige Induktion erhalten wir

$$f(n\,x_0) = n\,f(x_0) \tag{142}$$

für alle natürlichen Zahlen $n$. Der Induktionsanfang für $n = 0$ wurde durch $f(0) = 0$ gezeigt. Gilt die Behauptung $n = k$, so gilt sie auch für $n = k + 1$, dazu setzen wir in (141) $x = k\,x_0$ und $y = x_0$ und erhalten

$$\begin{aligned}
f((k + 1)\,x_0) &= f(k\,x_0) + f(x_0) \\
&= k\,f(x_0) + f(x_0) \\
&= (k + 1)\,f(x_0)\ .
\end{aligned}$$

Für $n = m$ und $x_1 = n\,x_0$ folgt für alle positiven natürlichen Zahlen $m$ aus (142) $f(x_1) = m\,f(x_1/m)$ und damit

$$f(x_1/m) = f(x_1)/m\ . \tag{143}$$

Durch Kombination von (142) und (143) ergibt sich

$$f\left(\frac{n}{m}\,x\right) = \frac{n}{m}\,f(x) \tag{144}$$

für alle positiven rationalen Zahlen $n/m$ und alle reellen $x$. Mit $y = -x$ folgt aus (141) und $f(0) = 0$ die Gleichung $f(-x) = -f(x)$, daher gilt (144) für alle rationalen Zahlen $z = n/m$, d.h. es gilt

$$f\left(z\,x\right) = z\,f(x) \tag{145}$$

für alle rationalen Zahlen $z$.

Wegen der Stetigkeit von $f$ gilt (145) dann auch für alle reellen Zahlen $z$. Wählen wir speziell $x = 1$, und definieren $c = f(1)$, folgt die Behauptung, und der Satz ist bewiesen.                                                                                    □

Die Funktionalgleichung aus dem folgenden Satz führt zum Modell des exponentiellen Wachstums. Eine interessante Verallgemeinerung besteht darin, die Exponentialfunktion nicht nur für reelle Zahlen, sondern auch für Matrizen zu verwenden. Dies führt im Kontext des Differentialgleichungsmodells zu einer Behandlungsmöglichkeit von Systemen autonomer linearer Differentialgleichungen mit konstanten Koeffizienten, auf die wir später zurückkommen werden. Die Schwierigkeit auf der Modellebene der Funktionalgleichung liegt darin, dass für reelle Zahlen das Kommutativgesetz $x\,y = y\,x$ gilt, dies aber für Matrizen im allgemeinen nicht richtig ist. Insofern stellt die Verknüpfung einer Addition und einer Multiplikation in Bezug auf die Vertauschbarkeit eine Einschränkung für die Verallgemeinerbarkeit dar.

**Satz 4.2.** $f : \mathbb{R} \to \mathbb{R}$ *sei eine für alle reellen Zahlen* $\mathbb{R}$ *definierte reellwertige stetige Funktion, und es gelte*

$$f(x + y) = f(x)\,f(y) \quad . \tag{146}$$

*Dann gilt entweder* $f(x) = 0$ *(identisch Null für alle reellen Zahlen* $x$*) oder für eine reelle Zahl* $c$ *gilt*

$$f(x) = e^{cx} \quad .$$

**Beweis:** Gilt für ein $x_0$ die Gleichung $f(x_0) = 0$, so folgt aus (146) $f(x) = f(x_0)\,f(x - x_0) = 0$. Daher ist $f(x)$ entweder identisch Null oder hat für alle $x$ einen von Null verschiedenen Funktionswert. Im ersten Fall ist die Aussage des Satzes erfüllt, wir betrachten den anderen Fall. Aus (146) folgt $f(x) = f(x/2)\,f(x/2) > 0$. Daher können wir $g(x) = \ln f(x)$ bilden und erhalten für $g(x)$ die Funktional-gleichung $g(x + y) = g(x) + g(y)$, $g(x)$ ist ebenfalls stetig. Daher folgt aus dem vorigen Satz $g(x) = c\,x$ und damit die Behauptung des Satzes. $\qquad\square$

Als nächstes betrachten wir die Gleichung

$$f(x + y) + f(x - y) = 2 f(x)\,f(y) \quad . \tag{147}$$

Wir können diese Gleichung als einen Zusammenhang zwischen dem Mittelwert

$$\frac{f(x + y) + f(x - y)}{2}$$

und $f(x)$ interpretieren:

$$\frac{f(x + y) + f(x - y)}{2} = f(x)\,f(y) \quad . \tag{148}$$

Diese Gleichung enthält eine Symmetrie zwischen $x$ und $y$ (zunächst auf der rechten Seite der Gleichung und infolge dessen für die Gleichung insgesamt). Man kann allgemeiner im $n$-dimensionalen Euklidischen Raum $\mathbb{R}^n$ den Mittelwert $\mathbf{M}_y[f](x)$ über alle Punkte mit dem Abstand $y$ betrachten. Durch Integration über den Abstand mit einer geeigneten Gewichtsfunktion können weitere interessante Mittelwerte gewonnen werden (z.B. gleitender Mittelwert über $n$ Punkte und die Faltung mit der Normalverteilung, die bei der Lösung von partiellen Differenti-algleichungssystemen einen wichtigen Ansatz bietet). Ein Mittelwert spielt auch eine wesentliche Rolle im klassischen Räuber-Beute-Modell von Lotka-Voltera, vgl. Abschnitt 6.1.

Wir werden zeigen, dass die Gleichung (147) entweder zu einem zyklischen Ver-halten mit einer Beschreibung durch eine Winkelfunktion führt oder das hy-perbolische Analogon auftritt. Den Zusammenhang zwischen Winkelfunktionen,

hyperbolischen Winkelfunktionen und der Exponentialfunktion haben wir bereits
in der Einführung betrachtet. Dieser Gesichtspunkt spielt sowohl bei praktischen
Berechnungen als auch in theoretischen Ansätzen und bei der Modellbildung eine
wichtige Rolle.

**Satz 4.3.** $f : \mathbb{R} \to \mathbb{R}$ *sei eine für alle reellen Zahlen* $\mathbb{R}$ *definierte reellwertige
stetige Funktion und es gelte*

$$f(x + y) + f(x - y) = 2f(x)\,f(y) \qquad .$$

*Dann gilt entweder*

$$f(x) = cos(c\,x)$$

*oder*

$$f(x) = cosh(c\,x)$$

*für eine reelle Zahl c.*

**Beweis:** Wir zeigen zunächst $f(0) = 1$. Beim Lösen von Funktionalgleichungen
ist es eine Grundidee, zunächst spezielle Funktionswerte zu bestimmen, wobei es
weder einen allgemeingültigen Algorithmus dazu gibt noch diese Idee stets zum
Ziel führt.

Entweder ist $f(x)$ identisch Null (dann ist der Satz mit $c = 0$ erfüllt) oder
es existiert ein $x_0$ mit $x_0 \neq 0$. Aus (141) mit $x = x_0$ und $y = 0$ folgt
$f(x_0) + f(x_0) = 2f(x_0)f(0)$ und damit $f(0) = 1$. Es gilt $cos(x) \leq 1$ für alle
reellen Werte $x$ sowie $cosh(x) \geq 1$, wobei $cosh(x) = 1$ nur für $x = 0$ gilt. Aus
$f(0) = 1$ folgt auf Grund der Stetigkeit von $f(x)$, dass $f(c) > 0$ für hinreichend
kleine Werte $|c|$ gilt. Für ein hinreichend kleines $c_0$ gilt daher $0 < f(c_0) \leq 1$ oder
$f(c_0) > 1$. Daraus folgt entweder $f(c_0) = cos\,d_0$ oder $f(c_0) = cosh\,d_0$ für ein
reelles $d_0$.

Wir wollen als nächstes zeigen, dass analog zu dem Vorgehen zu den vorigen
Sätzen aus $f(c) = cos\,c$ für $0 < c < c_0$ die Gleichung

$$f(n\,c) = cos\,(n\,c)$$

folgt. Das gleiche gilt für den Fall der hyperbolischen Winkelfunktion. Setzen wir
in (147) $x = y = c$, folgt $f(2c) + f(0) = f^2(c)$ und damit $f(2c) = f^2(c) - 1$. Es gilt
$cos\,2c = 2\,cos^2 c - 1$, für $cos\,x$ und auch für $cosh\,x$ gilt die Differentialgleichung
(147). Damit folgt aus $f(c) = cos\,d$ die Gleichung $f(2c) = cos\,(2d)$.

Als Induktionsschritt zeigen wir nun, dass aus der Gültigkeit von (148) für
$n = 1$, $n = k - 1$ und $n = k$ die Gültigkeit für $n = k + 1$ folgt. Damit folgt

aus dem Prinzip der vollständigen Induktion (in einer erweiterten Fassung, in der nicht nur auf den Wert $n = k$ zurückgegriffen wird) die Gültigkeit für alle Werte $n$.

Setzen wir in (147) $x = (k - 1)c$ und $y = c$, so erhalten wir

$$f((k + 1)c) = 2f(k\,c)\,f(c) - f((k - 1)c)$$

und damit nach Voraussetzung

$$f((k + 1)c) = 2cos\,(k\,d)\cos d - cos\,((k - 1)\,d)\quad.$$

Da $cos x$ der Gleichung (147) genügt, gilt

$$cos\,((k + 1)d) = 2cos\,(k\,d)\cos d - cos\,((k - 1)\,d)\quad.$$

Daher gilt $f((k+1)c) = cos\,((k+1)d)$, und die Induktionsbehauptung ist gezeigt. Es folgt

$$f\left(\frac{m}{n}\,c_0\right) = cos\left(\frac{m}{n}\,d_0\right)\quad.$$

Aus Stetigkeitsgründen folgt analog zu den vorigen Sätzen dann die Behauptung des Satzes. $\qquad\square$

Wir wollen nun eine Funktionalgleichung betrachten, die eine eindeutig bestimmte Lösung hat, die das Wachstum mit Kapazitätsgrenzen nach Verhulst beschreibt. Wir haben in Kapitel 3 gezeigt, dass die gesuchte Lösung bei einer geeigneten Skalentransformation die hyperbolische Tangensfunktion ist.

Die Funktion $f(x) = tanh\,x$ genügt der Funktionalgleichung

$$f(x + y) = \frac{f(x) + f(y)}{1 + f(x)\,f(y)}\quad. \tag{149}$$

Davon kann man sich direkt durch Einsetzen der Definition überzeugen.

**Satz 4.4.** *$f : \mathbb{R} \to \mathbb{R}$ sei eine für alle reellen Zahlen $\mathbb{R}$ definierte reellwertige stetige Funktion und es gelte*

$$f(x + y) = \frac{f(x) + f(y)}{1 + f(x)\,f(y)}\quad.$$

*Dann gilt*

$$f(x) = tanh\,x\quad.$$

Der Beweis ergibt sich in Analogie zum vorigen Satz, wobei im Induktionsschritt nur von $n = 1$ und $n = k$ auf $n = k + 1$ geschlossen werden muss.

# 5 Lineare Gleichungssysteme, Vektorräume und Zusammenhänge zwischen algebraischen und analytischen Modellen

## 5.1 Einführung

Eine Vielzahl von Anwendungsproblemen lassen sich auf lineare Gleichungssysteme zurückführen. Andererseits ist auch die Struktur der Lösung derartiger Systeme für eine zweckmäßige Modellierung komplizierterer Systeme hilfreich.

Wir beginnen mit einem Beispiel eines linearen Gleichungssystems mit den zwei Variablen $x$ und $y$:

$$\begin{aligned} 5x - 2y &= 4 \\ 3x - 4y &= -6 \end{aligned} \quad .$$

Man kann dieses einfache System sofort dadurch lösen, dass man die erste Gleichung nach $y$ auflöst, in die zweite Gleichung einsetzt und erhält $x = 2$, $y = 3$ als Lösung. Ein derartiges Auflösen und Einsetzen liegt auch der Behandlung größerer Systeme zugrunde. Ganz abgesehen von dem erheblichen Rechenaufwand treten eine Reihe struktureller Probleme auf, die nicht nur für theoretische Untersuchungen, sondern auch für die praktische Anwendung von Bedeutung sind. Bei den folgenden Betrachtungen sollen neben strukturellen Aspekten die Möglichkeiten der praktischen Behandlung mit Mathematica betrachtet werden.

Die Koeffizienten zu den Variablen $x$ und $y$ auf den linken Seiten der Gleichungen können wir zur Matrix

$$\begin{pmatrix} 5 & -2 \\ 3 & -4 \end{pmatrix}$$

zusammenfassen. Die rechten Seiten und auch die Variablen können wir als Spaltenvektoren schreiben:

$$\begin{pmatrix} 4 \\ -6 \end{pmatrix} \quad \text{bzw.} \quad \begin{pmatrix} x \\ y \end{pmatrix} \quad .$$

Allgemein ergibt eine geordnete Folge von $n$ Zahlen einen Vektor, den wir je nachdem, ob wir die Zahlen neben- oder untereinander schreiben, als Zeilen- oder Spaltenvektor bezeichnen. Vektoren sind spezielle (nämlich einzeilige bzw. einspaltige) Matrizen. Umgekehrt könnten wir auch Matrizen durch Hintereinanderschreiben aller Elemente (z.B. alle Zeilen nacheinander) als Vektoren auffassen. Auf eine abstrakte Einführung in die Theorie der Vektorräume werden wir zurückkommen.

In der Mathematik ist es üblich, Vektoren und Matrizen unter Verwendung runder Klammern zu notieren, während das Listenkonzept von Mathematica geschweifte Klammern verwendet.

Obige Koeffizientenmatrix schreiben wir in Mathematica in der Form $\{\{5, -2\}, \{3, -4\}\}$. Soll diese Listenschreibweise in die obige rechteckige Schreibweise überführt werden, so haben wir

```
In[n]:= {{5,-2},{3,-4}} //MatrixForm
        5  -2
Out[n]=
        3  -4
```

zu verwenden. Die Ausgabe in Mathematica erfolgt in Abhängigkeit vom eingestellten Modus (input style, output style etc.).

Die Auflösung des betrachteten Systems nach $x$ und $y$ erhalten wir mit Mathematica durch

```
In[n]  := LinearSolve[{{5,-2},{3,-4}},{4,-6}]
Out[n] = {2,3}
```

Auch wenn (wie im betrachteten Beispiel) die Zahl der Variablen mit der Zahl der Gleichungen übereinstimmt, kann es vorkommen, dass das System überhaupt keine Lösung oder unendlich viele Lösungen hat. Ein Beispiel für ein System, das keine Lösung besitzt, ist ein widersprüchliches System mit gleichen linken, aber unterschiedlichen rechten Seiten:

$$5x - 2y = 4$$
$$5x - 2y = 5 \ .$$

Mathematica unterrichtet uns von der Unlösbarkeit durch

```
In[n]:= LinearSolve[{{5,-2},{5,-2}},{4,5}]
LinearSolve::nosol: Linear equation encountered which has no
solution.
Out[n]= LinearSolve[{{5, -2}, {5, -2}}, {4, 5}]
```

In komplizierteren Beispielen sind Widersprüche nicht derart offensichtlich, so dass Kriterien für die Lösbarkeit von linearen Gleichungssystemen von Bedeutung sind. Bei der Untersuchung des qualitativen Verhaltens von mathematischen Modellen kann die Frage, ob ein Gleichungssystem überhaupt lösbar ist und ob eine Lösung eindeutig bestimmt ist, von größerer Bedeutung sein als die numerische Angabe der Lösungswerte.

Notieren wir die erste Gleichung aus dem ersten Beispiel doppelt, so erhalten wir offensichtlich ein System mit zwei Gleichungen und zwei Variablen mit unendlich vielen Lösungen. Man kann nämlich für eine der Variablen $x$ oder $y$ einen beliebigen Wert einsetzen, während sich der Wert der anderen Variablen aus der (doppelt notierten) Gleichung ergibt. Durch die Ausführung des Mathematica-Befehls `LinearSolve` wird uns die Mehrdeutigkeit der Lösung nicht mitgeteilt. Mathematica gibt eine spezielle der unendlich vielen Lösungen an. Zum Auffinden aller Lösungen sind wir auf weitere Betrachtungen angewiesen. Auf einige theoretischen Hintergründe werden wir später eingehen.

## 5.2  Matrizen

Im vorigen Abschnitt haben wir die Koeffizienten eines linearen Gleichungssystems als Matrix aufgefasst.

Die Addition von Matrizen ist wie bei Vektoren elementweise definiert, wobei die beiden zu addierenden Matrizen vom gleichen Typ (d.h. gleiche Zeilen- und Spaltenanzahl) sein müssen. Ein Beispiel dazu ist

$$\begin{pmatrix} 2 & 3 & 1 \\ 1 & -1 & 4 \end{pmatrix} + \begin{pmatrix} 0 & -2 & 3 \\ 2 & 3 & -1 \end{pmatrix} = \begin{pmatrix} 2 & 1 & 4 \\ 3 & 2 & 3 \end{pmatrix} .$$

Wie bei Vektoren wird eine Matrix mit einer reellen Zahl multipliziert, indem jedes Element mit dieser Zahl multipliziert wird:

$$3 \begin{pmatrix} 1 & 3 \\ 2 & 1 \end{pmatrix} = \begin{pmatrix} 3 & 9 \\ 6 & 3 \end{pmatrix} .$$

Die Multiplikation zweier Matrizen ist dagegen nicht elementweise definiert und erfordert auch bestimmte Typen (Verkettungsbedingung). Aufgrund der Listenstruktur von Mathematica kann man zwar ein elementweises Ausmultiplizieren von Matrizen gleichen Typs vornehmen, indem man die Matrizen ohne Multiplikationspunkt nebeneinander schreibt, dies ist aber nicht die in der linearen Algebra übliche Multiplikation.

Wir wollen die Zweckmäßigkeit der Definition der Matrizenmultiplikation der linearen Algebra an einem Anwendungsbeispiel erläutern.

Dazu notieren wir, in welchem Umfang vier beobachtete Tierarten zwei bestimmte

Nahrungsquellen verwenden. Diese Ausgangsinformation sei als Matrix gegeben:

$$
\text{Tierart 1-4} \left\{ \overbrace{\begin{pmatrix} 1 & 2 \\ 3 & 1 \\ 2 & 4 \\ 1 & 1 \end{pmatrix}}^{\text{Nahrung 1,2}} \right. .
$$

Diese Matrix besagt z.B., dass die Tierart Nr.3 von der Nahrung Nr.2 vier Einheiten verbraucht. Als nächstes soll notiert werden, wie viele Tiere der betrachteten vier Arten sich in drei zu beobachtenden Gebieten aufhalten:

$$
\text{Gebiet 1-3} \left\{ \overbrace{\begin{pmatrix} 3 & 1 & 0 & 2 \\ 1 & 1 & 2 & 1 \\ 3 & 2 & 1 & 0 \end{pmatrix}}^{\text{Tierart 1-4}} \right. .
$$

Demnach halten sich also z.B. im Gebiet Nr.3 drei Tiere der Tierart Nr.1 auf. Nun sollen die beiden Ausgangsbeobachtungen kombiniert werden, indem wir uns dafür interessieren, wie viele Einheiten der beiden betrachteten Nahrungsquellen durch die vier Tierarten insgesamt in jedem der drei beobachteten Gebiete verbraucht werden. Da wir vier Tierarten in die Betrachtung einbezogen haben, hat die eine Matrix vier Zeilen und die andere vier Spalten. Auch im allgemeinen Fall besteht die Verkettungsbedingung für die Matrizenmultiplikation aus der Übereinstimmung der Zeilenzahl der einen Matrix mit der Spaltenzahl der anderen Matrix.

Wir fassen zusammen, in welchem Umfang (durch die betrachteten Tierarten) in den drei Gebieten die beiden Nahrungsarten verbraucht werden. Dadurch wird sich eine Matrix aus drei Zeilen (drei Gebiete) und zwei Spalten (zwei Nahrungsquellen) ergeben. Wir haben folgende Ausgangsdaten:

| Tierart Nr. | 1 | 2 | 3 | 4 |
|---|---|---|---|---|
| Zahl der Tiere in Gebiet Nr.1 | 3 | 1 | 0 | 2 |
| Verbrauch an Nahrung Nr.1 | 1 | 3 | 2 | 1 |

Die Bilanz führt damit auf einen Verbrauch von

$$3 \cdot 1 + 1 \cdot 3 + 0 \cdot 2 + 2 \cdot 1 = 8$$

Nahrungseinheiten. Diese Rechnung können wir jetzt mit jeder Kombination aus Gebiet und Nahrung mit vier Summanden (aufgrund der vier Tierarten) durchführen. Der Leser sollte sich von folgendem Ergebnis überzeugen:

$$
\text{Gebiet 1-3} \left\{ \overbrace{\begin{pmatrix} 8 & 9 \\ 9 & 12 \\ 11 & 12 \end{pmatrix}}^{\text{Nahrung 1,2}} \right.
$$

$$
= \begin{pmatrix} 3\cdot 1 + 1\cdot 3 + 0\cdot 2 + 2\cdot 1 & 3\cdot 2 + 1\cdot 1 + 0\cdot 4 + 2\cdot 1 \\ 1\cdot 1 + 1\cdot 3 + 2\cdot 2 + 1\cdot 1 & 1\cdot 2 + 1\cdot 1 + 2\cdot 4 + 1\cdot 1 \\ 3\cdot 1 + 2\cdot 3 + 1\cdot 2 + 0\cdot 1 & 3\cdot 2 + 2\cdot 1 + 1\cdot 4 + 0\cdot 1 \end{pmatrix} .
$$

Die Verknüpfung der verwendeten Ausgangsmatrizen zur eben berechneten Matrix führt zur Matrizenmultiplikation. Im Beispiel kommen wir zu

$$
\begin{pmatrix} 3 & 1 & 0 & 2 \\ 1 & 1 & 2 & 1 \\ 3 & 2 & 1 & 0 \end{pmatrix} \begin{pmatrix} 1 & 2 \\ 3 & 1 \\ 2 & 4 \\ 1 & 1 \end{pmatrix} = \begin{pmatrix} 8 & 9 \\ 9 & 12 \\ 11 & 12 \end{pmatrix} .
$$

Die unterschiedliche Bedeutung der Ausgangsmatrizen motiviert, dass es bei der Matrizenmultiplikation auf die Reihenfolge der Faktoren ankommt. Es gilt i.A. nicht wie bei der Multiplikation reeller Zahlen das Kommutativgesetz (d.h. Vertauschbarkeit der Faktoren). Die im Beispiel verwendete Verknüpfung ergibt sich häufig bei der Verknüpfung verschiedener Hierarchieebenen. Werden in der Biochemie oder auch in der Pharmakologie Ausgangsstoffe zunächst zu Zwischenverbindungen (z.B. einfache Moleküle) umgebaut, aus denen dann komplexere Substanzen synthetisiert werden, so führt die Bilanz zwischen Anfangs- und Endschritt wieder zur Matrizenmultiplikation.

Wir schreiben Matrizen mit $n$ Spalten und $m$ Zeilen in folgender Form:

$$
\begin{pmatrix} c_{11} & c_{12} & c_{13} & \cdots & c_{1n} \\ c_{21} & c_{22} & c_{23} & \cdots & c_{2n} \\ \cdots & & & & \\ c_{m1} & c_{m2} & c_{m3} & \cdots & c_{mn} \end{pmatrix} = (c_{ij})_{\substack{i=1,\ldots,m \\ j=1,\ldots,n}} = \mathbf{C} .
$$

In Mathematica sollten benutzerspezifische Bezeichnungen mit Kleinbuchstaben beginnen, damit sie sich mit Sicherheit von vordefinierten Werten unterscheiden. Matrizen werden üblicherweise mit großen deutschen oder lateinischen Buchstaben bezeichnet. Bei der Übertragung nach Mathematica sind entsprechende Umformungen zu empfehlen.

Die Multiplikation $\mathbf{C} \cdot \mathbf{D}$ von Matrizen

$$
\mathbf{C} = (c_{ij})_{\substack{i=1,\ldots,m \\ j=1,\ldots,n}}
$$

und

$$\mathbf{D} = (d_{ij})_{\substack{i=1,\dots,k \\ j=1,\dots,l}}$$

ist, wie oben erläutert, nur dann definiert, wenn die Spaltenzahl der ersten Matrix mit der Zeilenzahl der zweiten Matrix übereinstimmt, d.h. es muss $n = k$ gelten. Das Ergebnis ist definiert als eine Matrix

$$(e_{ij})_{\substack{i=1,\dots,m \\ j=1,\dots,l}}$$

mit

$$e_{ij} = \sum_{r=1}^{n} c_{ir}d_{rj} \ .$$

Bei größeren Matrizen ist die Multiplikation mit Bleistift und Papier mit einigem Aufwand verbunden, den uns Mathematica aber in gewohnter Weise abnimmt.

Um die Matrizen aus dem betrachteten Beispiel in der üblichen Weise einzugeben und um das Ergebnis der Matrizenmultiplikation zu erhalten, notieren wir

```
In[1]:= c={{3,1,0,2},{1,1,2,1},{3,2,1,0}}
In[2]:=d={{1,2},{3,1},{2,4},{1,1}}
In[3]:=e=c.d //MatrixForm
```

Ohne die Ergänzung //MatrixForm hätten wir das Ergebnis der Matrizenmultiplikation in der in Mathematica üblichen Listenstruktur in der Form

```
Out[3]={{8,9},{9,12},{11,12}}
```

erhalten, in der verwendeten Variante erhalten wir übersichtlicher

```
         8    9
Out[3]=  9   12
        11   12
```

In den Rechnungen von Mathematica haben wir die Matrizen mit Kleinbuchstaben bezeichnet, um Verwechslungen mit Schlüsselworten, die mit Großbuchstaben beginnen, vorzubeugen. Verwendet man nicht nur textorientierte Eingaben, können Matrizen auch mit anderen Zeichensätzen bezeichnet werden, wie oben z.B. die Verwendung von Fettschrift. Manchmal ist es günstiger, die Indizes der Matrizen nicht beide unten zu schreiben, wir werden später darauf zurückkommen.

Starten wir anstelle der anschaulichen Einführung der Matrizenmultiplikation mit der Betrachtung von Gleichungssystemen, so werden wir zum gleichen Resultat geführt. Wir suchen z.B. die Lösung $x$ und $y$ des Gleichungssystems

$$x + 3y = u$$
$$x + 2y = v \ ,$$

das wir auch in Matrizenschreibweise in der Form

$$\begin{pmatrix} 1 & 3 \\ 1 & 2 \end{pmatrix} \begin{pmatrix} x \\ y \end{pmatrix} = \begin{pmatrix} u \\ v \end{pmatrix}$$

schreiben können, wobei $u$ und $v$ wiederum Lösungen des folgenden Systems sind:

$$3u + 5v = 1$$
$$u + 2v = 7 \ .$$

Die Matrizenschreibweise dazu lautet

$$\begin{pmatrix} 3 & 5 \\ 1 & 2 \end{pmatrix} \begin{pmatrix} u \\ v \end{pmatrix} = \begin{pmatrix} 1 \\ 7 \end{pmatrix} \ .$$

Verwenden wir die Matrizenschreibweise, erhalten wir durch Einsetzen

$$\begin{pmatrix} 3 & 5 \\ 1 & 2 \end{pmatrix} \begin{pmatrix} 1 & 3 \\ 1 & 2 \end{pmatrix} \begin{pmatrix} x \\ y \end{pmatrix} = \begin{pmatrix} 1 \\ 7 \end{pmatrix} \ .$$

Da mit der oben definierten Multiplikation für Matrizen $\mathbf{A}, \mathbf{B}$ und $\mathbf{C}$ das Assoziativgesetz $(\mathbf{A} \cdot \mathbf{B}) \cdot \mathbf{C} = \mathbf{A} \cdot (\mathbf{B} \cdot \mathbf{C})$ gilt, konnten wir Klammern auf der linken Seite weglassen und $\mathbf{A} \cdot \mathbf{B} \cdot \mathbf{C}$ schreiben. Manchmal wird der Multiplikationspunkt auch weggelasssen. Setzen wir die Gleichungen ineinander ein ($u$ und $v$ im zweiten System ersetzen wir durch die linken Seiten des ersten Systems), erhalten wir

$$(3 \cdot 1 + 5 \cdot 1) x + (3 \cdot 3 + 5 \cdot 2) y = 1$$
$$(1 \cdot 1 + 2 \cdot 1) x + (1 \cdot 3 + 2 \cdot 2) y = 7 \ .$$

Damit das verwendete Einsetzen auch in der Matrizenschreibweise gerechtfertigt ist, müssen wir zwangsläufig mit der oben eingeführten Matrizenmultiplikation arbeiten:

$$\begin{pmatrix} 3 & 5 \\ 1 & 2 \end{pmatrix} \begin{pmatrix} 1 & 3 \\ 1 & 2 \end{pmatrix} = \begin{pmatrix} 3 \cdot 1 + 5 \cdot 1 & 3 \cdot 3 + 5 \cdot 2 \\ 1 \cdot 1 + 2 \cdot 1 & 1 \cdot 3 + 2 \cdot 2 \end{pmatrix} \ .$$

## 5.3   Determinanten

Wir betrachten (wie im einführenden Beispiel) ein Gleichungssystem mit zwei Gleichungen und zwei Unbekannten $x$ und $y$, also

$$ax + by = u$$
$$cx + dy = v$$

mit gegebenen Zahlen $a$, $b$, $c$, $d$, $u$ und $v$. Man kann durch Einsetzen sofort nach-rechnen, dass für $ad - bc \neq 0$

$$x = \frac{ud - bv}{ad - bc}, \qquad y = \frac{av - uc}{ad - bc}$$

eine Lösung des gegebenen Gleichungssystems ist. Andererseits führt in diesem Fall ein Auflösen und Einsetzen zum angegebenen Ergebnis, die Lösung ist da-mit eindeutig bestimmt. Der für die Lösbarkeit wichtige Ausdruck $ad - bc$ heißt Determinante der Koeffizientenmatrix

$$\begin{pmatrix} a & b \\ c & d \end{pmatrix}$$

zum gegebenen Gleichungssystem. Mit der Bezeichnung *det* für die Determinante definieren wir

$$det \begin{pmatrix} a & b \\ c & d \end{pmatrix} = ad - bc \ .$$

Mit Mathematica erhalten wir:

```
In[n]:= Det[{{a,b},{c,d}}]
Out[n]= -(b c) + a d
```

Die angegebene Lösung lässt sich auch als Quotient von Determinanten schreiben:

$$x = \frac{det \begin{pmatrix} u & b \\ v & d \end{pmatrix}}{det \begin{pmatrix} a & b \\ c & d \end{pmatrix}}, \qquad y = \frac{det \begin{pmatrix} a & u \\ c & v \end{pmatrix}}{det \begin{pmatrix} a & b \\ c & d \end{pmatrix}} \ .$$

Um $x$ bzw. $y$ zu erhalten, haben wir im Zähler in der Determinante die erste bzw. zweite Spalte der Koeffizientenmatrix durch den Vektor der rechten Seiten ersetzt. Mit der Definition von Determinanten von Matrizen aus $n$ Zeilen und $n$ Spalten (die wir gleich angeben werden) gilt dieses Resultat auch für größere Gleichungssysteme. Allerdings ist dieser Lösungsweg für praktische Rechnungen numerisch nicht immer sinnvoll.

Determinanten sind nur für quadratische Matrizen definiert, also für Matrizen, in denen Zeilen- und Spaltenzahl übereinstimmen. Aus der Vielzahl möglicher De-finitionen wollen wir eine angeben. Wir definieren die Determinanten $n$-reihiger Matrizen (d.h. Zeilenzahl = Spaltenzahl = $n$) unter der Voraussetzung, dass be-reits Determinanten $(n-1)$-reihiger Matrizen definiert sind (rekursive Definition). Dazu sei die Adjunkte $\mathbf{A}_{ij}$ zu einem Matrixelement $a_{ij}$ der Matrix $\mathbf{A}$ dadurch defi-niert, dass wir die $i$-te Zeile und die $j$-te Spalte weglassen (also eine $(n-1)$-reihige

Matrix erhalten). Dann definieren wir (auch Entwicklung nach der ersten Spalte genannt)

$$det\ \mathbf{A} = \sum_{i=1}^{n}(-1)^{i+1}a_{i1}\ det\ \mathbf{A_{i1}}\ .$$

Die Determinante einer 1-reihigen Matrix wird durch ihr einziges Matrixelement definiert.

Ein System mit $n$ Gleichungen und $n$ Variablen ist genau dann eindeutig lösbar, wenn die Determinante der Koeffizientenmatrix von 0 verschieden ist. Auf eine detaillierte Beschreibung der Determinanten und einen Beweis der formulierten Behauptungen können wir aus Platzgründen nicht eingehen. Eine Untersuchung könnte man mit dem in Abschnitt 5.11 dargestellten Ansatz von Graßmann-Algebren durchführen, vgl. [EIS 1971] und [PIC 1967].

Als Anwendungsbeispiel wollen wir untersuchen, für welche Werte von $s$ das Gleichungssystem

$$\begin{array}{ccccccc} (2-s)x & - & y & + & 2z & = 1 \\ -x & + & (2-s)y & - & 2z & = 2 \\ 2x & - & 2y & + & (5-s)z & = 3 \end{array}$$

für die Variablen $x$, $y$ und $z$ eine eindeutig bestimmte Lösung hat. Die Bedingung dafür lautet

$$det \begin{pmatrix} 2-s & -1 & 2 \\ -1 & 2-s & -2 \\ 2 & -2 & 5-s \end{pmatrix} \neq 0\ .$$

Mit Mathematica erhalten wir

```
In[n]:= Det[{{2-s,-1,2},{-1,2-s,-2},{2,-2,5-s}}] //Factor
Out[n]= (7 - s)(-1 + s)^2
```

Damit wissen wir, dass das betrachtete Gleichungssystem nur für $s = 1$ und für $s = 7$ keine eindeutig bestimmte Lösung hat. Ohne den Zusatz //Factor hätten wir als Ausgabe

```
Out[n]= 7 - 15s + 9s^2 - s^3
```

erhalten und noch die Nullstellen dieses kubischen Ausdruckes suchen müssen.

## 5.4 Inverse Matrizen

Eine quadratische Matrix, die in der Hauptdiagonalen die Elemente 1 und sonst 0 hat, heißt Einheitsmatrix und wird mit $\mathbf{E}$ bezeichnet. Wir wollen uns als Beispiel ansehen, wie wir mit Mathematica die 4-reihige Einheitsmatrix erzeugen:

```
In[n]:= IdentityMatrix[4] //MatrixForm
          1  0  0  0
          0  1  0  0
Out[n]=   0  0  1  0
          0  0  0  1
```

Wir erinnern daran, dass die runden Klammern um die Matrix von Mathematica nicht mit ausgegeben werden. Multiplizieren wir eine beliebige $n$-reihige Matrix $\mathbf{A}$ von links oder rechts mit der $n$-reihigen Einheitsmatrix $\mathbf{E}$, so bleibt die Matrix $\mathbf{A}$ erhalten: $\mathbf{A} \cdot \mathbf{E} = \mathbf{E} \cdot \mathbf{A} = \mathbf{A}$.

Zu jeder reellen Zahl $a \neq 0$ gibt es eine inverse Zahl $a^{-1}$, so dass $a \cdot a^{-1} = a^{-1} \cdot a = 1$ gilt. Zu einer quadratischen Matrix $\mathbf{A}$ existiert genau dann eine inverse Matrix $\mathbf{A}^{-1}$, wenn $det\,\mathbf{A} \neq 0$ gilt. Man kann die Suche nach einer inversen Matrix auf das Lösen von Gleichungssystemen zurückführen. Für eine $n$-reihige Matrix $\mathbf{A}$ und die $n$-reihige Einheitsmatrix $\mathbf{E}$ gilt $\mathbf{A} \cdot \mathbf{A}^{-1} = \mathbf{A}^{-1} \cdot \mathbf{A} = \mathbf{E}$. Zum Beispiel ist für

$$\mathbf{A} = \begin{pmatrix} 5 & 7 \\ 7 & 10 \end{pmatrix}$$

die inverse Matrix

$$\mathbf{A}^{-1} = \begin{pmatrix} 10 & -7 \\ -7 & 5 \end{pmatrix} .$$

Zur Überprüfung sollte sich der Leser von folgenden Gleichungen überzeugen:

$$\begin{pmatrix} 5 & 7 \\ 7 & 10 \end{pmatrix} \begin{pmatrix} 10 & -7 \\ -7 & 5 \end{pmatrix} = \begin{pmatrix} 1 & 0 \\ 0 & 1 \end{pmatrix}$$
$$\begin{pmatrix} 10 & -7 \\ -7 & 5 \end{pmatrix} \begin{pmatrix} 5 & 7 \\ 7 & 10 \end{pmatrix} = \begin{pmatrix} 1 & 0 \\ 0 & 1 \end{pmatrix} .$$

Mit Mathematica wird die inverse Matrix aus dem Beispiel durch

```
In[n]:= Inverse[{{5,7},{7,10}}]
Out[n]:={{10,-7},{-7,5}}
```

berechnet. Die Lösung eines in Matrizenschreibweise notierten Gleichungssystems

$$\mathbf{A} \cdot \vec{x} = \vec{b} \quad,$$

wobei $\mathbf{A}$ eine $n$-reihige quadratische Matrix und $\vec{x}$ sowie $\vec{b}$ $n$-dimensionale Spaltenvektoren sind, kann bei $det\,\mathbf{A} \neq 0$ auch in der Form

$$\vec{x} = \mathbf{A}^{-1} \cdot \vec{b}$$

mit der inversen Matrix $\mathbf{A}^{-1}$ angegeben werden. Numerisch führt dies allerdings zu mehr Rechenoperationen als nötig, `LinearSolve` ist ein günstigeres Kommando, allerdings fallen relevante Rechenzeiten erst bei größeren Matrizen ins Gewicht.

Die Lösung von

$$\begin{pmatrix} 5 & -2 \\ 3 & -4 \end{pmatrix} \begin{pmatrix} x \\ y \end{pmatrix} = \begin{pmatrix} 4 \\ -6 \end{pmatrix} ,$$

führt unter Verwendung inverser Matrizen zu

$$\begin{pmatrix} x \\ y \end{pmatrix} = \begin{pmatrix} 5 & -2 \\ 3 & -4 \end{pmatrix}^{-1} \begin{pmatrix} 4 \\ -6 \end{pmatrix} = \begin{pmatrix} 2/7 & -1/7 \\ 3/14 & -5/14 \end{pmatrix} \begin{pmatrix} 4 \\ -6 \end{pmatrix} = \begin{pmatrix} 2 \\ 3 \end{pmatrix}.$$

## 5.5  Lösungsstruktur linearer Gleichungssysteme

Wir beginnen mit einem Beispiel. Es seien alle Lösungen des Gleichungssystems

$$\begin{array}{rcrcrcrcr} x_1 & + & 3\,x_2 & + & 4\,x_3 & + & 2\,x_4 & = & 12 \\ 5\,x_1 & - & x_2 & + & 2\,x_3 & - & 3\,x_4 & = & 1 \end{array}$$

gesucht. Wir haben schon oben bemerkt, dass wir eine Lösung des Systems mit

```
In[n]:=LinearSolve[{{1,3,4,2},{5,-1,2,-3}},{12,1}]
```

berechnen können. Wir erhalten durch Mathematica eine Mitteilung, falls es (durch einen offensichtlichen oder versteckten Widerspruch) keine Lösung geben sollte, wissen aber nicht, ob es mehrere Lösungen gibt. Die Antwort im Beispiel lautet

```
Out[n]={57/16, -19/16, 0, 0}
```

Der Leser überzeugt sich leicht davon, dass es z.B. auch die hiervon abweichende ganzzahlige Lösung $x_1 = 1$, $x_2 = -1$, $x_3 = 2$, $x_4 = -3$ gibt. Um alle Lösungen zu erhalten, betrachten wir das zugehörige homogene Gleichungssystem, das aus dem gegebenen dadurch entsteht, dass wir die rechten Seiten durch 0 ersetzen (und zur besseren Unterscheidung der beiden Systeme die Variablen $x_1, x_2, x_3$ bzw. $x_4$ in $y_1, y_2, y_3$ bzw. $y_4$ umbenennen):

$$\begin{array}{rcrcrcrcr} y_1 & + & 3\,y_2 & + & 4\,y_3 & + & 2\,y_4 & = & 0 \\ 5\,y_1 & - & y_2 & + & 2\,y_3 & - & 3\,y_4 & = & 0 \end{array} .$$

Mehrere Lösungen dieses Systems erhalten wir mit

```
In[n]:= NullSpace[{{1,3,4,2},{5,-1,2,-3}}]
Out[n]={{7,-13,0,16},{-5,-9,8,0}}
```

Diese Ausgabe ist so zu interpretieren, dass $y_1 = 7$, $y_2 = -13$, $y_3 = 0$, $y_4 = 16$ sowie $y_1 = -5$, $y_2 = -9$, $y_3 = 8$, $y_4 = 0$ Lösungen des homogenen Systems sind. Offensichtlich sind auch alle Vielfachen und deren Summen Lösungen dieses homogenen Systems, und damit haben wir bereits alle Lösungen erhalten. Im Sprachgebrauch der Vektorrechnung (auf die wir noch zurückkommen werden) haben wir eine Basis des Lösungsraumes berechnet. Alle Lösungen des inhomogenen Systems erhalten wir dadurch, dass wir zu einer beliebigen Lösung (mit **LinearSolve** erzeugt) des inhomogenen Systems alle Lösungen des zugehörigen homogenen Systems addieren. Im Beispiel führt das zu

$$
\begin{array}{rrrrr}
x_1 & = & 57/16 & + \;\; 7\,u & - \;\; 5\,v \\
x_2 & = & -19/16 & - \;\; 13\,u & - \;\; 9\,v \\
x_3 & = & & & 8\,v \\
x_4 & = & & 16\,u &
\end{array}
$$

mit beliebigen reellen Zahlen $u$ und $v$.

Im allgemeinen Fall untersuchen wir ein Gleichungssystem mit $m$ Gleichungen und $n$ Variablen:

$$
\begin{array}{rcl}
a_{11}x_1 + a_{12}x_2 + a_{13}x_3 + \ldots + a_{1n}x_n & = & b_1 \\
a_{21}x_1 + a_{22}x_2 + a_{23}x_3 + \ldots + a_{2n}x_n & = & b_2 \\
& \ldots & \\
a_{m1}x_1 + a_{m2}x_2 + a_{m3}x_3 + \ldots + a_{mn}x_n & = & b_m \; .
\end{array}
$$

Ein derartiges System mit i.A. von 0 verschiedenen rechten Seiten $b_1, b_2, \ldots, b_n$ heißt inhomogen. Wir können ein zugehöriges homogenes Gleichungssystem notieren, das wir aus dem inhomogenen dadurch erhalten, dass wir die rechten Seiten durch 0 ersetzen. Zur Unterscheidung der Variablen $x_1, x_2, \ldots, x_n$ des inhomogenen Systems von den Variablen des homogenen Systems wollen wir wie im Beispiel letztere mit $y_1, y_2, \ldots, y_n$ bezeichnen. Damit lautet das zugehörige homogene System

$$
\begin{array}{rcl}
a_{11}y_1 + a_{12}y_2 + a_{13}y_3 + \ldots + a_{1n}y_n & = & 0 \\
a_{21}y_1 + a_{22}y_2 + a_{23}y_3 + \ldots + a_{2n}y_n & = & 0 \\
& \ldots & \\
a_{m1}y_1 + a_{m2}y_2 + a_{m3}y_3 + \ldots + a_{mn}y_n & = & 0 \; .
\end{array}
$$

Haben wir zwei Lösungen $\vec{x} = (x_1, x_2, \ldots, x_n)$ und $\vec{x}^* = (x_1^*, x_2^*, \ldots, x_n^*)$ des inhomogenen Systems, so ist ihre Differenz $\vec{y} = \vec{x} - \vec{x}^* = (x_1 - x_1^*, x_2 - x_2^*, \ldots, x_n - x_n^*)$ Lösung des zugehörigen homogenen Systems, da die rechten Seiten durch die Differenzbildung wegfallen. Wir können auch sagen, dass die eine Lösung $\vec{x}^*$ des inhomogenen Systems aus der anderen $\vec{x}$ dadurch entsteht, dass wir eine Lösung des homogenen Systems addieren: $\vec{x} = \vec{x}^* + \vec{y}$. Andererseits gelangen wir durch Addition einer beliebigen Lösung $\vec{y}$ des homogenen Systems zu einer beliebigen Lösung $\vec{x}^*$ des inhomogenen Systems wieder zu einer Lösung $\vec{x} = \vec{x}^* + \vec{y}$ des inhomogenen Systems.

Man erkennt unmittelbar, dass Summen und Vielfache von Lösungen des homogenen Systems wieder Lösungen des homogenen Systems sind. Diese Lösungen bilden einen Vektorraum (der Vektorunterraum eines $n$-dimensionalen Vektorraumes ist). Wir können alle Lösungen $\vec{y}$ des betrachteten homogenen Gleichungssystems als Linearkombination

$$\vec{y} = \lambda_1 \vec{y}^1 + \lambda_2 \vec{y}^2 + \ldots + \lambda_k \vec{y}^k$$

von $k$ Basisvektoren

$$
\begin{aligned}
\vec{y}^1 &= (y_1^1, y_2^1, \ldots, y_n^1) \\
\vec{y}^2 &= (y_1^2, y_2^2, \ldots, y_n^2) \\
&\ldots \\
\vec{y}^k &= (y_1^k, y_2^k, \ldots, y_n^k)
\end{aligned}
$$

mit den reellen Zahlen $\lambda_1$, $\lambda_2$, $\ldots$, $\lambda_k$ als Koeffizienten schreiben. Von den Basisvektoren lässt sich keiner linear durch die übrigen ausdrücken, sie sind linear unabhängig. Die Maximalzahl linear unabhängiger Vektoren eines Vektorraumes bzw. Vektorunterraumes ergibt dessen Dimension $k$, und die dabei verwendeten Vektoren sind eine Basis. Auf die Definition der linearen Unabhängigkeit kommen wir in Abschnitt 5.8 zurück.

Mit dieser strukturellen Information sind wir mit Mathematica in der Lage, alle Lösungen eines linearen Gleichungssystems zu ermitteln (für den Fall, dass alle Koeffizienten gegebene reelle oder komplexe Zahlen sind). Mit `LinearSolve` finden wir, wie im betrachteten Beispiel näher beschrieben, eine spezielle Lösung des inhomogenen Systems. Eine Basis für den Vektorraum aller Lösungen des zugehörigen homogenen Systems erhalten wir mit `NullSpace`.

## 5.6   Eigenwerte und Eigenvektoren

Wir können
$$\begin{pmatrix} y_1 \\ y_2 \\ y_3 \end{pmatrix} = \begin{pmatrix} 2 & -1 & 2 \\ -1 & 2 & -2 \\ 2 & -2 & 5 \end{pmatrix} \begin{pmatrix} x_1 \\ x_2 \\ x_3 \end{pmatrix}$$

als ein Gleichungssystem in Matrizenschreibweise mit gegebenen Werten $y_1$, $y_2$ und $y_3$ (bisher die rechten Seiten des Gleichungssystems, hier links geschrieben) und den Variablen $x_1$, $x_2$ und $x_3$ auffassen.

Wir können aber auch $x_1$, $x_2$ und $x_3$ als gegenwärtige Messwerte in einem biologischen Modell interpretieren, etwa als die Größen dreier Populationen oder als Konzentrationen in einem Modell zum Stoffwechsel. Nachdem das System sich eine gewisse Zeit lang entsprechend seiner durch die Natur bestimmten Dynamik verhalten hat, haben wir neue Messwerte $y_1$, $y_2$ und $y_3$. Wir wollen ein Modell untersuchen, in dem als Näherung des realen Verhaltens der Zusammenhang zwischen den ersten und zweiten Messwerten durch die oben notierte Gleichung beschrieben wird. Wir werden in einer Anwendung in der Populationsgenetik auf den den hier verwendeten Ansatz zurückkommen.

Häufig interessiert man sich für dynamische Gleichgewichte, bei denen nach Wirken der Systemdynamik die gleichen Messwerte wie zuvor entstehen. Etwas allgemeiner ist die Frage, unter welchen Bedingungen die Verhältnisse der Messwerte zueinander erhalten bleiben. In der populationsdynamischen Interpretation bleibt der relative Anteil der Teilpopulationen bei möglicherweise wachsender oder abnehmender Gesamtpopulation erhalten. Es soll also gelten:

$$\begin{aligned} y_1 &= \lambda\, x_1 \\ y_2 &= \lambda\, x_2 \\ y_3 &= \lambda\, x_3 \,. \end{aligned}$$

Im Gleichgewichtsfall müssen die Gleichungen mit $\lambda = 1$ erfüllt sein. In Matrizenschreibweise lautet die Forderung

$$\lambda \begin{pmatrix} x_1 \\ x_2 \\ x_3 \end{pmatrix} = \begin{pmatrix} 2 & -1 & 2 \\ -1 & 2 & -2 \\ 2 & -2 & 5 \end{pmatrix} \begin{pmatrix} x_1 \\ x_2 \\ x_3 \end{pmatrix} \,.$$

Durch Umformung erhalten wir die dazu gleichwertige homogene Gleichung

$$\begin{pmatrix} 2-\lambda & -1 & 2 \\ -1 & 2-\lambda & -2 \\ 2 & -2 & 5-\lambda \end{pmatrix} \begin{pmatrix} x_1 \\ x_2 \\ x_3 \end{pmatrix} = \begin{pmatrix} 0 \\ 0 \\ 0 \end{pmatrix} \,.$$

Ein $\lambda$, für das eine Lösung existiert, für die nicht alle der Werte der Variablen $x_1$, $x_2$ und $x_3$ den Wert 0 haben, heißt Eigenwert der Matrix

$$\begin{pmatrix} 2 & -1 & 2 \\ -1 & 2 & -2 \\ 2 & -2 & 5 \end{pmatrix}.$$

Ein zugehöriger Lösungsvektor

$$\begin{pmatrix} x_1 \\ x_2 \\ x_3 \end{pmatrix}$$

heißt Eigenvektor. Da die Gleichung homogen ist, existiert eine vom Nullvektor verschiedene Lösung, wenn die Determinantenbedingung

$$det \begin{pmatrix} 2-\lambda & -1 & 2 \\ -1 & 2-\lambda & -2 \\ 2 & -2 & 5-\lambda \end{pmatrix} = 0$$

erfüllt ist. Lösungen $\lambda$ dieser Gleichung haben wir schon angegeben. Wir können sie aber auch direkt mit einem Befehl zur Bestimmung der Eigenwerte berechnen:

```
In[n]:=Eigenvalues[{{2,-1,2},{-1,2,-2},{2,-2,5}}]
Out[n]={1,1,7}
```

Wir haben wieder 1 und 7 als Eigenwerte erhalten, wobei das doppelte Auftreten der 1 damit zusammenhängt, dass bei obiger Determinantenbedingung sich 1 als doppelte Nullstelle ergibt. Die zu den Eigenwerten gehörenden Eigenvektoren erhalten wir, wenn wir im Mathematica-Befehl `Eigenvalues` durch `Eigenvectors` ersetzen. Wir können uns aber auch gleich beides gemeinsam mit `Eigensystem` ausgeben lassen:

```
In[n]:=Eigensystem[{{2,-1,2},{-1,2,-2},{2,-2,5}}]
Out[n]={{1,1,7},{{-2,0,1},{1,1,0},{1,-1,2}}}
```

Die Ausgabe haben wir so zu interpretieren, dass zu den Eigenwerten 1 die Eigenvektoren

$$\begin{pmatrix} -2 \\ 0 \\ 1 \end{pmatrix} \quad und \quad \begin{pmatrix} 1 \\ 1 \\ 0 \end{pmatrix}$$

gehören sowie zum Eigenwert 7 der Eigenvektor

$$\begin{pmatrix} 1 \\ -1 \\ 2 \end{pmatrix}$$

gehört. Es gilt also zum Beispiel

$$7 \begin{pmatrix} 1 \\ -1 \\ 2 \end{pmatrix} = \begin{pmatrix} 2 & -1 & 2 \\ -1 & 2 & -2 \\ 2 & -2 & 5 \end{pmatrix} \begin{pmatrix} 1 \\ -1 \\ 2 \end{pmatrix} .$$

Bei der Interpretation der Komponenten der Eigenvektoren als Konzentrationen wäre dies wegen unterschiedlicher Vorzeichen der Komponenten keine biologisch sinnvolle Lösung.

Da die Eigenvektoren zu einem bestimmten Eigenwert Lösungen eines homogenen Gleichungssystems sind, sind auch Vielfache und Summen der zu diesem Eigenwert gehörigen Eigenvektoren wieder Eigenvektoren. Im betrachteten Beispiel sind alle Eigenvektoren zum Eigenwert 1 gegeben durch

$$\begin{pmatrix} x_1 \\ x_2 \\ x_3 \end{pmatrix} = u \begin{pmatrix} -2 \\ 0 \\ 1 \end{pmatrix} + v \begin{pmatrix} 1 \\ 1 \\ 0 \end{pmatrix}$$

mit beliebigen reellen Zahlen $u$ und $v$. Falls das biologische Modell positive Werte erfordert, müssen wir weitere Einschränkungen vornehmen. Bei entsprechender Interpretation des Modells sind Lösungen mit dem Eigenwert 1 im dynamischen Gleichgewicht.

Wir definieren allgemein Eigenwerte und Eigenvektoren von $n$-reihigen quadratischen Matrizen. $\lambda$ heißt Eigenwert der Matrix

$$\mathbf{A} = \begin{pmatrix} a_{11} & a_{12} & \dots & a_{1n} \\ a_{21} & a_{22} & \dots & a_{2n} \\ \dots & & & \\ a_{n1} & a_{n2} & \dots & a_{nn} \end{pmatrix} ,$$

falls

$$det \begin{pmatrix} a_{11} - \lambda & a_{12} & \dots & a_{1n} \\ a_{21} & a_{22} - \lambda & \dots & a_{2n} \\ \dots & & & \\ a_{n1} & a_{n2} & \dots & a_{nn} - \lambda \end{pmatrix} = 0 .$$

Die zu $\lambda$ gehörenden Eigenvektoren sind die Lösungen

$$\begin{pmatrix} x_1 \\ x_2 \\ \dots \\ x_n \end{pmatrix}$$

der homogenen Gleichung

$$
\begin{pmatrix}
a_{11} - \lambda & a_{12} & \ldots & a_{1n} \\
a_{21} & a_{22} - \lambda & \ldots & a_{2n} \\
\ldots & & & \\
a_{n1} & a_{n2} & \ldots & a_{nn} - \lambda
\end{pmatrix}
\begin{pmatrix}
x_1 \\
x_2 \\
\ldots \\
x_n
\end{pmatrix}
=
\begin{pmatrix}
0 \\
0 \\
\ldots \\
0
\end{pmatrix} .
$$

## 5.7 Anwendung in der Populationsgenetik

Wir interessieren uns für die sich im Laufe der Generationenfolge ändernde Genotyphäufigkeit. Dazu wird in der Populationsgenetik häufig von einer „idealen Population" ausgegangen, was besagen soll, dass es nicht überlappende Generationen gibt, zufallsbedingte und von den zu untersuchenden Merkmalen unabhängige Paarungen erfolgen, eine ausreichend große Population vorliegt sowie keine Migration, Mutation und Selektion auftritt.

An einem Genort sollen zwei Allele $a$ und $A$ vorliegen, wobei mit dieser Bezeichnung meist verbunden ist, dass $A$ gegenüber $a$ dominant ist (für unsere weiteren Betrachtungen ist es aber nicht notwendig). Die Vererbung soll nicht geschlechtsgebunden erfolgen, und die relativen Häufigkeiten (Wahrscheinlichkeiten) der Genotypen $aa$, $Aa$ und $AA$ sollen keine Geschlechtsunterschiede aufweisen.

Relative Häufigkeiten geben an, welchen Anteil bestimmte Genotypen an der betrachteten Population haben. Es sei $r_0$ der Anteil der Elterngeneration mit dem Genotyp $aa$, entsprechend $h_0$ und $d_0$ für $Aa$ und $AA$. Damit gilt

$$
0 \leq r_0, h_0, d_0 \leq 1 = 100\%
$$

sowie

$$
r_0 + h_0 + d_0 = 1 = 100\% .
$$

Bei der Tochtergeneration verwenden wir den Index 1 anstelle des Index 0 bei der Elterngeneration. Die Allele $a$ bzw. $A$ der haploiden Gene sollen in der betrachteten Population mit der relativen Häufigkeit $p$ bzw. $q$ vorliegen, so dass also $p + q = 1$, $0 \leq p, q \leq 1$ gilt. Da die Allele $a$ und $A$ von der Eltern- zur Tochtergeneration in einer idealen Population entsprechend der vorliegenden Häufigkeiten vererbt werden, bleiben diese Häufigkeiten beim Übergang zur nächsten Generation erhalten.

Wir wollen zunächst mit einer Übergangsmatrix die Veränderung der Genotyphäufigkeiten von Eltern- zu Tochtergenerationen beschreiben.

Übergangswahrscheinlichkeiten:

$$
\begin{array}{c}
\text{Elterngeneration} \\
\begin{array}{ccc} aa & Aa & AA \end{array} \\
\overbrace{\qquad\qquad\qquad}
\end{array}
$$

$$
\text{Tochtergeneration} \quad
\begin{array}{c} aa \\ Aa \\ AA \end{array}
\left\{
\begin{pmatrix}
p_{11} & p_{12} & p_{13} \\
p_{21} & p_{22} & p_{23} \\
p_{31} & p_{32} & p_{33}
\end{pmatrix}
\right. \quad .
$$

Diese Übergangsmatrix beschreibt den Übergang der relativen Häufigkeiten von der Eltern- zur Tochtergeneration:

$$
\begin{pmatrix} r_1 \\ h_1 \\ d_1 \end{pmatrix}
=
\begin{pmatrix}
p_{11} & p_{12} & p_{13} \\
p_{21} & p_{22} & p_{23} \\
p_{31} & p_{32} & p_{33}
\end{pmatrix}
\cdot
\begin{pmatrix} r_0 \\ h_0 \\ d_0 \end{pmatrix} \quad .
$$

Betrachten wir zum Beispiel ein Individuum der Elterngeneration vom Genotyp $aa$. Das haploide Gen ist dann zwangsläufig das Allel $a$. Bei der Paarung kommt dazu vom anderen Elternteil mit der Wahrscheinlichkeit bzw. relativen Häufigkeit $p$ (bzw. $q$) ein haploides Gen $a$ (bzw. $A$). Also entsteht der Genotyp $aa$ (bzw. $Aa$) mit der Wahrscheinlichkeit $p$ (bzw. $q$). Der Genotyp $AA$ kann in diesem Fall nicht entstehen. Damit kennen wir schon drei Elemente der Übergangsmatrix.

$$
\begin{array}{c}
\text{Elterngeneration} \\
\overbrace{\qquad\qquad\qquad}
\end{array}
$$

$$
\text{Tochtergeneration} \quad
\left\{
\begin{pmatrix}
p & * & * \\
q & * & * \\
0 & * & *
\end{pmatrix}
\right. \quad .
$$

Dabei bezeichnet $*$ die noch zu bestimmenden Werte. Gehen wir von einem Individuum vom Genotyp $Aa$ der Elterngeneration aus, so vererbt sich mit gleicher Wahrscheinlichkeit $1/2 = 50\%$ das Allel $a$ (bzw. $A$). Hinzu kommt wie beim oben betrachteten Fall vom anderen Elternteil mit der Wahrscheinlichkeit $p$ (bzw. $q$) das Allel $a$ (bzw. $A$). Insgesamt entsteht also mit der Wahrscheinlichkeit $1/2 \cdot p$ (bzw. $1/2 \cdot q$, $1/2 \cdot p$, $1/2 \cdot q$) der Genotyp $aa$ (bzw. $aA$, $Aa$, $AA$). Natürlich müssen wir die Wahrscheinlichkeiten der beiden Entstehungsmöglichkeiten von $Aa$ zusammenfassen: $1/2 \cdot p + 1/2 \cdot q = 1/2$. Damit haben wir die zweite Spalte der Übergangsmatrix bestimmt:

$$
\begin{array}{c}
\text{Elterngeneration} \\
\overbrace{\qquad\qquad\qquad}
\end{array}
$$

$$
\text{Tochtergeneration} \quad
\left\{
\begin{pmatrix}
p & p/2 & * \\
q & 1/2 & * \\
0 & q/2 & *
\end{pmatrix}
\right. \quad .
$$

Die dritte Spalte bestimmen wir analog zur ersten und erhalten, wenn wir noch $q = 1 - p$ verwenden, die Übergangsmatrix

$$\text{Tochtergeneration} \left\{ \overbrace{\begin{pmatrix} p & p/2 & 0 \\ 1-p & 1/2 & p \\ 0 & (1-p)/2 & 1-p \end{pmatrix}}^{\text{Elterngeneration}} \right. .$$

Wir suchen Genotyphäufigkeiten, die sich beim Übergang zur Tochtergeneration nicht verändern, die in der Generationenfolge stabil sind. Also soll gelten

$$\begin{pmatrix} r_0 \\ h_0 \\ d_0 \end{pmatrix} = \begin{pmatrix} p_{11} & p_{12} & p_{13} \\ p_{21} & p_{22} & p_{23} \\ p_{31} & p_{32} & p_{33} \end{pmatrix} \begin{pmatrix} r_0 \\ h_0 \\ d_0 \end{pmatrix} .$$

Das heißt mit anderen Worten, dass wir Eigenvektoren

$$\begin{pmatrix} r_0 \\ h_0 \\ d_0 \end{pmatrix}$$

zum Eigenwert 1 suchen (mit der zusätzlichen Eigenschaft, dass die Komponenten der Eigenvektoren positiv sind und deren Summe 1 ist). Wir wollen zunächst allgemeiner alle Eigenwerte und eine Basis für die Eigenvektoren der Übergangsmatrix bestimmen:

```
In[n]:= Eigensystem[{{p,p/2,0},{1-p,1/2,p},{0,(1-p)/2,1-p}}]
```
$\text{Out[n]} = \{\{0, \frac{1}{2}, 1\}, \{\{1, -2, 1\}, \{\frac{p}{-1+p}, \frac{1-2p}{-1+p}, 1\}, \{\frac{p^2}{(-1+p)^2}, \frac{2p}{1-p}, 1\}\}\}$

Da die Eigenvektoren

$$\begin{pmatrix} 1 \\ -2 \\ 1 \end{pmatrix} \quad \text{bzw.} \quad \begin{pmatrix} \frac{p}{-1+p} \\ \frac{1-2p}{-1+p} \\ 1 \end{pmatrix}$$

zum Eigenwert 0 bzw. 1/2 Komponenten mit verschiedenem Vorzeichen enthalten, haben sie keine biologische Bedeutung (durchweg nicht positive Komponenten wären kein Hindernis, da durch Multiplikation mit $-1$ ein Eigenvektor mit nicht negativen Komponenten entstehen würde). Es bleibt der Eigenvektor

$$\begin{pmatrix} \frac{p^2}{(-1+p)^2} \\ \frac{2p}{1-p} \\ 1 \end{pmatrix}$$

zum Eigenwert 1. Damit die Summe der positiven Komponenten des Eigenvektors 1 ergibt, müssen wir den berechneten Vektor mit dem Faktor $(1-p)^2 = q^2$ multiplizieren. Dann gilt

$$r = p^2$$
$$h = 2pq$$
$$d = q^2 \ .$$

Wenn für eine Population diese Gleichungen gelten, so sagt man auch, dass sie sich im Hardy-Weinberg-Gleichgewicht befindet. Interessanterweise befindet sich bei beliebiger Genotypverteilung der Elterngeneration bereits die erste Tochtergeneration im Hardy-Weinberg-Gleichgewicht (bei vielen anderen Anwendungen wird ein Gleichgewicht erst nach vielen Schritten näherungsweise erreicht). Um uns von dieser Behauptung zu überzeugen, haben wir zu untersuchen, wie sich die Häufigkeiten $p$ und $q$ aus $r$, $h$ und $d$ ergeben. Beachten wir, dass das Allel $a$ im Genotyp $aa$ doppelt, im Genotyp $Aa$ einfach und in $AA$ gar nicht enthalten ist und verwenden die Gleichung $r + h + d = 1$, so ergibt sich

$$p = \frac{2 \cdot r + 1 \cdot h + 0 \cdot d}{2(r + h + d)}$$
$$= r + \frac{h}{2} \ .$$

Analog gilt

$$q = \frac{h}{2} + d \ .$$

Sind $r$ und $d$ gegeben mit $0 \leq r, d, r + d \leq 1$, so ergeben sich $h$, $p$ und $q$ durch

$$h = 1 - r - d$$
$$p = \frac{1 + r - d}{2}$$
$$q = \frac{1 - r + d}{2} \ .$$

Die Übergangsmatrix hat damit folgende Gestalt:

$$\begin{pmatrix} (1-d+r)/2 & (1-d+r)/4 & 0 \\ (1+d-r)/2 & 1/2 & (1-d+r)/2 \\ 0 & (1+d-r)/4 & (1+d-r)/2 \end{pmatrix} \ .$$

Durch direktes Nachrechnen überzeugt man sich nun von

$$\begin{pmatrix} p^2 \\ 2pq \\ q^2 \end{pmatrix} = \begin{pmatrix} (1-d+r)/2 & (1-d+r)4 & 0 \\ (1+d-r)/2 & 1/2 & (1-d+r)/2 \\ 0 & (1+d-r)/4 & (1+d-r)/2 \end{pmatrix} \cdot \begin{pmatrix} r \\ h \\ d \end{pmatrix} \ .$$

Damit ist die erste Tochtergeneration bereits im Hardy-Weinberg-Gleichgewicht.

## 5.8   Vektorräume und lineare Abbildungen

Wir betrachten eine Reihe von mathematisch definierten Räumen, die für bestimmte Betrachtungen einen geeigneten Rahmen bilden, da sie eine zweckmäßige Abstraktion darstellen. Wir sind damit in der Lage, eine Vielzahl konkreter Beispiele einheitlich zu behandeln. Wir wollen als nächstes den Raum von $n$-Tupeln reeller Zahlen und allgemeiner Vektorräume und Hilberträume betrachten. In den folgenden Betrachtungen wird es hauptsächlich darum gehen, lineare Strukturen zu untersuchen. Einerseits ist die Linearisierung von Aufgabenstellungen ein wichtiges Grundprinzip, um zunächst „lokal", d.h. in einer hinreichend kleinen Umgebung eines Punktes in einem geeigneten Raum Ergebnisse zu erhalten. Andererseits entstehen strukturell neuartige Eigenschaften häufig infolge von Nichtlinearitäten. Insofern ist das Zusammenspiel von linearen und nichtlinearen Eigenschaften sowohl innerhalb der „reinen Mathematik" als auch bei Fragen der Modellbildung von weitreichender Bedeutung. Wenn wir in einem Hilbertraum das Skalarprodukt betrachten, haben wir bereits einen quadratischen Ansatz als eine einfache, aber für verschiedene Anwendungen und formale Rechnungen sehr wichtige Form einer Nichtlinearität.

**Definition 5.1.**   *(i)  Den durch*

$$\mathbb{R}^n = \{\vec{x} = (x_1, x_2, ..., x_n) \,|\, x_i \in \mathbb{R} \ \text{für } i = 1, 2, ..., n \ \text{und } n \in \mathbb{N}\}$$

*definierten Raum mit den folgenden Definitionen der Addition und Multiplikation mit reellen Zahlen bezeichnen wir als den Raum $\mathbb{R}^n$.*

*(ii) Die Addition zweier Elemente*

$$\vec{x} = (x_1, x_2, ..., x_n)$$

*und*

$$\vec{y} = (y_1, y_2, ..., y_n)$$

*wird durch*

$$\vec{z} = \vec{x} + \vec{y}$$

*mit*

$$\vec{z} = (z_1, z_2, ..., z_n) = (x_1 + y_1, x_2 + y_2, ..., x_n + y_n)$$

*definiert.*

*(iii) Für $\lambda \in \mathbb{R}$ und $\vec{x} = (x_1, x_2, ..., x_n)$ definieren wir*

$$\lambda \vec{x} = (\lambda x_1, \lambda x_2, ..., \lambda x_n) \quad .$$

*Bemerkung: Wenn wir im weiteren zusätzlich ein Skalarprodut*

$$\vec{x} \cdot \vec{y} = x_1 y_1 + \ldots + x_n y_n$$

*für $\vec{x}, \vec{y} \in \mathbb{R}^n$ verwenden, sprechen wir auch vom n-dimensionalen Euklidischen Raum.*

Allgemeiner wollen wir Vektorräume betrachten:

**Definition 5.2.** *Wir nennen die Menge* **V** *Vektorraum und die Elemente Vektoren, wenn eine als Addition bezeichnete Abbildung*

$$\mathbf{V} \times \mathbf{V} \to \mathbf{V}$$

*(elementweise als $\vec{x} + \vec{y}$ mit $\vec{x}, \vec{y} \in \mathbf{V}$ geschrieben) und eine Multiplikation mit reellen Zahlen*

$$\mathbb{R} \times \mathbf{V} \to \mathbf{V}$$

*definiert ist (elementweise als $\lambda\vec{x}$ mit $\lambda \in \mathbb{R}$, $\vec{x} \in \mathbf{V}$ geschrieben), die folgenden Bedingungen für $\vec{x}, \vec{y}, \vec{z} \in \mathbf{V}$, $\lambda, \mu \in \mathbb{R}$ genügt:*

*(i) $\vec{x} + \vec{y} = \vec{y} + \vec{x}$ (Kommutativgesetz)*

*(ii) $(\vec{x} + \vec{y}) + \vec{z} = \vec{y} + (\vec{x} + \vec{z})$ (Assoziativgesetz der Addition)*

*(iii) Zu zwei beliebigen $\vec{x} \in \mathbf{V}$ und $\vec{y} \in \mathbf{V}$ existiert ein eindeutig bestimmtes $\vec{z} \in \mathbf{V}$ mit $\vec{x} + \vec{z} = \vec{y}$.*

*(iv) $\lambda(\vec{x} + \vec{y}) = \lambda\vec{x} + \lambda\vec{y}$ (Distributivgesetz)*

*(v) $(\lambda + \mu)\vec{x} = \lambda\vec{x} + \lambda\vec{x}$ (Distributivgesetz)*

*(vi) $\lambda(\mu\vec{x}) = (\lambda\mu)\vec{x}$ (Assoziativgesetz der Multiplikation)*

*(vii) $1\vec{x} = \vec{x}$ (die reelle Zahle 1 ist Einselement der Multiplikation)*

Man sieht leicht, dass der $\mathbb{R}^n$ ein Vektorraum ist.

**Definition 5.3.** *(i) Die Vektoren $\vec{x}_i$ ($i = 1, ...n$) heißen linear unabhängig, wenn aus der Gleichung*

$$\sum_{i=1}^{n} \lambda^i \vec{x}_i = 0$$

*die Gleichungen $\lambda^i = 0$ für alle $i = 1, ..., n$ folgen.*

*(ii) Der Vektorraum $\mathbf{V}$ heißt $n$-dimensional mit einer natürlichen Zahl $n$, wenn es $n$ linear unabhängige Vektoren $\vec{e}_i \in \mathbf{V}$ gibt, so dass sich jeder Vektor $\vec{x} \in \mathbf{V}$ als Linearkombination*

$$\vec{x} = \sum_{i=1}^{n} \lambda^i \vec{e}_i$$

*mit $\lambda^i$ ($i = 1, ..., n$) schreiben lässt, dies aber für keine kleinere Zahl als $n$ möglich ist. Die Vektoren $\vec{e}_i$ ($i = 1, ..n$) werden als Basisvektoren bezeichnet.*

*Bemerkung: Die Schreibweise von oberen anstelle von unteren Indizes bei den $\lambda$ (also $\lambda^i$ anstelle von $\lambda_i$) hat bei kovarianten und kontravarianten Koordinaten im Tensorkalkül eine inhaltliche Bedeutung, hier ist sie zunächst eine eher willkürlich gewählte Schreibweise.*

Ist eine weitere Basis $\vec{f}_j$ des Vektorraumes gegeben, so besteht diese aus der gleichen Anzahl von Elementen, sonst würde sich ein Widerspruch zur Minimalitätsforderung in der Definition ergeben. Schreiben wir die Vektoren der zweiten Basis als Linearkombination der Vektoren der ersten Basis, so erhalten wir

$$\vec{f}_i = \sum_{j=1}^{n} a_i^j \vec{e}_j \quad .$$

Dabei ist $a_i^j \in \mathbb{R} \quad \forall i, j \in \{1, .., n\}$. Mit

$$\mathbf{A} = (a_i^j)_{i,j=1}^{n}$$

haben wir eine quadratische $n \times n$-Matrix. Umgekehrt können wir die Vektoren $\vec{e}_i$ durch die Basisvektoren $\vec{f}_j$ ausdrücken.

$$\vec{e}_j = \sum_{k=1}^{n} b_j^k \vec{f}_k$$

mit $b_j^k \in \mathbb{R} \quad \forall j, k \in \{1, .., n\}$. Die entsprechende Matrix ist dann

$$\mathbf{B} = (b_j^k)_{j,k=1}^{n} \quad .$$

Eine Hintereinanderausführung ergibt

$$\vec{f}_i = \sum_{j=1}^{n} \sum_{k=1}^{n} a_i^j \, b_j^k \, \vec{f}_k \quad .$$

Also gilt

$$\sum_{j=1}^{n} a_i^j \, b_j^k = \begin{cases} 1 & \text{für } i = k \\ 0 & \text{für } i \neq k \end{cases} \quad .$$

In Matrizenschreibweise bedeutet dies

$$\mathbf{A} \cdot \mathbf{B} = \mathbf{E}$$

mit der $n$-reihigen Einheitsmatrix $\mathbf{E}$, dies ist die Matrix mit den Elementen 1 auf der Hauptdiagonalen, d.h. für die gleichen Indizes und ansonsten den Elementen 0. Vertauschen wir die Rolle der beiden Basen, erhalten wir entsprechend

$$\mathbf{B} \cdot \mathbf{A} = \mathbf{E}$$

Dies bedeutet, dass $\mathbf{A}$ und $\mathbf{B}$ inverse Matrizen sind.

Den Ausdruck

$$\delta_i^k = \begin{cases} 1 & \text{für } i = k \\ 0 & \text{für } i \neq k \end{cases}$$

bezeichnet man auch als Kronecker-Symbol. Wir können die obige Gleichung dann auch in der Form

$$\sum_{j=1}^{n} a_i^j \, b_j^k = \delta_i^k$$

schreiben. Das Kronecker-Symbol entspricht in Matrizenschreibweise der Einheitsmatrix.

*Bemerkung: Wir haben über Indizes summiert, die jeweils oben und unten vorkommen. In der Literatur wird häufig in einem derartigen Zusammenhang das Summenzeichen weggelassen, man spricht dann von der Einsteinschen Summenkonvention. Diese Schreibvereinfachung wird in der Relativitätstheorie und der Differentialgeometrie häufig verwendet.*

**Definition 5.4.** *Eine lineare Abbildung*

$$f : \mathbf{V} \to \mathbf{V}$$

*eines Vektorraumes $\mathbf{V}$ in einen Vektorraum $\mathbf{W}$ ist eine Abbildung, für die $f(\vec{x} + \vec{y}) = f(\vec{x}) + f(\vec{y})$ und $f(\lambda \vec{x}) = \lambda f(\vec{x})$ für alle Vektoren $\vec{x}, \vec{y}$ und alle reellen $\lambda$ gilt.*

Man sieht sofort, dass eine lineare Abbildung durch die Wirkung auf die Vektoren einer gegebenen Basis bestimmt ist. Auch die Bildvektoren lassen sich durch diese Basis ausdrücken, wenn wir zunächst eine lineare Abbildung eines Vektorraumes in sich betrachten:

$$f(\vec{e}_i) = \sum_{j=1}^{n} f_i^j \vec{e}_j \quad .$$

Damit haben einer linearen Abbildung $f$ eine Matrix

$$\mathbf{F} = \left( f_i^j \right)_{i,j=1}^{n}$$

zugeordnet. Umgekehrt wird durch eine Matrix $\mathbf{F}$ eine lineare Abbildung $f$ bestimmt. Wir haben damit eine eineindeutige Abbildung zwischen den Matrizen und den linearen Abbildungen, wenn eine Basis des Vektorraumes gegeben ist. Man kann sich leicht davon überzeugen, dass die Abbildung genau dann umkehrbar ist, wenn die inverse Matrix existiert.

In der gleichen Weise lassen sich lineare Abbildungen eines $n$-dimensionalen Vektorraumes $\mathbf{V}$ mit der Basis $\vec{e}_i$ $(i = 1, ..., n)$ in einen $m$-dimensionalen Vektorraum $W$ mit der Basis $\vec{f}_j$ $(j = 1, .., m)$ eineindeutig den (nicht notwendigerweise quadratischen) rechteckigen Matrizen

$$\mathbf{A} = \left( a_i^j \right) \text{ mit } i = 1, ... n, \quad j = 1, ..., m$$

zuordnen, so dass

$$f(\vec{e}_i) = \sum_{j=1}^{n} a_i^j \vec{f}_j$$

gilt.

Nicht jeder Vektorraum ist endlichdimensional. Wir bezeichnen mit $C^0[a, b]$ die auf einem Intervall $[a, b]$ in den reellen Zahlen $(a < b)$ gegebenen stetigen Funktionen. Zu diesen gehören die Polynome, aber z.B. auch die Sinusfunktion, die kein Polynom ist. Man überzeugt sich leicht davon, dass mit den üblichen Additionen von Funktionen (gegeben durch die Addition der Funktionswerte) und der Multiplikation mit einer reellen Zahl (Multiplikation der Funktionswerte mit dieser reellen Zahl) ein Vektorraum vorliegt. Wäre dieser Vektorraum endlichdimensional, so würde sich jedes Polynom aus einer Linearkombination endlich vieler Polynome einer Basis ergeben. Man kann zeigen, dass dies zu einem Widerspruch führt, wenn man von einem Polynom hinreichend hohen Grades ausgeht.

Jeder endlichdimensionale Vektorraum lässt sich mit Hilfe einer gegebenen Basis mit dem Raum $\mathbb{R}^n$ identifizieren. Dazu muss einem Element $\vec{x} = \sum_{i=1}^{n} \lambda^i \vec{e}_i$ nur der Vektor $(\lambda^i)_{i=1}^n$ zugeordnet werden.

Jedes System $\mathbf{S} = (\vec{x}_\alpha)_{\alpha \in \Omega}$ von Vektoren $\vec{x}_\alpha$ aus einem Vektorraum $\mathbf{V}$ liefert durch alle endlichen Linearkombinationen einen neuen Vektorraum $\mathbf{W}$, der Teilraum des Ausgangsvektorraumes $\mathbf{V}$ ist. Wir werden uns insbesondere für den Fall einer endlichen Menge $\Omega$ interessieren. Dann bezeichnen wir die Dimension von $\mathbf{W}$ als den Rang von $\mathbf{S}$.

**Definition 5.5.** *(i) Definieren wir im Raum $\mathbb{R}^n$ und $\vec{x}, \vec{y} \in \mathbb{R}^n$ durch*

$$\vec{x} \cdot \vec{y} = \sum_{i=1}^n x_i \, y_i$$

*ein Skalarprodukt, so sprechen wir von einem Euklidischen Raum.*

*(ii) Die nicht negative reelle Zahl $|\vec{x}| = \sqrt{\vec{x} \cdot \vec{x}}$ heißt Norm des Vektors $\vec{x}$.*

Offensichtlich gilt:

**Satz 5.6.** *Für ein Skalarprodukt von Vektoren eines Euklidischen Raumes gilt*

*(i) $\vec{x} \cdot \vec{y} = \vec{y} \cdot \vec{x}$*

*(ii) $\vec{x} \cdot \vec{x} \geq 0$*

*(iii) $\vec{x} \cdot \vec{x} = 0 \leftrightarrow \vec{x} = 0$*

*(iv) Für $\lambda \in \mathbb{R}$ gilt $(\lambda \vec{x}) \cdot \vec{y} = \lambda (\vec{x} \cdot \vec{y})$*

Setzen wir diese Eigenschaften für einen beliebigen Vektorraum voraus, so gelangen wir zum Begriff eines Prähilbertraumes.

**Definition 5.7.** *Wir nennen einen Vektorraum $\mathbf{V}$ Prähilbertraum, wenn in ihm ein Skalarprodukt*

$$\mathbf{V} \times \mathbf{V} \to \mathbb{R}$$

*(für die Elemente $\vec{x}, \vec{y} \in \mathbf{V}$ schreiben wir als Skalarprodukt $(\vec{x}, \vec{y})$) definiert ist, für das folgende Gleichungen gelten:*

*(i) $\vec{x} \cdot \vec{y} = \vec{y} \cdot \vec{x}$*

*(ii) $\vec{x} \cdot \vec{x} \geq 0$*

*(iii) $\vec{x} \cdot \vec{x} = 0 \leftrightarrow \vec{x} = 0$*

*(iv) Für $\lambda \in \mathbb{R}$ gilt $(\lambda \vec{x}) \cdot \vec{y} = \lambda (\vec{x} \cdot \vec{y})$*

Durch $|\vec{x}| = \sqrt{\vec{x} \cdot \vec{x}}$ ist in einem Prähilbertraum eine Norm definiert. Damit ein Prähilbertraum zu einem Hilbertraum wird, ist eine Eigenschaft für Grenzwerte nötig, die für den Euklidischen Raum stets erfüllt ist (jede Cauchyfolge ist konvergent). Unterschiede kann es nur für nicht endlichdimensionale Vektorräume geben.

**Definition 5.8.**   *(i) Eine Folge $(\vec{x}_i)$ von Elementen eines Prähilbertraumes heißt Cauchyfolge, wenn zu jedem $\epsilon > 0$ ein $N_0 \in \mathbb{N}$ existiert, so dass für $i, j \geq N_0$ stets $|\vec{x}_i - \vec{x}_j| < \epsilon$ gilt.*

*(ii) Eine Folge $(\vec{x}_i)$ von Elementen eines Prähilbertraumes heißt konvergent gegen ein $\vec{x}^*$, wenn zu jedem $\epsilon > 0$ ein $N_0 \in \mathbb{N}$ existiert, so dass aus $i \geq N_0$ die Gleichung $|\vec{x}_i - \vec{x}^*| < \epsilon$ folgt. Eine Folge heißt konvergent, wenn es ein Element gibt, gegen das sie konvergiert.*

Wir können nun definieren:

**Definition 5.9.** *Ein Prähilbertraum heißt Hilbertraum, wenn jede Cauchyfolge konvergiert.*

In üblicher Weise verwenden wir:

**Definition 5.10.** *Zwei Elemente eines Euklidischen Raumes oder allgemeiner eines Prähilbertraumes heißen orthogonal, wenn ihr Skalarprodukt Null ist.*

Damit haben wir in Euklidischen Räumen und in Prähilberträumen rechtwinklige Dreiecke und könnten analog zur Elementargeometrie des zweidimensionalen Euklidischen Raumes die Sinus- und Kosinusfunktion mit Verhältnissen am Dreieck einführen.

Wir definieren den zwischen 0 und $2\pi$ liegenden Winkel $\gamma$ zwischen den von den Nullvektoren verschiedenen Vektoren $\vec{x}$ und $\vec{y}$ durch

$$\cos \gamma = \frac{\vec{x} \cdot \vec{y}}{|\vec{x}|\,|\vec{y}|} \quad .$$

Eindeutig bestimmt ist $\gamma$ nur im Intervall $[0, \pi)$, für eine Bestimmung im Intervall $[0, 2\pi)$ ist genauer noch ein Orientierungsbegriff nötig, auf den wir hier aus Platzgründen nicht eingehen können. Man kann zeigen, dass sowohl die Definition des Skalarproduktes als auch diese Definition des Winkels mit den bekannten Formeln der Euklidischen Geometrie im zweidimensionalen Euklidischen Raum (der Euklidischen Ebene) übereinstimmt.

## 5.9 Struktur der Lösung linearer Gleichungssysteme

Wir haben bereits mit Mathematica einführende Beispiele zur Lösung von linearen Gleichungssystemen betrachtet und Aussagen zur Lösungsstruktur angeführt. Es soll hier aus abstrakterer Sichtweise darauf zurückgekommen werden, und es sollen Grundideen der Beweise vorgestellt werden.

Wir betrachten ein System aus $m$ Gleichungen mit $n$ Variablen. Alle Koeffizienten und Komponenten der gesuchten Lösungen seien (zunächst) reelle Zahlen. Es würde sich kein wesentlicher Unterschied ergeben, wenn wir durchgehend mit komplexen Zahlen arbeiten würden.

Wir betrachten das System

$$
\begin{array}{ccccccccc}
a_1^1 x_1 & + & a_1^2 x_2 & + & ... & + & a_1^n x_n & = & b_1 \\
a_2^1 x_1 & + & a_2^2 x_2 & + & ... & + & a_2^n x_n & = & b_2 \\
& & & & ... & & & & \\
a_m^1 x_1 & + & a_m^2 x_2 & + & ... & + & a_m^n x_n & = & b_m
\end{array} \quad .
$$

Verwenden wir die Matrix

$$
\mathbf{A} = (a_i^j) \text{ mit } i = 1, ..., m \quad j = 1, ..., n
$$

und die Spaltenvektoren

$$
\vec{x} = \begin{pmatrix} x_1 \\ x_2 \\ ... \\ x_n \end{pmatrix} \text{ und } \vec{b} = \begin{pmatrix} b_1 \\ b_2 \\ ... \\ b_m \end{pmatrix},
$$

so können wir das Gleichungssystem in Matrizenform als

$$
\mathbf{A} \cdot \vec{x} = \vec{b}
$$

schreiben. $\mathbf{A}$ kann als Abbildung des $\mathbb{R}^n$ in den $\mathbb{R}^m$ betrachtet werden. Hier verwenden wir in Anlehnung an die Summenkonvention untere und obere Indizes für die Matrix, früher hatten wir zwei untere Indizes verwendet.

Man sieht leicht ein, dass das Gleichungssystem sich bis auf Bezeichnungsunterschiede nicht verändert, wenn man zwei Zeilen

$$
a_i^1 x_1 + a_i^2 x_2 + ... + a_i^n x_n = b_i
$$

und

$$
a_j^1 x_1 + a_j^2 x_2 + ... + a_j^n x_n = b_j
$$

$(i, j = 1, ..., m)$ oder zwei Spalten

$$
\begin{array}{cc}
a_1^i x_i & a_1^j x_j \\
a_2^i x_i & a_2^j x_j \\
... & ... \\
a_m^i x_i & a_m^j x_j
\end{array}
\quad \text{und}
$$

$(i, j = 1, .., n)$ miteinander vertauscht.

Addiert man ein Vielfaches einer Zeile zu einer anderen Zeile, so kann man diese Umformung durch die entsprechende Subtraktion wieder rückgängig machen. Es liegen also äquivalente Aussagen vor. Dies bedeutet, dass sich die Lösungsmenge des Gleichungssystems nicht ändert.

Entweder sind von Beginn an alle Elemente der Matrix $\mathbf{A}$ Null, oder es lässt sich durch Vertauschung von Zeilen und Spalten erreichen, dass $a_1^1 \neq 0$ ist. In diesem Fall erhalten wir ein äquivalentes System, wenn wir von der Zeile $i \neq 1$ das $a_i^1 / a_1^1$-fache der ersten Zeile addieren. Wir erhalten damit ein Gleichungssystem, in dem unterhalb des Elementes $a_1^1$ nur Nullen vorkommen.

Die erste Gleichung können wir nach $x_1$ auflösen, in den übrigen Gleichungen kommt $x_1$ nicht mehr vor. Das System der Gleichungen 2 bis $m$ können wir also dadurch lösen, dass wir die erste Zeile und Spalte streichen. Damit liegt wieder unser Ausgangsproblem vor, nur dass sich $n$ und $m$ um jeweils 1 reduziert haben.

Wir können also die Umformungen wiederholen, bis entweder entweder alle Zeilen oder alle Spalten verwendet wurden oder die verbleibende Matrix $\mathbf{A}$ die nur noch Elemente Null enthält. Damit haben wir folgende Trapezgestalt erhalten (gegebenenfalls nach Bezeichnungswechsel durch Vertauschung von Zeilen und Spalten): Es gibt eine nichtnegative ganze Zahl $r$ mit $r \leq n, m$ mit:

(i) In der Teilmatrix von $\mathbf{A}$, die aus den ersten $r$ Zeilen und Spalten besteht, sind alle Hauptdiagonalelemente $a_i^i$ mit $i = 1, ...r$ verschieden von Null und die unter der Hauptdiagonalen stehenden Elemente alle Null.

(ii) Die Zeilen $i > r$ (falls derartige für $r < m$ existieren) haben nur Koeffizienten Null.

Damit sind wir bereits auf einen Widerspruch gestoßen, wenn auf der rechten Seite des umgeformten Systems im Spaltenvektor bei einer Position größer als $r$ ein von Null verschiedenes Element auftritt. Dies bedeutet, dass das Gleichungssystem in diesem Fall keine Lösung besitzt.

Wir können weiter durch analoge Subtraktion von Vielfachen von Zeilen des Systems zu anderen Zeilen des Systems erreichen, dass alle Elemente oberhalb der Hauptdiagonalen der ersten $r$ Zeilen und Spalten von $\mathbf{A}$ Null sind (die sogenannte Rücktransformation).

Wenn das System nicht wie beschrieben zu einem Widerspruch führt, können wir alle Zeile ab nach der Zeile $r$ weglassen (falls solche existieren). Damit haben wir das System in die Gestalt

$$\mathbf{D} \cdot \begin{pmatrix} x_1 \\ x_2 \\ \dots \\ x_r \end{pmatrix} + \mathbf{F} \cdot \begin{pmatrix} x_{r-1} \\ \dots \\ x_n \end{pmatrix} = \begin{pmatrix} b_1 \\ b_2 \\ \dots \\ b_r \end{pmatrix}$$

gebracht, wobei $\mathbf{D}$ die Diagonalmatrix mit den Diagonalelementen $a_i^i$ mit $i = 1, ..r$ ist und $\mathbf{F}$ die Teilmatrix von $\mathbf{A}$ ab der Spalte $r + 1$ bis $n$ und von der Zeile 1 bis $r$ ist. Man sieht nun direkt, dass das System nach $x_1$ bis $x_r$ eindeutig aufgelöst werden kann, wobei $x_i$ für $i = r + 1, ..., n$ willkürlich wählbare Konstanten sind. Damit hat die Menge der Lösungen des Gleichungssystems die Struktur eines Vektorraumes.

Wir betrachten den Vektorraum, der durch die Zeilen- oder durch die Spaltenvektoren der gegebenen Matrix $\mathbf{A}$ erzeugt wird. Man sieht leicht, dass durch keine der vorgenommenen Umformungen die Dimension dieser Vektorräume verändert wird. Außerdem ist leicht zu erkennen, dass in der umgeformten Gestalt des Systems unter Verwendung der Diagonalmatrix $\mathbf{D}$ sowohl der durch die Zeilenvektoren als auch der durch die Spaltenvektoren aufgespannte Raum die Dimension $r$ hat. Also hatten auch die ursprünglichen durch die Zeilen- und Spaltenvektoren aufgespannten Vektorräume die gleiche Dimension. Es gilt also:

**Satz 5.11.** *Die durch die Spaltenvektoren und die durch die Zeilenvektoren einer Matrix* $\mathbf{A}$ *erzeugten Vektorräume haben die gleiche Dimension.*

Wir definieren:

**Definition 5.12.** *Die durch die Dimension des von den Zeilen- oder Spaltenvektoren einer Matrix* $\mathbf{A}$ *erzeugten Vektorraumes bezeichnen wir als den Rang der Matrix.*

Ersetzt man die rechte Seite

$$\begin{pmatrix} b_1 \\ b_2 \\ \dots \\ b_m \end{pmatrix}$$

des gegebenen Ursprungssystems durch den entsprechenden Nullvektor, so sprechen wir vom zugehörigen homogenen System. Wir haben alle in der einleitenden Betrachtung aufgestellten Behauptungen über die Lösungsstruktur linearer Gleichungssysteme somit bewiesen.

Als Folgerung erhalten wir:

**Satz 5.13.**   *(i) Die zu einer Matrix* **A** *mit n Zeilen und n Spalten gehörige Abbildung des* $\mathbb{R}^n$ *in sich ist genau dann bijektiv (d.h. eineindeutig und jedes Element des Vektorraumes ist Bildelement), wenn* **A** *den Rang n hat.*

*(ii) Hat* **A** *den Rang n, so ist* **A** *invertierbar, d.h. es existiert eine Matrix* **B** *mit n Zeilen und Spalten, so dass* $\mathbf{A} \cdot \mathbf{B} = \mathbf{B} \cdot \mathbf{A} = \mathbf{E}$ *für die Einheitsmatrix* **E** *aus n Zeilen und Spalten gilt.*

## 5.10   Einführung in Zusammenhänge zwischen algebraischen und analytischen Modellen

Wir beginnen mit den kleinsten quadratischen Matrizen, die nicht mit dem Körper $\mathbb{R}$ ihrer Elemente selbst zusammenfallen, nämlich mit den zweireihigen Matrizen (mit reellen Elementen). Determinanten sind in einer Reihe von Zusammenhängen in diesem Kapitel aufgetreten. Wir wollen als zusätzliche Strukturbedingung fordern, dass die zu betrachtenden Matrizen die Determinante 1 haben und bezeichnen den entstehenden Raum als $\mathbf{SL}(2,\mathbb{R})$, SL steht dabei für speziell linear:

$$SL(2,\mathbb{R}) = \left\{ \begin{pmatrix} a & b \\ c & d \end{pmatrix} \mid a,b,c,d \in \mathbb{R},\, ad - bc = 1 \right\} \quad .$$

Wir betrachten die Teilmengen $\mathbf{M}_a$, $\mathbf{M}_b$, $\mathbf{M}_c$ bzw. $\mathbf{M}_d$ von $\mathbf{SL}(2,\mathbb{R})$, die durch $a \neq 0$, $b \neq 0$, $c \neq 0$ bzw. $d \neq 0$ gegeben sind. Jede Matrix aus $\mathbf{SL}(2,\mathbb{R})$ liegt in mindestens einer dieser Teilmengen:

$$\mathbf{M}_a = \left\{ \begin{pmatrix} a & b \\ c & \frac{1+bc}{a} \end{pmatrix} \mid a,b,c,d \in \mathbb{R},\, a \neq 0 \right\} \quad ,$$

$$\mathbf{M}_b = \left\{ \begin{pmatrix} a & b \\ \frac{ad-1}{b} & d \end{pmatrix} \mid a,b,c,d \in \mathbb{R},\, b \neq 0 \right\} \quad .$$

In $\mathbf{M}_a$ können wir $(a,b,c)$ als Koordinaten auffassen, in $\mathbf{M}_b$ entsprechend $(a,b,d)$. Im gemeinsamen Definitionsbereich von $\mathbf{M}_a$ und $\mathbf{M}_b$, d.h. $a \neq 0$ und $b \neq 0$ erhalten wir die Umrechnung von den Koordinaten aus $\mathbf{M}_a$ in die Koordinaten von $\mathbf{M}_b$ durch

$$(a,b,c) \rightarrow \left( a, b, \frac{1+bc}{a} \right)$$

und die entsprechende Umkehrung durch

$$(a, b, d) \rightarrow \left(a, b, \frac{ad - 1}{b}\right) \quad .$$

Diese Abbildungen sind im gemeinsamen Definitionsbereich unendlich oft differenzierbar. $\mathbf{SL}(2, \mathbb{R})$ ist ein Beispiel des allgemeineren Konzeptes differenzierbarer Mannigfaltigkeiten, die Teilmengen $\mathbf{M}_a,...$ werden (wenn geeignete Axiome erfüllt sind), als Karten bezeichnet.

$\mathbf{SL}(2, \mathbb{R})$ wird mit der Matrizenmultiplikation zu einer Gruppe. Dazu ist der Multiplikationssatz für Determinanten zu verwenden:

$$det(\mathbf{A} \cdot \mathbf{B}) = det(\mathbf{A}) \, det(\mathbf{B}) \quad .$$

Wir wollen nun dem Konzept dynamischer Systeme folgend einparametrige Untergruppen von $\mathbf{SL}(2, \mathbb{R})$ betrachten. Die erste davon hängt direkt mit der Exponentialfunktion und ihrer Funktionalgleichung zusammen:

$$\mathbf{U}_1 = \left\{ U_1(t) = \begin{pmatrix} e^{t/2} & 0 \\ 0 & e^{-t/2} \end{pmatrix} \mid t \in \mathbb{R} \right\} \quad .$$

Offensichtlich ist $\mathbf{U}_1$ eine Teilmenge von $\mathbf{SL}(2, \mathbb{R})$. Damit eine einparametrige Untergruppe vorliegt, muss gelten:

$$\begin{pmatrix} e^{t_1/2} & 0 \\ 0 & e^{-t_1/2} \end{pmatrix} \cdot \begin{pmatrix} e^{t_2/2} & 0 \\ 0 & e^{-t_2/2} \end{pmatrix} = \begin{pmatrix} e^{(t_1+t_2)/2} & 0 \\ 0 & e^{-(t_1+t_2)/2} \end{pmatrix} \quad .$$

Dies ist gleichwertig zu

$$e^{t_1} \, e^{t_2} = e^{t_1+t_2} \quad .$$

Letztere Gleichung hatten wir als Funktionalgleichungsmodell betrachtet, das unter der Stetigkeitsvoraussetzung als eindeutig bestimmte Lösung die Exponentialfunktion ergibt.

Als nächstes betrachten wir Matrizen unter Verwendung hyperbolischer Winkelfunktionen:

$$\mathbf{U}_2 = \left\{ U_2(\tau) = \begin{pmatrix} \cosh(\tau/2) & \sinh(\tau/2) \\ \sinh(\tau/2) & \cosh(\tau/2) \end{pmatrix} \mid \tau \in \mathbb{R} \right\} \quad .$$

Dies ist wegen des bereits betrachteten Zusammenhangs zwischen hyperbolischem Sinus und hyperbolischem Kosinus, nämlich

$$\cosh^2 \tau - \sinh^2 \tau = 1 \quad ,$$

ebenfalls eine Teilmenge von $\mathbf{SL}(2, \mathbb{R})$. Die sich aus der Forderung einer einparametrigen Untergruppe ergebende Multiplikationsformel lautet

$$\begin{pmatrix} \cosh(\tau_1/2) & \sinh(\tau_1/2) \\ \sinh(\tau_1/2) & \cosh(\tau_1/2) \end{pmatrix} \cdot \begin{pmatrix} \cosh(\tau_2/2) & \sinh(\tau_2/2) \\ \sinh(\tau_2/2) & \cosh(\tau_2/2) \end{pmatrix}$$

$$= \begin{pmatrix} \cosh((\tau_1 + \tau_2)/2) & \sinh((\tau_1 + \tau_2)/2) \\ \sinh((\tau_1 + \tau_2)/2) & \cosh((\tau_1 + \tau_2)/2) \end{pmatrix} \quad .$$

Diese Gleichung ist unter Verwendung des betrachteten Zusammenhangs zwischen der hyperbolischen Sinus- und Kosinusfunktion äquivalent mit den Additionstheoremen der hyperbolischen Winkelfunktionen, die sich durch Einsetzen rein imaginärer Argumente in das Additionstheorem der (nicht hyperbolischen) Winkelfunktionen ergeben:

$$\cosh(\tau_1 + \tau_2) = \cosh\tau_1 \cosh\tau_2 + \sinh\tau_1 \sinh\tau_2$$
$$\sinh(\tau_1 + \tau_2) = \sinh\tau_1 \cosh\tau_2 + \cosh\tau_1 \sinh\tau_2 \quad .$$

Wir wollen eine interessante physikalische Interpretation der Matrizen aus $\mathbf{U}_2$ als Abbildungen des $\mathbb{R}^2$ in sich geben. Wir betrachten (hier ist es günstiger $\tau$ anstelle von $\tau/2$ zu verwenden):

$$\begin{pmatrix} y_1 \\ y_0 \end{pmatrix} = \begin{pmatrix} \cosh\tau & \sinh\tau \\ \sinh\tau & \cosh\tau \end{pmatrix} \begin{pmatrix} x_1 \\ x_0 \end{pmatrix} \quad .$$

Setzen wir mit einer Konstanten $c$, die wir physikalisch als Lichtgeschwindigkeit interpretieren wollen,

$$\tanh\tau = \frac{v}{c} \quad ,$$

so können wir zunächst einige Umformungen vornehmen. Durch Quadrieren und der Quotientendarstellung des hyperbolischen Tangens aus hyperbolischen Sinus und hyperbolischen Kosinus folgt

$$\frac{\sinh^2\tau}{\cosh^2\tau} = \frac{v^2}{c^2} \quad .$$

Es folgt

$$\frac{\cosh^2\tau - 1}{\cosh^2\tau} = \frac{v^2}{c^2}$$

und damit

$$1 - \frac{1}{\cosh^2\tau} = \frac{v^2}{c^2}$$

sowie

$$\cosh\tau = \frac{1}{\sqrt{1 - \frac{v^2}{c^2}}} \quad .$$

Aus obigen Gleichungen folgt weiterhin

$$\sinh \tau = \frac{\frac{v}{c}}{\sqrt{1 - \frac{v^2}{c^2}}} \quad .$$

Damit können wir die obige Transformationsformel umformulieren zu

$$y_1 = \frac{x_1 + \frac{v}{c}x_0}{\sqrt{1 - \frac{v^2}{c^2}}}$$

und

$$y_0 = \frac{x_0 + \frac{v}{c}x_1}{\sqrt{1 - \frac{v^2}{c^2}}} \quad .$$

Damit haben wir (zunächst für den Fall einer Raumdimension und der Zeitdimension) die Lorenztransformationen der speziellen Relativitätstheorie erhalten. $x_0/c$ und $y_0/c$ wird dabei als Zeit in den jeweiligen Inertialsystemen interpretiert.

Man kann weiterhin zeigen, dass die Gleichung

$$\begin{pmatrix} y_1 \\ y_0 \end{pmatrix} = \begin{pmatrix} a & b \\ c & d \end{pmatrix} \begin{pmatrix} x_1 \\ x_0 \end{pmatrix}$$

mit den zusätzlichen Bedingungen

$$-(x_0)^2 + (x_1)^2 = -(y_0)^2 + (y_1)^2$$

(Invarianz der Minkowski-Metrik) und

$$det \begin{pmatrix} a & b \\ c & d \end{pmatrix} > 0$$

(Orientierungserhaltung) zu Lösungen aus $\mathbf{U}_2$ führen.

Als nächstes betrachten wir Matrizen unter Verwendung der (nicht hyperbolischen) Winkelfunktionen:

$$\mathbf{U}_3 = \left\{ U_3(\phi) = \begin{pmatrix} \cos(\phi/2) & \sin(\phi/2) \\ -\sin(\phi/2) & \cos(\phi/2) \end{pmatrix} \mid \phi \in [0, 4\pi] \right\} \quad .$$

Dies ist wiederum wegen des Zusammenhangs zwischen Sinus und Kosinus, nämlich

$$\sin^2 \phi + \cos^2 \phi = 1$$

eine Teilmenge von $\mathbf{SL}(2, \mathbb{R})$.

Die sich aus der Forderung einer einparametrigen Untergruppe ergebende Multiplikationsformel lautet in diesem Fall

$$\begin{pmatrix} \cos(\phi_1/2) & \sin(\phi_1/2) \\ -\sin(\phi_1/2) & \cos(\phi_1/2) \end{pmatrix} \cdot \begin{pmatrix} \cos(\phi_2/2) & \sin(\phi_2/2) \\ -\sin(\phi_2/2) & \cos(\phi_2/2) \end{pmatrix}$$

$$= \begin{pmatrix} \cos((\phi_1+\phi_2)/2) & \sin((\phi_1+\phi_2)/2) \\ -\sin((\phi_1+\phi_2)/2) & \cos((\phi_1+\phi_2)/2) \end{pmatrix} \quad .$$

Diese Gleichung ist unter Verwendung des bereits betrachteten Zusammenhangs zwischen Sinus- und Kosinusfunktion äquivalent mit den Additionstheoremen der Winkelfunktionen:

$$\begin{aligned} \cos(\phi_1+\phi_2) &= \cos\phi_1\cos\phi_2 - \sin\phi_1\sin\phi_2 \\ \sin(\phi_1+\phi_2) &= \sin\phi_1\cos\phi_2 + \cos\phi_1\sin\phi_2 \quad . \end{aligned}$$

Die drei betrachteten einparametrigen Untergruppen von $\mathbf{SL}(2,\mathbb{R})$ ergeben in einem gewissen Sinn eine vollständige Beschreibung. Man kann nämlich zeigen das jedes Element aus $\mathbf{SL}(2,\mathbb{R})$ eindeutig als Produkt

$$\begin{pmatrix} e^{t/2} & 0 \\ 0 & e^{-t/2} \end{pmatrix} \begin{pmatrix} \cosh(\tau) & \sinh(\tau) \\ \sinh(\tau) & \cosh(\tau) \end{pmatrix} \begin{pmatrix} \cos(\phi) & \sin(\phi) \\ -\sin(\phi) & \cos(\phi) \end{pmatrix}$$

dargestellt werden kann (Iwasawa-Zerlegung).

Wir haben gesehen, dass die Kurven $U_i(t)$ $(1=1,2,3)$ einparametrige Gruppen sind, die Untergruppen von $\mathbf{SL}(2,\mathbb{R})$ sind. Sie sind nach $t$ differenzierbar. Wir betrachten die Ableitungen im Punkt $t=0$.

$$X_1 = \frac{d}{dt}U_1(t)_{|t=0} = \frac{d}{dt}\begin{pmatrix} e^{t/2} & 0 \\ 0 & e^{-t/2} \end{pmatrix}_{|t=0} = \frac{1}{2}\begin{pmatrix} 1 & 0 \\ 0 & -1 \end{pmatrix}$$

sowie

$$X_2 = \frac{d}{d\tau}U_2(\tau)_{|t=0} = \frac{d}{d\tau}\begin{pmatrix} \cosh(\tau/2) & \sinh(\tau/2) \\ \sinh(\tau/2) & \cosh(\tau/2) \end{pmatrix}_{|t=0} = \frac{1}{2}\begin{pmatrix} 0 & 1 \\ 1 & 0 \end{pmatrix}$$

und

$$X_3 = \frac{d}{d\phi}U_2(\phi)_{|t=0} = \frac{d}{d\phi}\begin{pmatrix} \cos(\phi_1/2) & \sin(\phi_1/2) \\ -\sin(\phi_1/2) & \cos(\phi_1/2) \end{pmatrix}_{|t=0} = \frac{1}{2}\begin{pmatrix} 0 & 1 \\ 1 & 0 \end{pmatrix} \quad .$$

Die Summe der Hauptdiagonalelemente (als Spur bezeichnet) von $X_i$, $(i=1,2,3)$ ist 0, diese Matrizen werden auch als spurfrei bezeichnet.

Umgekehrt erhalten wir durch die Exponentialfunktion für Matrizen aus $X_i t$ wieder $U_i(t)$. Dazu berechnen wir

$$\exp X = E + X + \frac{X^2}{2!} + \frac{X^3}{3!} + \dots + \frac{X^n}{n!} + \dots = \sum_{i=0}^{\infty} \frac{X^i}{i!}$$

für

$$X = \begin{pmatrix} a & b \\ c & d \end{pmatrix}$$

mit $a + d \neq 0$ (spurfrei) und der Einheitsmatrix

$$E = \begin{pmatrix} 1 & 0 \\ 0 & 1 \end{pmatrix} \quad .$$

Zunächst gilt

$$X^2 = \begin{pmatrix} a & b \\ c & d \end{pmatrix} \begin{pmatrix} a & b \\ c & d \end{pmatrix} = \begin{pmatrix} a^2 + bc & 0 \\ 0 & a^2 + bc \end{pmatrix} = -\det X\, E \quad .$$

Für die Berechnung war die Spurfreiheit von $X$ wesentlich. Es folgt

$$
\begin{aligned}
\exp X &= E \sum_{i=0}^{\infty} (-1)^i \frac{(\det X)^i}{(2i)!} + X \sum_{i=0}^{\infty} (-1)^i \frac{(\det X)^i}{(2i+1)!} \\
&= \begin{cases} E \cos \sqrt{\det X} + \dfrac{\sin(\sqrt{\det X})}{\sqrt{\det X}} X & \text{für} \quad \det X > 0 \\[2ex] \cosh \sqrt{-\det X} + \dfrac{\sinh(\sqrt{-\det X})}{\sqrt{-\det X}} X & \text{für} \quad \det X < 0 \end{cases} \quad .
\end{aligned}
$$

Damit erhalten wir

$$
\begin{aligned}
\exp(t\,X_1) &= \cosh t/2\, E + \frac{\sinh t/2}{t/2} \begin{pmatrix} t & 0 \\ 0 & -t \end{pmatrix} \\
&= \begin{pmatrix} e^{t/2} & 0 \\ 0 & e^{-t/2} \end{pmatrix}
\end{aligned}
$$

und analog

$$\exp(t\,X_2) = \begin{pmatrix} \cosh t/2 & \sinh t/2 \\ \sinh t/2 & \cosh t/2 \end{pmatrix}$$

sowie

$$\exp(t\,X_3) = \begin{pmatrix} \cos t/2 & \sin t/2 \\ -\sin t/2 & \cos t/2 \end{pmatrix} \quad .$$

Damit haben wir in der einen Richtung durch Bildung der Ableitung der einparametrigen Untergruppe und in der anderen Richtung durch die Exponentialfunktion den Zusammenhang zwischen $U_i(t)$ und $X_i(t)$ ($i = 1, 2, 3$) hergestellt.

Die Gruppenmultiplikation der einparametrigen Untergruppen $U_i(t)$ von $\mathbf{SL}(2,\mathbb{R})$ sind die Matrizenmultiplikationen. Dagegen erzeugen $X_i$ ($i = 1, 2, 3$) bezüglich der Matrizenaddition den Vektorraum der spurfreien 2x2-Matrizen. Der Vektorraum der 2x2-Matrizen hat zunächst die Dimension 4, durch die Bedingung der Spurfreiheit wird dann die Dimension um 1 reduziert.

Neben der additiven Struktur der Matrizenaddition führen wir im Vektorraum der spurfreien 2x2-Matrizen eine zusätzliche multiplikative Struktur durch Kommutatorbildung ein:

$$[X, Y] = X\,Y - Y\,X \quad .$$

Bei vertauschbaren Matrizen ist der Kommutator die Nullmatrix. Allgemein kann man interpretieren, dass der Kommutator ein Maß für die Abweichung von der Vertauschbarkeit der Reihenfolge der Matrizenmultiplikation ist.

Man kann direkt nachrechnen, dass der Kommutator zweier spurfreien Matrizen wieder spurfrei ist. Weiterhin gilt

$$
\begin{aligned}
{[X_1, X_2]} &= -[X_2, X_1] = & X_3 \\
{[X_1, X_3]} &= -[X_3, X_1] = & X_2 \\
{[X_2, X_3]} &= -[X_3, X_2] = & -X_1 \quad .
\end{aligned}
$$

Den Raum der spurfreien 2x2-Matrizen mit der üblichen Vektoraddition und der Multiplikation mit dem Kommutator bezeichnen wir als als Lie-Algebra $\mathbf{sl}(2,\mathbb{R})$ zur Lie-Gruppe $\mathbf{SL}(2,\mathbb{R})$.

Abschließend wollen wir noch anmerken, dass $\mathbf{SL}(2,\mathbb{R})$ als Transformationsgruppe für die komplexe Zahlenebene wirkt, indem wir einer Matrix

$$\begin{pmatrix} a & b \\ c & d \end{pmatrix} \in \mathbf{SL}(2,\mathbb{R})$$

die Möbiustransformation

$$z \longmapsto \frac{az + b}{cz + d} \quad \text{für} \quad z \in \mathbb{C}$$

zuordnen. Die Hintereinanderausführung zweier derartiger Transformationen ergibt sich auch als Transformation, die der Multiplikation der Matrizen entspricht. Die Umkehrtransformation entspricht der inversen Matrix. Man kann direkt nachrechnen, dass $\mathbb{R}$ auf sich abgebildet wird. Ebenfalls wird die obere Halbebene $\mathbb{H}$ auf sich abgebildet. $\mathbb{H}$ führt zum Poincaré-Modell des zweidimensionalen hyperbolischen Raumes, der als Modell einer nichteuklidischen Geometrie historisch eine bedeutsame Rolle spielt.

## 5.11  Transformationsformeln für Gebietsintegrale und Differentiale als Basiselemente von Graßmann-Algebren

Es seien $G_1$ und $G_2$ Gebiete (offene Mengen und wegweise zusammenhängend) des $\mathbb{R}^2$ und $f : G_1 \to G_2$ sei ein Diffeomorphismus (bijektiv und in beiden Richtungen differenzierbar), d.h. es existiert die Umkehrabbildung $f^{-1}$ von $f$ und $f^{-1}$ ist ebenfalls differenzierbar. Es seien $(x, y)$ Koordinaten in $G_1$ und $(u, v)$ Koordinaten in $G_2$. Dann gilt also

$$f(x, y) = (u, v)$$

bzw.

$$f^{-1}(u, v) = (x, y)$$

oder entsprechend mit den Komponenten $f_1, f_2$ von $f$:

$$
\begin{aligned}
u &= f_1(x, y) \\
v &= f_2(x, y) \quad .
\end{aligned}
$$

Ist $x = x(t)$, $y = y(t)$ eine stetig differenzierbare Kurve, so gilt nach der Kettenregel der Differentialrechnung

$$
\begin{aligned}
\frac{du}{dt} &= \frac{\partial f_1}{\partial x}\frac{dx}{dt} + \frac{\partial f_1}{\partial y}\frac{dy}{dt} \\
\frac{dv}{dt} &= \frac{\partial f_2}{\partial x}\frac{dx}{dt} + \frac{\partial f_2}{\partial y}\frac{dy}{dt} \quad .
\end{aligned}
$$

Man sagt auch, dass den „unendlich kleinen Veränderungen" $dx$ und $dy$ der $x$- und $y$-Koordinaten die Veränderungen $du$ und $dv$ der $u$- und $v$-Koordinaten nach dieser Formel zugeordnet sind:

$$
\begin{aligned}
du &= \frac{\partial f_1}{\partial x}\,dx + \frac{\partial f_1}{\partial y}\,dy \\
dv &= \frac{\partial f_2}{\partial x}\,dx + \frac{\partial f_2}{\partial y}\,dy \quad .
\end{aligned}
$$

Eine genauere Formulierung würde den Begriff des Tangentialraumes einer Mannigfaltigkeit erfordern. Eine Verwendung der anschaulich eingeführten Differentiale ist in der Ingenieurmathematik geläufig. Die Gleichungen beschreiben lokal eine Linearisierung der i.A. nicht linearen Transformation $f$ der Gebiete.

Wir wollen die von den Vektoren $\vec{a}$ und $\vec{b}$ aus dem $\mathbb{R}^n$ aufgespannte (Parallelogramm-) Fläche $F$ betrachten. Mit Basisvektoren einer orthonormalen Basis $\vec{e_1}$ und $\vec{e_2}$ folgt in der durch $\vec{a}$ und $\vec{b}$ aufgespannten Ebene unter Verwendung der Komponentendarstellung

$$
\begin{aligned}
\vec{a} &= a_1\,\vec{e_1} + a_2\,\vec{e_2} = a_1\,(1,0) + a_2\,(0,1) \\
\vec{b} &= b_1\,\vec{e_1} + b_2\,\vec{e_2} = b_1\,(1,0) + b_2\,(0,1) \quad .
\end{aligned}
$$

O.B.d.A. sei $a_1 > b_1$ und $b_2 > a_2$ (sonst muss nur eine Umbezeichnung bzw. eine analoge Betrachtung durchgeführt werden). Durch eine Zerlegung des Rechtecks mit den Eckpunkten $(0,0)$, $(a_1,0)$, $(a_1,b_2)$ und $(0,b_2)$ in die Dreiecke mit den Koordinaten

- $(0,0)$, $(a_1,0)$, $(a_1,a_2)$

- $(0,0)$, $(b_1,b_2)$, $(0,b_2)$

- $(0,0)$, $(a_1,a_2)$, $(b_1,b_2)$

- $(a_1,a_2, a_1,b_2)$, $(b_1,b_2)$

erhalten wir

$$F/2 = a_1 b_1 - \frac{a_1 a_2}{2} - \frac{b_1 b_2}{2} - \frac{(a_1 - b_1)(b_2 - a_2)}{2}$$

und damit

$$F/2 = \frac{a_1 b_2 - b_1 a_2}{2}$$

sowie

$$F = det \begin{pmatrix} a_1 & a_2 \\ b_1 & b_2 \end{pmatrix} \quad .$$

Analog kann man zeigen, dass $k$ linear unabhängige Vektoren in dem durch sie aufgespannten $k$-dimensionalen Vektorraum mit den Koordinaten

$$\vec{x_1} = (x_{1,1}, ..., x_{1,k})$$

$$...$$

$$\vec{x_k} = (x_{k,1}, ..., x_{k,k})$$

einer orthonormalen Basis ein Parallelepiped mit dem Volumen

$$F = det \begin{pmatrix} x_{1,1} & ... & x_{1,k} \\ & ... & \\ x_{k,1} & ... & x_{k,k} \end{pmatrix}$$

aufspannen.

Wir bilden zunächst aus $k$ Basisvektoren $e_{i_1}, ..., e_{i_k}$ ($e_{i_j} \in \{e_1, ..., e_n\}$) ein formales Symbol

$$e_{i_1} \wedge ... \wedge e_{i_k} \quad .$$

Es soll die antisymmetrische Beziehung

$$e_i \wedge e_j = -e_j \wedge e_i$$

( $i, j \in \{1, ... n\}$ ) gelten. Mit den so definierten Basiselementen bilden wir durch Linearkombinationen einen Vektorraum. Dann ist eine weitere Operation $\wedge$ auf diesem Vektorraum definiert, indem wir für die Addition im Vektorraum und $\wedge$ die üblichen Assoziativ- und Kommutativgestze verwenden, wir sprechen dann von einer „Graßmann-Algebra".

Im zweidimensionalen Fall haben wir lediglich

$$e_1 \wedge e_2 = -e_2 \wedge e_1$$

sowie $e_1 \wedge e_1 = 0$ und $e_2 \wedge e_2 = 0$ zu verwenden. Wir erhalten dann für die oben betrachteten Vektoren $\vec{a}$ und $\vec{b}$ die Gleichung

$$
\begin{aligned}
\vec{a} \wedge \vec{b} &= (a_1 \vec{e_1} + a_2 \vec{e_2}) \wedge (b_1 \vec{e_1} + b_2 \vec{e_2}) \\
&= (a_1 b_2 - a_2 b_1) \vec{e_1} \wedge \vec{e_2} \\
&= det \begin{pmatrix} a_1 & a_2 \\ b_1 & b_2 \end{pmatrix} \vec{e_1} \wedge \vec{e_2} \quad .
\end{aligned}
$$

Es wird in der Literatur auch $a_1 b_2 - a_2 b_1$ als Flächenprodukt (Ergebnis: reell) der Vektoren $\vec{a}$ und $\vec{b}$ bezeichnet, dies ist aber sowohl in Bezug auf die durch $\vec{e_1}$ und $\vec{e_2}$ gegebene Orientierung als auch bezüglich einer Verallgemeinerung auf mehr als zweidimensionale Vektorräume ungünstiger als die Verwendung des durch $\vec{e_1} \wedge \vec{e_2}$ aufgespannten eindimensionalen Vektorraumes.

Im $\mathbb{R}^n$ ist das Skalarprodukt der Vektoren $\vec{a}$ und $\vec{b}$, die bezüglich einer orthonormalen Basis $\vec{e_i}$ ($i = 1, ..., n$) durch $\vec{a} = a_1 \vec{e_1} + ... + a_n \vec{e_n}$ und $\vec{b} = b_1 \vec{e_1} + ... + b_n \vec{e_n}$ gegeben sind, durch $\vec{a} \cdot \vec{b} = a_1 b_1 + ... + a_n b_n$ definiert. In einem derartigen Euklidischen Vektorraum (allgemeiner in einem Prähilbertraum) gilt für das Skalarprodukt und die aus der Wurzel des Skalarprodukt der Vektoren $\vec{a}$ und $\vec{b}$ mit sich selbst definierten Längen $|\vec{a}|$, $|\vec{b}|$ die Cauchy-Schwarzsche Ungleichung

$$|\vec{a} \cdot \vec{b}| \le |\vec{a}| \, |\vec{b}| \quad .$$

Dies lässt sich mit der eben verwendeten Gleichung für das Skalarprodukt in wenigen Zeilen nachrechnen. Wir können dann den Winkel zwischen $\vec{a}$ und $\vec{b}$ durch

$$\cos \phi = \frac{|\vec{a} \cdot \vec{b}|}{|\vec{a}| \, |\vec{b}|}$$

mit $0 \le \phi \le \pi/2$ definieren. Es gilt

$$|\vec{a} - \vec{b}|^2 = |\vec{a}|^2 + |\vec{a}|^2 - 2\vec{a} \cdot \vec{b} \cos \phi \quad .$$

Bei orthogonalen Transformationen des $n$-dimensionalen Euklidischen Raumes bleiben Längen und Winkel erhalten. Wir wollen zeigen, dass das oben eingeführte

Flächenprodukt der Vektoren $\vec{a}$ und $\vec{b}$ nur von deren Länge und dem Winkel zwischen ihnen abhängt. Genauer wollen wir zeigen, dass $F = |\vec{a}|\,|\vec{b}|\sin\phi$ gilt. Nach der oben betrachteten Darstellung gilt für die verwendete Definition des Skalarproduktes

$$(a_1 b_1 + a_1 b_2)^2 = (a_1^2 + a_2^2)(b_1^2 + b_2^2)\cos^2\phi \quad .$$

Man sieht aber durch direktes Nachrechnen, dass dies äquivalent zur Behauptung

$$(a_1 b_1 - a_1 b_2)^2 = (a_1^2 + a_2^2)(b_1^2 + b_2^2)\sin^2\phi$$

ist.

Wenden wir nun das Flächenprodukt auf die oben betrachteten Differentiale an, erhalten wir

$$
\begin{aligned}
du \wedge dv &= \left(\frac{\partial f_1}{\partial x}dx + \frac{\partial f_1}{\partial y}dy\right) \wedge \left(\frac{\partial f_2}{\partial x}dx + \frac{\partial f_2}{\partial y}dy\right) \\
&= \left(\frac{\partial f_1}{\partial x}\frac{\partial f_2}{\partial y} - \frac{\partial f_1}{\partial y}\frac{\partial f_2}{\partial x}\right) dx \wedge dy \\
&= D\,dx \wedge dy
\end{aligned}
$$

mit der Funktionaldeterminante

$$D = \frac{D(f_1, f_2)}{D(x, y)} = \frac{\partial f_1}{\partial x}\frac{\partial f_2}{\partial y} - \frac{\partial f_1}{\partial y}\frac{\partial f_2}{\partial x} \quad .$$

Entsprechend gilt für die Umkehrabbildung $f^{-1}$ die Gleichung

$$dx \wedge dy = \frac{D(f_1^{-1}, f_2^{-1})}{D(u, v)}du \wedge dv \quad .$$

Als ein Beispiel ergibt sich für die Umrechnung von kartesischen Koordinaten $(x, y)$ in Polarkoordinaten $(r, \phi)$ durch

$$
\begin{aligned}
x &= r\cos\phi \\
y &= r\sin\phi
\end{aligned}
$$

mit den Umkehrtransformationen

$$
\begin{aligned}
r &= \sqrt{x^2 + y^2} \\
\phi &= \arctan\left(\frac{y}{x}\right)
\end{aligned}
$$

die Gleichung

$$
\begin{aligned}
\frac{D(x, y)}{D(r, \phi)} &= \frac{\partial x}{\partial r}\frac{\partial y}{\partial \phi} - \frac{\partial y}{\partial r}\frac{\partial x}{\partial \phi} \\
&= \cos\phi\, r\cos\phi + \sin\phi\, r\sin\phi \\
&= r \quad .
\end{aligned}
$$

# 6 Populationen mit Wechselwirkung. Eigenschaften und Anwendungen dynamischer Systeme in Biologie und Medizin

## 6.1 Das Lotka - Volterra - System als Räuber-Beute-Modell

Die Gleichungen

$$\frac{db}{dt} = c_1 b \qquad (150)$$

$$\frac{dr}{dt} = -c_4 r \qquad (151)$$

führen für zwei zeitabhängige Populationen $b(t)$ (Beute) und $r(t)$ (Räuber) nach den Betrachtungen aus Kapitel 3 bei $c_1, c_4 > 0$ zu einem wechselwirkungsfreien Verhalten mit einem exponentiellen Wachstum (für die Beute) bzw. einer exponentiellen Abnahme (für den Räuber).

Wir können diese beiden Teilpopulationen mit einer bilinearen Wechselwirkung koppeln. Bilinear ist ein sowohl in $b = b(t)$ als auch in $r = r(t)$ linearer Term

$$b\,r = b(t)\,r(t) \qquad ,$$

der also in der Summe der Ordnungen in $b$ und $r$ quadratisch ist. Insofern ist die Modellnähe zu der in Kapitel 3 betrachteten Situation mit einem quadratischen Term gegeben. Inhaltlich sinnvoll ist in der betrachteten Situation der Fall, dass der bilineare Term eine Abnahme der Beutepopulation $(-c_2\,b\,r)$ und eine Zunahme der Räuberpopulation $(+c_3\,b\,r)$ bewirkt. Zweckmäßig sind unterschiedliche Proportionalitätsfaktoren $c_2$, $c_3$ mit positiven Konstanten $c_1$, $c_2$, $c_3$ und $c_4$:

$$\frac{db}{dt} = c_1 b - c_2 b\,r \qquad (152)$$

$$\frac{dr}{dt} = c_3 br - c_4 r \qquad . \qquad (153)$$

Historisch geht das Modell auf die Beobachtung des italienischen Biologen d'Ancona zurück, dass zu Vor- und Nachkriegszeiten der Anteil der Haie beim Fischfang im Mittelmeer 11% betrug, dieser aber während der Kriegszeiten in erheblichem Umfang auf 36% anstieg. Eine Erklärung dieses Phänomens ist mit dem von Volterra verwendeten Modell (152),(153) möglich. Unabhängig davon gelangte Lotka bei der Analyse einer hypothetischen chemischen Reaktion zum gleichen Ansatz.

Die Lösungen von (152),(153) zu verschiedenen Anfangswerten sind in Abbildung 81 veranschaulicht.

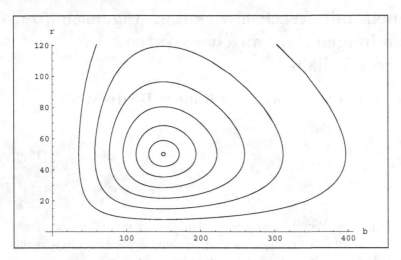

Abbildung 81: Lösungskurven des Lotka-Volterra-Modells zu verschiedenen Anfangswerten

Die Abbildung 81 beschreibt die Lösungskurven in der $b$-$r$-Phasenebene. Wir erhalten zu allen Anfangswerten einen geschlossenen Kurvenverlauf. Man kann durch die Methode der Trennung der Variablen zeigen, dass eine implizite Beschreibung der geschlossenen Lösungskurven durch

$$(c_1 \ln r - c_2 r) + (c_4 \ln b - c_3 b) = k_1$$

mit einer Integrationskonstanten $k_1$ gegeben ist. Die Integrationskonstante ergibt sich aus den Anfangswerten $b(0)$ und $r(0)$. Der zeitliche Verlauf wird (zu vorgegebenen Anfangswerten) in Abbildung 82 dargestellt.
Die maximale Ab- bzw. Zunahme der einen Population (entspricht einem Wendepunkt in der Populationsgröße) ist mit einem Extremwert der anderen Population mit einer zeitlichen Verschiebung verbunden.

Zu verschiedenen Anfangswerten der einen Population (hier beispielhaft die Beutepopulation) erhalten wir die Kurvenverläufe in den Abbildungen 83 und 84. Befindet sich das System (152), (153) im Gleichgewicht, so muss

$$c_1 b - c_2 b r = 0 \qquad\qquad (154)$$
$$c_3 b r - c_4 r = 0 \qquad\qquad (155)$$

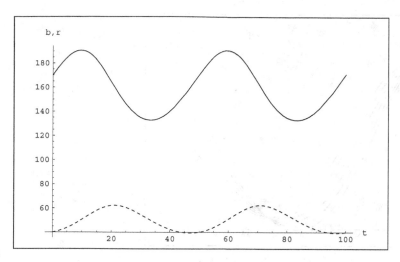

Abbildung 82: Beutepopulation $b$ (durch gezeichnet) und Räuberpopulation $r$ (gestrichelt) in zeitlicher Abhängigkeit

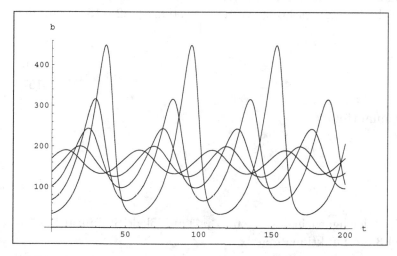

Abbildung 83: Zeitliche Abhängigkeit der Beutepopulation bei unterschiedlichen Anfangswerten, Anfangswerte als arithmetische Reihe

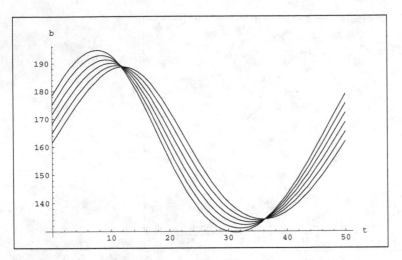

Abbildung 84: Zeitliche Abhängigkeit der Beutepopulation bei unterschiedlichen Anfangswerten, Anfangswerte als „kleine" Störung eines Startwertes

gelten. Aus $b = 0$ folgt $r = 0$ und umgekehrt. Ist eine Lösung von (154),(155) (d.h. eine Gleichgewichtslösung des Lotka-Volterra-Systems (152),(153)) von der trivialen Lösung

$$b^* = 0 \tag{156}$$
$$r^* = 0 \tag{157}$$

verschieden, so folgt unmittelbar

$$b^* = \frac{c_4}{c_3}$$
$$r^* = \frac{c_1}{c_2} \quad .$$

Zur Untersuchung der Gleichgewichtslösungen $(b^*, r^*)$ auf lokale Stabilität benötigen wir nach Kapitel 3 die Funktionalmatrix

$$M = \begin{pmatrix} \partial(c_1 b - c_2 br)/\partial b & \partial(c_1 b - c_2 br)/\partial r \\ \partial(c_3 br - c_4 r)/\partial b & \partial(c_3 br - c_4 r)/\partial r \end{pmatrix}$$
$$= \begin{pmatrix} c_1 - c_2 r & -c_2 b \\ c_3 r & c_3 b - c_4 \end{pmatrix} \quad .$$

Dabei haben wir nach dem aus Kapitel 3 bekannten Vorgehen die Ableitungen in der Funktionalmatrix nach den abhängigen Variablen $b$ und $r$ des Differentialgleichungssystems und nicht nach der Zeit $t$ gebildet.

Im trivialen Gleichgewichtspunkt $(b^*, r^*) = (0, 0)$ erhalten wir

$$det\,M = -c_1\,c_4 < 0 \quad .$$

Das triviale Gleichgewicht ist instabil und damit ohne biologische Bedeutung.

Für das positive Gleichgewicht erhalten wir dagegen $tr\,M = 0$ und $det\,M > 0$. Die Aussagen aus Kapitel 3 liefern uns in diesem Fall keine Informationen über die lokale Stabilität. Man kann zeigen, dass jeder Anfangswert aus dem positiven Quadranten zu einer geschlossenen Lösungskurve führt. Dies gilt auch für beliebig kleine Entfernungen vom Nullpunkt.

Unterschiede in den Anfangswerten können sowohl hinsichtlich auftretender Amplituden in den Lösungsbahnen als auch bei der Periodendauer (beliebig) große Unterschiede implizieren, vgl. dazu die Abbildung 85.

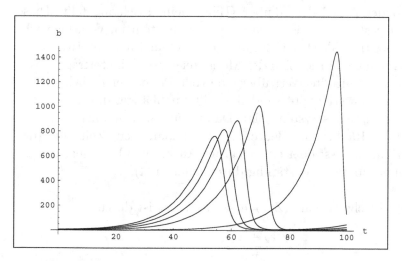

Abbildung 85: „Strukturelle Instabilitäten" im Verlauf periodischer Lösungen

Wir wollen zu dem zu Beginn des Abschnittes geschilderten Anwendungsproblem zurückkehren. Durch eine äußere Einwirkung, wie den Fischfang (der sowohl die Räuber- wie auch die Beutepopulation betrifft), wird diese in proportionaler Abhängigkeit von der jeweiligen Populationsgröße reduziert. Wir erhalten das System

$$\frac{db}{dt} = (c_1 - c_b)\,b - c_2\,b\,r$$
$$\frac{dr}{dt} = c_3\,b\,r - (c_4 + c_r)r$$

mit für Beute und Räuber unterschiedlichen Proportionalitätsfaktoren $c_b$ und $c_r$. Da diese Gleichungen den gleichen Typ wie die oben betrachteten haben, erhalten wir die für Räuber- und Beutepopulation nicht trivialen Gleichgewichtslösungen

$$b^* = \frac{c_4 + c_r}{c_3} \tag{158}$$

$$r^* = \frac{c_1 - c_b}{c_2} \ . \tag{159}$$

Damit die Räuberpopulation den oben betrachteten Systembedingungen an die Parameter entspricht, muss $c_b < c_1$ gelten (d.h. der Fischfang darf nicht zu stark sein).

Interessanterweise erhöht sich bei (158), (159) im Vergleich zu (156), (157) der Gleichgewichtswert für die Beutepopulation, während der Gleichgewichtswert für die Räuberpopulation sinkt. Infolgedessen steigt der Anteil der Beutepopulation (Nutzfische) und der Anteil der Räuber (Haie) beim Fischfang fällt. Diese Feststellung gilt zunächst für den Fall, dass sich das System im Gleichgewicht befindet. Da dieser positive Gleichgewichtswert nicht einmal asymptotisch lokal stabil ist, ist diese Annahme hinsichtlich der Modellrelevanz zu hinterfragen. Wir werden zeigen, dass der gemittelte Wert über eine volle Periode eines Zyklus wiederum den Gleichgewichtswert ergibt, und dies gilt unabhängig davon, welcher geschlossenen Lösungskurve das System folgt. Damit gilt das angeführte Resultat über das Verhältnis von Räuber und Beute über einen „längeren" Zeitraum (der mindestens eine Periode umfasst oder eine so große Anzahl von Perioden, dass es kaum darauf ankommt, ob diese vollständig durchlaufen sind).

Der (arithmetische) Mittelwert von $n$ Zahlen $x_1$, $x_2$, ... $x_n$ ist durch

$$\bar{x} = \frac{x_1 + x_2 + ... + x_n}{n}$$

definiert. Analog wird der Mittelwert einer periodischen Funktion $x(t)$ mit der Periode $T$ (d.h. es gilt $x(t + T) = x(t)$) durch

$$\bar{x} = \frac{\int_{t_1}^{t_1+T} x(t)\,dt}{T}$$

definiert. Insbesondere lässt sich für eine geschlossene Kurve als Lösung von (152), (153) mit der Periode $T$ der Mittelwert $\bar{b}$ bzw. $\bar{r}$ definieren.

Aus (152) folgt

$$\frac{1}{b}\frac{db}{dt} = c_1 - c_2\,r \ .$$

Die Integration über eine geschlossene Kurve mit der Periode der Länge $T$ ergibt

$$\int_{b(t_1)}^{b(t_1+T)} \frac{db}{b} = \int_{t_1}^{t_1+T} (c_1 - c_2\, r(t))\, dt \quad .$$

Die linke Seite ergibt auf Grund der Periodizität den Wert 0, also gilt dies auch für die rechte Seite:

$$0 = c_1\, T - c_2 \int_{t_1}^{t_1+T} r(t)\, dt \quad .$$

Wir erhalten

$$\bar{r} = \frac{1}{T} \int_{t_1}^{t_1+T} r(t)\, dt = \frac{c_1}{c_2} \quad .$$

Damit haben wir für die Räuberpopulation $r$ die obige Behauptung gezeigt, dass die Mittelung über Perioden zum gleichen Ergebnis führt, wie wir es für den positiven Gleichgewichtswert erhalten haben. Die Rechnungen lassen sich in gleicher Weise für die Beutepopulation $b$ durchführen.

Die Gleichungen (158),(159) lassen sich vor dem Hintergrund der oben durchgeführten Mittelwertbetrachtungen auch allgemein als **Volterra-Prinzip** formulieren: Werden zwei Tierarten, die im Räuber-Beute Verhältnis nach dem Modell (154),(155) stehen, beide in nicht zu starkem Umfang durch äußere Einwirkungen wie Fischfang, Insektizide oder Jagd reduziert, so nimmt die Beutepopulation im Mittel zu, während die Räuberpopulation im Mittel abnimmt.

Ein weiteres aus der Literatur (vgl. [MUR 1989]) bekanntes Beispiel liegt bei den Auswirkungen des Einsatzes von Insektiziden vor. Durch eine gemeinsame Einwirkung auf Insekten als Schädlinge in der Landwirtschaft (in der verwendeten Modellinterpretation die Beute) und ihren natürlichen Feinden (in der Modellinterpretation die Räuber) trat als Folge der Behandlung mit Insektiziden eine Vermehrung der Insekten auf.

So richtete das auf dem Schiffsweg aus Australien nach Amerika verschleppte Baumwollschuppeninsekt Icerya Puchasi drastischen Schaden in Zitrusplantagen an. Als Reaktion wurde zunächst Novius Cardinalis (eine Art des Marienkäfers) in Amerika als natürlicher Feind des Schuppeninsektes ausgesetzt, wonach der Schädling auf einen geringen Bestand gebracht wurde. Eine spätere Behandlung mit DDD brachte in Übereinstimmung mit dem Volterra-Prinzip eine Verschlechterung, die Insekten nahmen zunächst wieder zu.

## 6.2 Konkurrenz und Symbiose, das Volterrasche Exklusionsprinzip

Im vorigen Abschnitt haben wir zwei Differentialgleichungen, die beide exponentielles Wachstum beschreiben (eine Gleichung für Zunahme und eine für Abnahme) durch bilineare Wechselwirkungsterme zu einem System mit Interaktionen verbunden (vgl. Übergang von (150),(151) zu (152),(153)) und erhielten damit das klassische Räuber-Beute-Modell.

In diesem Abschnitt ergänzen wir zwei Verhulstgleichungen ebenfalls durch bilineare Wechselwirkungsterme. Je nachdem, ob wir in beiden Fällen ein positives oder ein negatives Vorzeichen bei der Wechselwirkung verwenden, gelangen wir zu Modellen von Konkurrenz oder Symbiose. Wir verallgemeinern die Verhulstgleichung mit den vielfältigen Möglichkeiten einer Modellerweiterung (vgl. Kapitel 3) zu einem zweidimensionalen System. Wir beginnen mit dem Konkurrenzverhalten:

$$\frac{dx}{dt} = c_1 x \left(1 - \frac{1}{c_2}x - \frac{c_3}{c_2}y\right) \tag{160}$$

$$\frac{dy}{dt} = c_4 y \left(1 - \frac{1}{c_5}x - \frac{c_6}{c_5}y\right) \tag{161}$$

mit positiven Konstanten $c_i$ ($i = 1, 2, ..., 6$). Die Randfälle $c_1 = 0$ bzw. $c_4 = 0$ führen wieder zu den im vorigen Kapitel betrachteten Fällen für eine abhängige Population. Die Wechselwirkungen haben die Gestalt $c\,x\,y$ mit der Konstanten $c = -c_1 c_3/c_2$ für (160) und $c = -c_4 c_6/c_5$ für die Differentialgleichung (161).

Durch lineare Skalentransformationen (Veränderung des Maßstabes) lässt sich wiederum die Anzahl der Parameter reduzieren, dies erleichtert die strukturellen Untersuchungen des Systems. Bei der Anpassung an reale Beobachtungswerte kann dagegen eine größere Anzahl frei wählbarer Parameter von Nutzen sein.

Verwenden wir

$$u = \frac{x}{c_2}$$
$$v = \frac{y}{c_5}$$
$$s = c_1 t \quad ,$$

so erhalten wir

$$\frac{du}{ds} = u(1 - u - d_3 v) \tag{162}$$

$$\frac{dv}{ds} = d_4 v(1 - v - d_6 u) \tag{163}$$

mit

$$d_3 = \frac{c_3 c_5}{c_2}$$
$$d_4 = \frac{c_4}{c_1}$$
$$d_6 = \frac{c_2 c_6}{c_5} \quad .$$

Nach der Transformation sind die abhängigen Populationsgrößen $u$ und $v$ (ursprünglich $x$ und $y$) und die Zeit als unabhängige Variable wird durch $s$ (ursprünglich $t$) beschrieben. Formal ist das transformierte System ein Spezialfall des ursprünglichen Systems mit $c_1 = c_2 = c_5 = 1$. Aus $c_i > 0$ für alle $i = 1, 2, ..., 6$ folgt offensichtlich $d_i > 0$ $(i = 3, 4, 6)$.

Wir beginnen mit der Bestimmung aller Gleichgewichtslösungen $u^*$, $v^*$ von (162),(163). Aus $u^* = 0$ bzw. $v^* = 0$ erhält man nach kurzer Rechnung drei Lösungen:

$$
\begin{array}{cccc}
u_1^* & = & 0 & \quad v_1^* & = & 0 \\
u_2^* & = & 0 & \quad v_2^* & = & 1 \\
u_3^* & = & 1 & \quad v_3^* & = & 0
\end{array}
$$

Es bleibt noch die Frage nach Lösungen, die beide von 0 verschieden (positiv) sind. Unter dieser Voraussetzung folgt aus

$$u^*(1 - u^* - d_3 v^*) = 0$$
$$d_4 v^*(1 - v^* - d_6 u^*) = 0$$

unmittelbar

$$1 - u^* - d_3 v^* = 0$$
$$1 - v^* - d_6 u^* = 0$$

und damit

$$u_4^* = \frac{-1 + d_3}{-1 + d_3 d_6}, \quad v_4^* = \frac{-1 + d_6}{-1 + d_3 d_6} \quad .$$

Für die lokale Stabilität der Gleichgewichtslösungen ist nach Kapitel 3 die Funktionalmatrix

$$M = \begin{pmatrix} \frac{\partial f}{\partial u} & \frac{\partial f}{\partial v} \\ \frac{\partial g}{\partial u} & \frac{\partial g}{\partial v} \end{pmatrix}$$

mit

$$f(u, v) = u(1 - u - d_3 v)$$
$$g(u, v) = d_4 v(1 - v - d_6 u)$$

von Bedeutung. Für die Determinante $det_i^* = det M$ bzw. die Spur $tr_i^* = tr M$ von $M$ im Gleichgewichtspunkt $u_i^*$ bzw. $v_i^*$ $(i = 1, 2, 3, 4)$ gilt dann

$$
\begin{aligned}
det_1^* &= d_4 & tr_1^* &= 1 + d_4 \\
det_2^* &= (-1 + d_3)d_4 & tr_2^* &= 1 - d_3 - d_4 \\
det_3^* &= d_4(-1 + d_6) & tr_3^* &= -1 + d_4(1 - d_6) \\
det_4^* &= \frac{(1 - d_3)d_4(-1 + d_6)}{1 - d_3 d_6} & tr_4^* &= \frac{1 - d_3 + d_4 - d_4 d_6}{-1 + d_3 d_6} \; .
\end{aligned}
$$

Das triviale Gleichgewicht $u_1^* = 0$, $v_1^* = 0$ (d.h. keine Individuen vorhanden) ist wegen $det_1^* > 0$ und $tr_1^* > 0$ instabil. Verhält sich ein System nach dem betrachteten Modell, so führt damit das Vorhandensein von kleinen Populationsgrößen nicht zum Aussterben beider oder einer der Arten. Zwei typische Parametersituationen dazu werden in den Abbildungen 86 und 87 dargestellt.

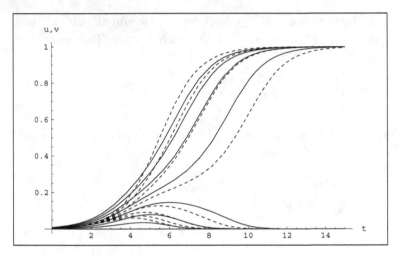

Abbildung 86: Lösungskurven zu $d_3 = d_6 = 4$, $d_4 = 1$ mit „kleinen" Anfangswerten (mindestens eine Art bleibt erhalten)

Wir werden (nicht nur mit Anfangswerten in einer kleinen Umgebung des Nullpunktes) sehen, dass die Systemdynamik entscheidend von der Größe der Parameter $d_3$ und $d_6$ abhängt. Inhaltlich beschreibt dies die Stärke der Wechselwirkung.

- Fall 1: Bei geringer Wechselwirkung bei beiden Differentialgleichungen ($d_3 < 1$, $d_6 < 1$) ergibt sich eine Koexistenz der beiden (z.B. um Lebensraum oder Nahrung) konkurrierenden Arten. Es gibt einen positiven lokal stabilen Gleichgewichtspunkt. Man kann zeigen, dass bei allen Anfangswerten die Lösungen zu diesem Gleichgewicht konvergieren (globale Stabilität).

- Fall 2: Hat eine der Differentialgleichungen einen großen, die andere einen kleinen Wechselwirkungsterm ($d_3 < 1$ und $d_6 > 1$ oder $d_3 > 1$ und $d_6 < 1$),

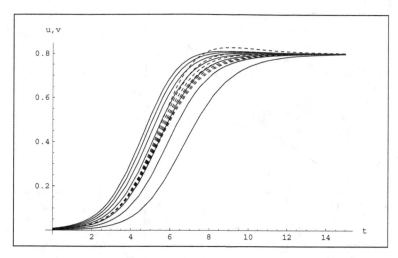

Abbildung 87: Lösungskurven zu $d_3 = d_6 = 0.25$, $d_4 = 1$ mit „kleinen"
Anfangswerten (beide Arten bleiben erhalten)

so setzt sich eine der Arten (asymptotisch) durch, die andere stirbt (asymptotisch) aus („principle of competitive exclusion"). Interessanterweise findet die Verdrängung der einen durch die andere Art unabhängig von der Anfangsgröße der Populationen statt. Auch eine zunächst in der Minderheit vorkommende Art kann sich durchsetzten. Dies birgt die Gefahr in sich, dass eine neu ausgesetzte Art eine andere durchaus in großem Umfang vorhandene Art verdrängen kann.

- Fall 3: Beide Wechselwirkungen sind stark ($d_3 > 1$ und $d_6 > 1$). Dann setzt sich in Abhängigkeit von den Anfangswerten eine der Arten durch, die Lösungskurven konvergieren zum Gleichgewicht $(b^*, r^*) = (1, 0)$ bzw. $(b^*, r^*) = (0, 1)$. Die Einzugsgebiete sind durch eine Kurve in der b-r-Phasenebene getrennt („Separatrix").

Wir wollen nun Details der aufgezählten Fälle betrachten. Wir beginnen mit dem Fall 1 geringer Wechselwirkung. Aus den angegebenen Werten für Spur und Determinante ergibt sich nach dem bereits mehrfach angewendeten Satz aus Kapitel 3, dass der positive Gleichgewichtswert (mit dem Index 4 der obigen Auflistung) lokal stabil ist, während die übrigen Gleichgewichtspunkte instabil sind. Einen Einblick in den Verlauf der Lösungskurven zu verschiedenen Anfangswerten ergeben die Abbildungen 88, 89 und 90.

Im bisher betrachteten Fall des konkurrierenden Verhaltens der beiden Populationen hat die bilineare Wechselwirkung ein dämpfendes Verhalten auf beide Arten. Dagegen wirkt bei der Symbiose der Wechselwirkungsterm auf beide Arten positiv. Dadurch hat jede der Arten im Gegensatz zum Konkurrenzverhalten einen Vorteil von der anderen. Das System (160),(161) wird dann ersetzt durch

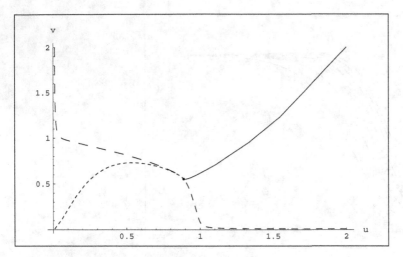

Abbildung 88: Konvergenz von Lösungskurven gegen einen Gleichgewichtspunkt bei schwacher Wechselwirkung

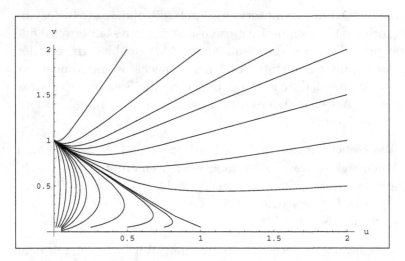

Abbildung 89: Lösungskurven in der (u,v)-Ebene mit unterschiedlichen
Anfangswerten für den Fall, dass sich eine der Arten unabhängig vom
Anfangswert durchsetzt

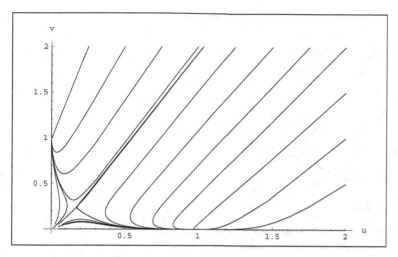

Abbildung 90: Lösungskurven in der (u,v)-Ebene mit unterschiedlichen Anfangswerten für den Fall, dass sich eine der Arten in Abhängigkeit von den Anfangswerten durchsetzt

$$\frac{dx}{dt} = c_1\, x \left(1 - \frac{1}{c_2}x + \frac{c_3}{c_2}y\right)$$

$$\frac{dy}{dt} = c_4\, y \left(1 - \frac{1}{c_5}x + \frac{c_6}{c_5}y\right)$$

mit positiven Konstanten $c_i$ $(i = 1, 2, ..., 6)$. Mit den gleichen Transformationen wie oben gelangen wir zu

$$\frac{du}{ds} = u(1 - u + d_3 v)$$

$$\frac{dv}{ds} = d_4 v(1 - v + d_6 u) \qquad .$$

Wir könnten formal die gleichen Betrachtungen wie oben beibehalten und lediglich die Konstanten $d_3$ und $d_6$ als negativ annehmen. Daraus ergibt sich sofort, dass die Gleichgewichtslösungen $(u^*, v^*) = (1, 0)$ und $(u^*, v^*) = (0, 0)$, in denen nur eine Art überlebt, in jedem Fall instabil sind. Das triviale Gleichgewicht bleibt ebenfalls instabil. Das nicht triviale Gleichgewicht mit dem Index 4 in den obigen Formeln ist stabil für $d_3 d_6 < 1$ und instabil für $d_3 d_6 > 1$. Im letzten Fall existiert damit keine nicht negative Gleichgewichtslösung. Man kann zeigen, dass dann jede Populationsgröße (sofern nicht der Anfangswert 0 ist) gegen unendlich divergiert. Ebenso wie beim exponentiellen Wachstum kann dies nur innerhalb gewisser Anfangsgebiete und Anfangszeiten eine realistische Beschreibung für ein biologisches System sein. Beispiele der Lösungskurven in der (u,v)-Ebene werden in den Abbildungen 91 und 92 gegeben.

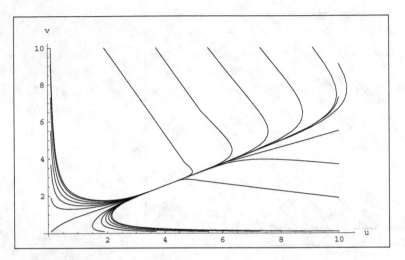

Abbildung 91: Konvergenz von Lösungskurven gegen einen Gleichgewichtspunkt bei $d_3 d_6 < 1$

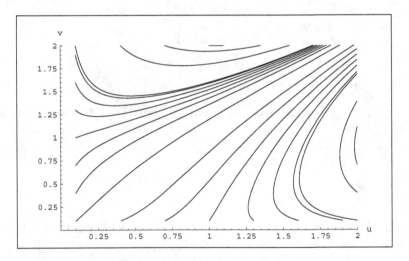

Abbildung 92: Divergierendes Lösungsverhalten bei $d_3 d_6 > 1$

## 6.3 Gleichgewichtspunkte und Stabilität. Linearisierung als Grundprinzip

Wir kommen auf die in Kapitel 3 angesprochene Thematik der Stabilität autonomer Differentialgleichungen zurück. Wir gehen von einem System von $n$ ($n \geq 1$) zeitabhängigen Funktionen

$$
\begin{aligned}
x_1 &= x_1(t) \\
x_2 &= x_2(t) \\
&\ldots \\
x_n &= x_n(t)
\end{aligned}
$$

aus, die Zeit $t$ können wir auch durch eine beliebige andere unabhängige Variable ersetzen. Die Gleichsetzung von Funktionswert und Funktionsbezeichnung bei $x_i$ ($i = 1, ..., n$) dient der Schreibvereinfachung. In Kapitel 3 haben wir den Fall $n = 2$ betrachtet.

Weiterhin seien $n$ Funktionen $f_i(x_1, x_2, ..., x_n)$ ($i = 1, 2, ..., n$) gegeben, die nach $x_1$, $x_2$, ... $x_n$ als stetig differenzierbar vorausgesetzt werden (stetige partielle Differenzierbarkeit). Dann ist

$$
\begin{aligned}
\frac{dx_1}{dt} &= f_1(x_1(t), x_2(t), ..., x_n(t)) \\
\frac{dx_2}{dt} &= f_2(x_1(t), x_2(t), ..., x_n(t)) \\
&\ldots \\
\frac{dx_n}{dt} &= f_n(x_1(t), x_2(t), ..., x_n(t))
\end{aligned}
\tag{164}
$$

oder kürzer

$$
\begin{aligned}
\frac{dx_1}{dt} &= f_1(x_1, x_2, ..., x_n) \\
\frac{dx_2}{dt} &= f_2(x_1, x_2, ..., x_n) \\
&\ldots \\
\frac{dx_n}{dt} &= f_n(x_1, x_2, ..., x_n)
\end{aligned}
\tag{165}
$$

ein autonomes System von gewöhnlichen Differentialgleichungen. „Autonom" bringt zum Ausdruck, dass die rechten Seiten nicht explizit von der Zeit $t$ abhängen, sondern nur indirekt über die Funktionen $f_i(x_1, x_2, ...x_n)$ und $x_j = x_j(t)$ ($i, j = 1, 2, ..., n$).

Ein Gleichgewichtspunkt von (164) bzw. (165) ist dadurch bestimmt, dass die linken und somit auch rechten Seiten Null ergeben. Ein Gleichgewicht bedeutet die zeitliche Konstanz der Systeme in einem bestimmten Raumpunkt $(x_1, x_2, ..., x_n)$ (also ist die Ableitung nach der Zeit Null).

Wir wollen nun unter bestimmten zusätzlichen Voraussetzungen Eigenschaften von Lösungen von (164) bzw. (165) in kleinen Umgebungen (also lokale Eigenschaften) von Gleichgewichtspunkten untersuchen.

Zur Definition einer Umgebung im n - dimensionalen Raum verwenden wir die n - dimensionale euklidische Norm

$$|(x_1, x_2, ..., x_n)| = \sqrt{x_1^2 + x_2^2 + ... + x_n^n} \quad .$$

Eine $\epsilon$-Umgebung von $x^* = (x_1^*, x_2^*, ..., x_n^*)$ ist dann mit $x = (x_1, x_2, ..., x_n)$ durch

$$|x - x^*| = |(x_1 - x_1^*, x_2 - x_2^*, ..., x_n - x_n^*)| < \epsilon$$

definiert. Der lokale Existenzsatz aus Kapitel 3 für ein Anfangswertproblem lässt sich direkt auf den n-dimensionalen Fall gemäß dem Konzept aus Kapitel 2 verallgemeinern.

Wir wollen annehmen, dass das System (165) mit Anfangswerten $(x_1^0, x_2^0, ..., x_n^0)$ in einer hinreichend kleinen Umgebung von $(x_1^*, x_2^*, ..., x_n^*)$ für alle $t \geq 0$ eine eindeutig bestimmte Lösung hat. Beispiele für global existierende Lösungen haben wir in Kapitel 3 untersucht.

Wir wollen nun die Stabilität einer Gleichgewichtslösung definieren. Der Gleichgewichtspunkt $(x_1^*, x_2^*, ..., x_n^*)$ von (165) heißt stabil, wenn es zu jedem $\epsilon > 0$ ein $\delta > 0$ gibt, so dass für Anfangswerte $(x_1^0, x_2^0, ..., x_n^0)$ von (165) aus einer $\delta$-Umgebung des betrachteten Gleichgewichtspunktes die Lösung für alle Zeiten $t \geq 0$ in einer $\epsilon$-Umgebung des Gleichgewichtspunktes verbleibt. Dies bedeutet, dass hinreichend kleine Störungen des Gleichgewichtes für alle Zeiten klein bleiben.

Darüber hinaus heißt ein lokal stabiler Gleichgewichtspunkt asymptotisch stabil, wenn er stabil ist, ein hinreichend kleines $\delta^* > 0$ existiert und für Anfangswerte aus einer $\delta^*$-Umgebung die Lösungen für großes $t$ gegen das Gleichgewicht konvergieren.

Wenn ein Gleichgewichtspunkt nicht stabil ist, so bezeichnen wir ihn als instabil.

Zunächst können wir zur Vereinfachung der Betrachtungen einen Gleichgewichtswert $(x_1^*, x_2^*, ..., x_n^*)$ auf den Raumnullpunkt $(x_1, x_2, ..., x_n) = (0, 0, ..., 0) = 0$ im

System der abhängigen Variablen transformieren. Mit

$$\begin{aligned}
\bar{x}_1 &= x_1(t) - x_1^* \\
\bar{x}_2 &= x_2(t) - x_2^* \\
&\dots \\
\bar{x}_n &= x_n(t) - x_n^*
\end{aligned}$$

und

$$\begin{aligned}
g_1(\bar{x}_1, \bar{x}_2, ..., \bar{x}_n) &= f_1(\bar{x}_1 - x_1^*, \bar{x}_2 - x_2^*, ..., \bar{x}_n - x_n^*) \\
g_2(\bar{x}_1, \bar{x}_2, ..., \bar{x}_n) &= f_2(\bar{x}_1 - x_1^*, \bar{x}_2 - x_2^*, ..., \bar{x}_n - x_n^*) \\
&\dots \\
g_n(\bar{x}_1, \bar{x}_2, ..., \bar{x}_n) &= f_n(\bar{x}_1 - x_1^*, \bar{x}_2 - x_2^*, ..., \bar{x}_n - x_n^*)
\end{aligned}$$

gilt

$$\begin{aligned}
g_1(0, 0, ..., 0) &= 0 \\
g_2(0, 0, ..., 0) &= 0 \\
&\dots \\
g_n(0, 0, ..., 0) &= 0 \quad .
\end{aligned}$$

Da die Ableitung einer Konstanten Null ergibt, gilt für alle Raumpunkte $(x_1, x_2, ..., x_n)$ (nicht nur für Gleichgewichtspunkte)

$$\frac{dg_i}{dx_j} = \frac{df_i}{dx_j}$$

für $i, j = 1, 2, ..., n$ und damit

$$\begin{aligned}
\frac{dx_1}{dt} &= g_1(x_1, x_2, ..., x_n) \\
\frac{dx_2}{dt} &= g_2(x_1, x_2, ..., x_n) \\
&\dots \\
\frac{dx_n}{dt} &= g_n(x_1, x_2, ..., x_n) \quad .
\end{aligned}$$ (166)

Wir können auch sagen, dass wir mit (164) bzw. (165) arbeiten und ohne Beschränkung der Allgemeinheit

$$f_i(0, 0, ..., 0) = 0 \quad (i = 1, 2, ..., n)$$

annehmen können.

Wir setzen voraus, dass die Funktionen $f_i$ bzw. $g_i$ zweimal stetig partiell differenzierbar sind, d.h.

$$\frac{\partial^2 f_i}{\partial x_j\, \partial x_k}$$

sind für $i, j, k = 1, 2, ...n$ stetige Funktionen in $x_1, x_2, ..., x_n$. Die Voraussetzung lässt sich für die folgenden Aussagen abschwächen, dann kann aber nicht mehr direkt über die Taylorentwicklung argumentiert werden.

Wir zerlegen (mit dem linearen Term der entsprechenden Taylorreihe)

$$
\begin{aligned}
g_1(x_1, x_2, ...x_n) &= g_{1,1}x_1 + g_{1,2}x_2 + ... + g_{1,n}x_n + n_1(x_1, x_2, ..., x_n)\\
g_2(x_1, x_2, ...x_n) &= g_{2,1}x_1 + g_{2,2}x_2 + ... + g_{2,n}x_n + n_2(x_1, x_2, ..., x_n)\\
&\quad\quad\cdots\\
g_n(x_1, x_2, ...x_n) &= g_{n,1}x_1 + g_{n,2}x_2 + ... + g_{n,n}x_n + n_n(x_1, x_2, ..., x_n)
\end{aligned}
$$

mit

$$g_{i,j}(x_1, x_2, ..., x_n) = \frac{\partial g_i(x_1, x_2, ...x_n)}{\partial x_j}(x_1, x_2, ..., x_n) \qquad .$$

Dabei ist

$$l_i = \sum_{j=1}^{n} g_{i,j}x_j$$

die Linearisierung $l_i$ von $g_i$. Beim Originalsystem hätten wir an dieser Stelle

$$f_i(x_1^*, x_2^*, ..., x_n^*) + \sum_{j=1}^{n} \frac{\partial f_i(x_1, x_2, ..., x_n)}{\partial x_j}(x_1^*, x_2^*, ..., x_n^*)(x_j - x_j^*)$$

als Linearisierung zu verwenden. $n_i(x_1, x_2, ..., x_n)$ sind entsprechend die nichtlinearen Terme (in der Taylorreihe die Terme von zweiter Ordnung an einschließlich Restglied). Die Linearisierung von (166) ist dann

$$
\begin{aligned}
\frac{d\bar{x}_1}{dt} &= l_1(\bar{x}_1, \bar{x}_2, ..., \bar{x}_n)\\
\frac{d\bar{x}_2}{dt} &= l_2(\bar{x}_1, \bar{x}_2, ..., \bar{x}_n)\\
&\quad\cdots\\
\frac{d\bar{x}_n}{dt} &= l_n(\bar{x}_1, \bar{x}_2, ..., \bar{x}_n) \qquad .
\end{aligned}
\tag{167}
$$

Wir haben $\bar{x}_i$ anstelle von $x_i$ verwendet, weil Ausgangssystem und linearisiertes System unterschiedliche Lösungen haben. Die Linearisierung ist von besonderem Interesse, weil das Verhalten eines autonomen Differentialgleichungssystems in einer Umgebung eines Gleichgewichtspunktes weitgehend durch die Linearisierung bestimmt ist (vgl. Kapitel 3).

Es gilt folgender Satz über linearisierte Stabilität, vgl. dazu auch den Satz 3.18 für den zweidimensionalen Fall, auf die Thematik kommen wir in ergänzender Sichtweise in Abschnitt 8.2 zurück:

**Satz 6.1.** *Es gelte unter Beibehaltung obiger Stetigkeitsvoraussetzungen*

$$\lim_{|(x_1, x_2, ..., x_n)| \to 0} \frac{|(n_1, n_2, ..., n_n)|}{|(x_1, x_2, ..., x_n)|} = 0 \quad .$$

*Haben (i) alle Eigenwerte der Matrix $A = (g_{i,j})_{i,j=1,2,...,n}$ negative Realteile oder (ii) mindestens ein Eigenwert von A einen positiven Realteil, dann haben das System (166) und dessen Linearisierung (167) in einer hinreichend kleinen Umgebung des Nullpunktes (als Gleichgewichtspunkt vorausgesetzt) das gleiche Stabilitätsverhalten (lokal asymptotisch stabil oder instabil). Im Fall (i) liegt lokale Stabilität vor, im Fall (ii) Instabilität. Gibt es mindestens einen Eigenwert Null und keinen Eigenwert mit einem positiven Realteil, so hängt das Stabilitätsverhalten von (166) von den nichtlinearen Termen ab.*

Man kann zeigen, dass im zweidimensionalen Fall die Bedingungen an Spur und Determinante von $A$ aus Kapitel 3 ein Spezialfall des angeführten Theorems sind.

## 6.4 Ein Räuber-Beute-Modell mit Grenzzyklus

Wir haben in den vorigen Abschnitten gesehen, dass Lösungen autonomer Differentialgleichungssysteme gegen Gleichgewichtspunkte konvergieren können. Im Abschnitt 6.3 haben wir ein lokales Existenztheorem angeführt. Das in Abschnitt 6.2 betrachtete Konkurrenzverhalten zweier Arten ist ein Beispiel dafür, dass die Konvergenz auch global (d.h. für beliebige Anfangswerte) gegen einen Gleichgewichtspunkt oder mehrere Gleichgewichtspunkte möglich ist.

In dem in Abschnitt 6.1 betrachteten Räuber-Beute-Modell von Lotka-Volterra bewegten sich die Lösungen im Phasenraum periodisch auf geschlossenen Kurven in der Räuber-Beute-Phasenebene. Kleine Störungen führten dazu, dass das System anderen Lösungskurven folgt, d.h. Störungen werden durch die Systemdynamik nicht kompensiert.

Eine interessante Dynamik liegt vor, wenn es zeitlich periodische Lösungen gibt, die zumindest lokal stabil gegen kleine Ablenkungen aus der Lösungsbahn sind (indem sie asymptotisch zu dieser zurückkehren). Wir benötigen dazu den Begriff der orbitalen Stabilität. Wir betrachten ein zweidimensionales autonomes System:

$$\frac{dx}{dt} = f(x, y) \tag{168}$$

$$\frac{dy}{dt} = g(x, y) \tag{169}$$

mit Anfangswerten $x(0) = x_0$ und $y(0) = y_0$.

Zur Veranschaulichung konstruieren wir ausgehend von dem in Kapitel 3 betrachteten exponentiellen Wachstum durch Übergang zu Polarkoordinaten ein explizites Beispiel.

Die Gleichung

$$r'(t) = -c(r - r^*) \tag{170}$$

mit $c > 0$ hat ein eindeutig bestimmtes Gleichgewicht $r = r^*$. Mit der Transformation $\bar{r} = r - r^*$ können wir auf die in Kapitel 3 bestimmte Lösung von $\bar{x}' = -c\bar{r}$ zurückgreifen:

$$\bar{r}(t) = e^{-ct} c_0 \quad .$$

Eine Rücktransformation ergibt

$$r(t) = r^* + e^{-ct} c_0 \quad .$$

Ist ein Anfangswert $r(0) = r_0$ gegeben, so können wir die Integrationskonstante $c_0$ bestimmen:

$$r_0 = r^* + c_0$$
$$c_0 = r_0 - r^* \quad .$$

Also gilt:

$$r(t) = r^* + e^{-ct}(r - r^*) \quad .$$

Die Umrechnung von kartesischen Koordinaten $(x, y)$ in Polarkoordinaten $(r, \phi)$ der Ebene geschieht mit

$$x = r \cos \phi$$
$$y = r \sin \phi \quad .$$

Die Umkehrtransformation ist gegeben durch

$$r = \sqrt{x^2 + y^2}$$
$$\phi = \arctan(y/x) \quad .$$

Wird der Radius durch (170) bestimmt und ein Umlauf um den Koordinatenursprung mit konstanter Winkelgeschwindigkeit angenommen, so haben wir ein Differentialgleichungssystem

$$r'(t) \;=\; -c(r - r^*) \tag{171}$$

$$\phi'(t) \;=\; 1 \quad . \tag{172}$$

Bei unterschiedlichen Anfangswerten erhalten wir die Abbildung 93.

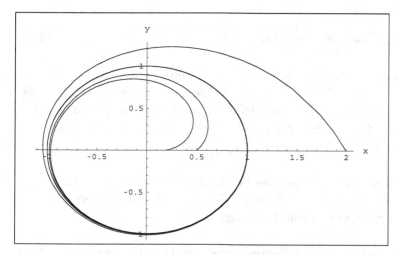

Abbildung 93: Beispiel zu einem Grenzzyklus, abgeleitet aus dem exponentiellen Wachstum

Eine Umrechnung von (171),(172) in kartesische Koordinaten ergibt

$$x'(t) \;=\; \left( -c + \frac{r^*}{\sqrt{x^2 + y^2}} \right) x - y \tag{173}$$

$$y'(t) \;=\; \left( -c + \frac{r^*}{\sqrt{x^2 + y^2}} \right) y + x \quad . \tag{174}$$

Eine numerische Lösung dieses Systems mit verschiedenen Anfangswerten führt natürlich wieder zu Abbildung 93.

Wir haben damit ein Beispiel gefunden, in dem eine geschlossene Kurve periodisch von einer Lösung des Systems (171),(172) bzw. (173),(174) durchlaufen wird. Jede andere Lösungskurve nähert sich asymptotisch dieser Kurve. Kleine (und auch große) Ablenkungen von der periodischen Lösung werden durch das Systemverhalten asymptotisch kompensiert. Bei der periodischen Lösung sprechen wir auch von einem Grenzzyklus.

Den Abstand eines Punktes des zweidimensionalen (euklidischen) Raumes von einer geschlossenen Kurve definieren wir als Infimum der Abstände zu allen Kurvenpunkten. Da unter geeigneten Differenzierbarkeitsvoraussetzungen das Infimum auf einem Kurvenpunkt angenommen wird, können wir auch von einem Minimum sprechen. G sei die Kurve, die mit $(x(s), y(s))$, $0 \leq s \leq s_0$ einmal vollständig durchlaufen wird. Wir setzen die Kurve als stetig differenzierbar voraus, d.h. die Parameterdarstellung ist durch differenzierbare Funktionen $x(s)$ und $y(s)$ gegeben. Wir definieren also den Abstand $d$ eines beliebigen Punktes $(x_1, y_1)$ der Ebene zur Kurve G durch

$$d((x_1, y_1), G) = \inf_{0 \leq s \leq s_1} \sqrt{(x(s) - x_1)^2 + (y(s) - y_1)^2} \qquad . \qquad (175)$$

Eine periodische Lösung G des Systems (168),(169) heißt orbital stabil, wenn es zu jedem $\epsilon > 0$ ein $\delta > 0$ existiert, so dass die Lösungskurven von (168),(169) mit Anfangswerten in einer $\delta$-Umgebung der periodischen Lösung (mit der Abstandsdefinition (175)) für alle Zeiten $t \geq 0$ existieren und in einer $\epsilon$-Umgebung der Lösungskurve verbleiben.

Existiert darüber hinaus ein $\delta^* > 0$, so dass für Anfangswerte in der $\delta^*$-Umgebung von G die Lösungskurven asymptotisch gegen die Kurve G konvergiert, so sprechen wir von einer asymptotisch orbital stabilen Lösung.

Die Lösungen des klassischen Räuber-Beute-Modells sind orbital stabil, es existiert aber keine asymptotisch orbital stabile Lösung. Auch der Gleichgewichtspunkt ist keine solche.

Wir wollen nun ein Räuber-Beute-Modell mit asymptotisch stabilen Grenzzyklus bei bestimmten Parameterwerten betrachten. Das Differentialgleichungsmodell dazu ist

$$\frac{db}{dt} = b\left((1 - b) - \frac{d_1 r}{b + d_2}\right) \qquad (176)$$

$$\frac{dr}{dt} = d_3 r\left(1 - \frac{r}{b}\right) \qquad . \qquad (177)$$

Nach der Terminologie von (168),(169) erhalten wir

$$f(b, r) = b\left((1 - b) - \frac{d_1 r}{b + d_2}\right)$$

$$g(b, r) = d_3 r\left(1 - \frac{r}{b}\right) \qquad .$$

Wäre die Beutepopulation nicht durch eine Differentialgleichung gegeben, sondern zeitlich konstant, so wäre (177) wieder eine Verhulstgleichung. Im Grenzfall $d_1 =$

0, in dem die Wirkung der Räuberpopulation ausgeschaltet wird, liegt ebenfalls eine Verhulstgleichung vor. Der Wechselwirkungsterm

$$-d_1 \frac{r\,b}{b+d_2}$$

ist für $b \ll d_2$ ($b$ gegenüber $d_2$ vernachlässigbar klein) näherungsweise bilinear

$$-d_1 \frac{r\,b}{b+d_2} \approx -\frac{d_1}{d_2} r\,b$$

und für $b \gg d_2$ näherungsweise linear in $r$

$$-d_1 \frac{r\,b}{b+d_2} \approx -d_1\,r \quad .$$

Die Lösungsdynamik von (176),(177) kann in Abhängigkeit von den positiven Parametern $d_1, d_2$ und $d_3$ zu einem Gleichgewichtspunkt oder zu einem Grenzzyklus führen. Für einen Gleichgewichtspunkt $(r^*, b^*)$ muss

$$b^* \left( (1-b^*) - \frac{d_1\,r^*}{b^*+d_2} \right) = 0 \tag{178}$$

$$r^* d_3 \left( 1 - \frac{r^*}{b^*} \right) = 0 \tag{179}$$

gelten. Das System (176),(177) ist nur für $b > 0$ sinnvoll, auch (179) ist mit $b^* = 0$ nicht erfüllbar. Aus (179) erhalten wir entweder

$$r^* = 0 \tag{180}$$

oder

$$r^* = b^* \quad . \tag{181}$$

Aus (178) und (180) folgt $b^* = 1$. Eine Gleichgewichtslösung ist also

$$(b_1^*, r_1^*) = (1, 0) \quad . \tag{182}$$

Setzen wir (181) in (178) ein, erhalten wir die quadratische Gleichung

$$(b^*)^2 + b^*(-1 + d_1 + d_2) - d_2 = 0 \quad .$$

Wegen

$$\frac{1}{4}(-1 + d_1 + d_2)^2 + d_2 > 0$$

und

$$\frac{1}{2}|-1 + d_1 + d_2| < \sqrt{\frac{1}{4}(-1 + d_1 + d_2)^2 + d_2}$$

existieren zwei reelle Lösungen, wobei eine positiv und die andere negativ ist. Also existiert eine biologisch sinnvolle Lösung $(b_2^*, r_2^*)$ mit $b_2^* > 0$, $r_2^* > 0$, genauer:

$$b_2^* = r_2^* = \frac{1}{2}(-1 + d_1 + d_2) + \sqrt{\frac{1}{4}(-1 + d_1 + d_2)^2 + d_2} \qquad . \qquad (183)$$

Die Stabilität der Gleichgewichtslösungen kann mit dem Satz aus Kapitel 3 untersucht werden. Im Fall der Lösung (182) erhalten wir für die Matrix der Linearisierung

$$\begin{pmatrix} -1 & -\frac{d_1}{1+d_2} \\ 0 & d_3 \end{pmatrix} \qquad .$$

Als Determinante erhalten wir $(-d_3)$, daher ist diese Lösung für alle positiven Parameter $d_1, d_2$ und $d_3$ instabil.

Für die Lösung (183) erhalten wir als Matrix der Linearisierung in diesem Punkt unter Verwendung der Gleichungen (178),(179)

$$\begin{pmatrix} b_2^*\left(-1 + \frac{d_1 b_2^*}{(d_2+b_2^*)^2}\right) & -\frac{d_1 b_2^*}{d_2+b_2^*} \\ d_3 & -d_3 \end{pmatrix} \qquad .$$

Daraus ergeben sich die Stabilitätsbedingungen

$$b_2^*\left(-1 + \frac{d_1 b_2^*}{(d_2+b_2^*)^2}\right) - d_3 < 0$$

sowie

$$-b_2^*\left(-1 + \frac{d_1 b_2^*}{(d_2+b_2^*)^2}\right) + \frac{d_1 b_2^*}{d_2+b_2^*} > 0 \qquad\qquad (184)$$

unter Beachtung von (183). (184) ist für $b_2^* > 0$ äquivalent zu

$$1 - \frac{d_1 b_2^*}{(d_2+b_2^*)^2} + \frac{d_1}{d_2+b_2^*} > 0$$

sowie

$$1 + \frac{d_1 d_2}{(d_2+b_2^*)^2} > 0 \qquad .$$

Diese Bedingung ist stets erfüllt. Die Frage der lokalen Stabilität reduziert sich auf

$$-b_2^* + \frac{d_1 (b_2^*)^2}{(d_2+b_2^*)^2} < d_3$$

oder äquivalent dazu auf

$$b_2^* + d_1\left(\frac{1}{\frac{d_2}{b_2^*}+1}\right) < d_3 \qquad .$$

$b_2$ ist dabei durch (183) gegeben. In einer dreidimensionalen Darstellung für $d_1$, $d_2$ und $d_3$ können wir die Grenzfläche veranschaulichen, die lokal stabiles und instabiles Verhalten trennt, vgl. die Abbildungen 94 und 95 und 94.

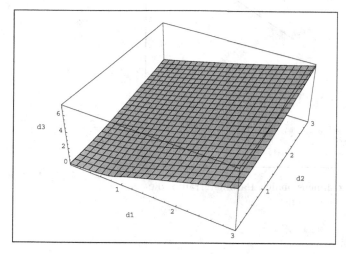

Abbildung 94: Grenzfläche im Parameterraum, die lokal stabiles und instabiles Verhalten trennt

Betrachten wir speziell $d_1 = 2$, so erhalten wir die Abb. 95.

Für $d_1 = 2, d_2 = 0.1$ und $d_3 = 0.5$ erhalten wir eine lokal und global stabile Gleichgewichtslösung in Abbildung 96.

Die Parameter $d_1 = 2, d_2 = 0.1$ und $d_3 = 0.1$ führen dagegen zu einem Grenzzyklus, der asymptotisch orbital stabil ist, vgl. Abbildung 97.

Der zugehörige zeitliche Verlauf der Lösungen auf dem Grenzzyklus wird in der Abbildung 98 dargestellt.

Es fällt auf, dass insbesondere bei der Beutepopulation der Minimalwert unter 1% des Maximalwertes liegt. Wird durch äußere Einwirkungen der Grenzzyklus verlassen, führt danach die Systemdynamik zu diesem zurück. Es lassen sich auch Beispiele mit geringeren Oszillationen konstruieren. Interessant ist in dem angeführten Beispiel die strukturelle Stabilität des Systems bei extremen Schwankungen im zeitlichen Verlauf. Führen äußere Einflüsse dazu, dass Räuber- und Beutepopulationen für einen gewissen Zeitraum z.B. nur in ökologischen Nischen überleben, so entsteht danach durch die Systemdynamik wieder der ursprüngliche Zustand. Die Feststellung, dass beide Populationen gegenüber einer maximalen Beobachtung auf ein Minimum geschrumpft sind, hat bei dem vorliegenden Modell keinesfalls zur Folge, dass die Reduzierung Ausdruck einer dauerhaft veränderten Bestandssituation sind. Der momentane Beobachtungszustand hat in diesem Fall gegenüber der Systemdynamik eine untergeordnete Rolle.

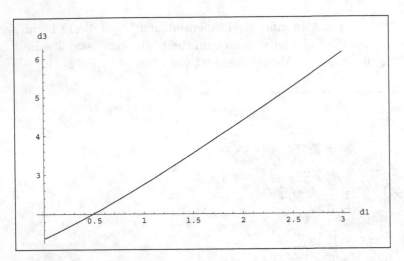

Abbildung 95: Grenzkurve im zweidimensionalen Parameterraum, die lokal stabiles und instabiles Verhalten trennt

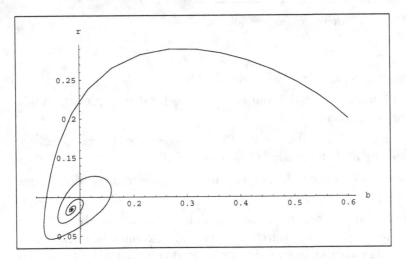

Abbildung 96: Konvergenz der Lösung eines verallgemeinerten Räuber-Beute-Modells gegen einen asymptotisch stabilen Gleichgewichtspunkt

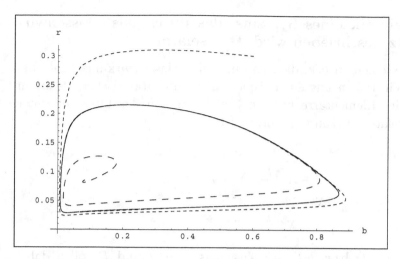

Abbildung 97: Konvergenz der Lösungen eines verallgemeinerten Räuber-Beute-Modells gegen einen Grenzzyklus (durch gezeichnet geschlossene Kurve) von außen (kurz gestrichelt) und innen (länger gestrichelt)

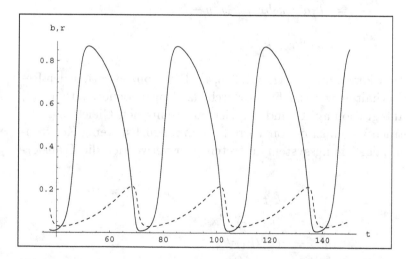

Abbildung 98: zeitabhängiger Verlauf der Räuber- und Beutepopulation auf dem Grenzzyklus (r gestrichelt, b durchgezeichnet)

## 6.5   Reaktionskinetik eines Systems, das durch das Massenwirkungsgesetz beschrieben wird: Brüsselator

Wir kommen zu Systemen zurück, die sich durch das Massenwirkungsgesetz beschreiben lassen. Wir wollen uns ein Beispiel einer autokatalytischen Reaktion ansehen, die aus vier Elementarreaktionen besteht und in der Literatur unter dem Namen „Brüsselator" bekannt geworden ist:

$$A \;\overset{k_1}{\rightarrow}\; X$$
$$B + X \;\overset{k_2}{\rightarrow}\; Y + D$$
$$2X + Y \;\overset{k_3}{\rightarrow}\; 3X$$
$$X \;\overset{k_4}{\rightarrow}\; E \quad .$$

Die Konzentrationen $a(t)$ bzw. $b(t)$ der Ausgangsstoffe $A$ und $B$ sollen dabei zeitlich konstant gehalten werden. Die dritte Reaktion beschreibt den autokatalytischen Schritt. Für die Konzentrationen $x(t)$ bzw. $y(t)$ der Stoffe $X$ bzw. $Y$ erhalten wir folgendes autonome Differentialgleichungssystem:

$$\frac{dx}{dt} = k_1 a - k_2 bx + k_3 x^2 y - k_4 x$$
$$\frac{dy}{dt} = k_2 2bx - k_3 x^2 y$$

mit positiven Reaktionskonstanten $k_i$ ($i = 1, 2, 3, 4$). Die Konzentration der Reaktionsproduktes $E$ erhalten wir (nachdem durch das angegebene System $x(t)$ bekannt ist) durch Integration auf Grund der vierten chemischen Gleichung.

Für strukturelle Betrachtungen ist es von Vorteil, wenn möglichst wenig Konstanten in einem Differentialgleichungssystem auftreten. Wir verwenden die Transformationen

$$t^* = k_4 t$$
$$x^* = (k_3/k_4)^{1/2} x$$
$$y^* = (k_3/k_4)^{1/2} y$$
$$A = \frac{a k_1 k_3^{1/2}}{k_4^{3/2}}$$
$$B = \frac{k_2}{k_4} b \quad .$$

Damit ergibt sich das System (zur Schreibvereinfachung lassen wir die Sterne als wieder entfallen)

$$\frac{dx}{dt} = A - (B+1)x + x^2 y \tag{185}$$

$$\frac{dy}{dt} = Bx - x^2 y \tag{186}$$

mit den positiven Reaktionskonstanten $A$ und $B$. Einziger Gleichgewichtspunkt von (185), (186) ist

$$x^* = A \tag{187}$$

$$y^* = \frac{B}{A} \quad . \tag{188}$$

Eine Linearisierung der rechten Seite von (185), (186) im Gleichgewichtspunkt (187), (188) ergibt die Matrix

$$A = \begin{pmatrix} -(B+1) + x^* y^* & (x^*)^2 \\ B - 2x^* y^* & -(x^*)^2 \end{pmatrix} = \begin{pmatrix} B - 1 & A^2 \\ -B & -A^2 \end{pmatrix} \quad .$$

Wir erhalten

$$tr A = B - 1 - A^2$$
$$det A = A^2 \quad .$$

Daher ist das Gleichgewicht (187), (188) genau dann stabil, wenn

$$B < 1 + A^2$$

gilt. Man kann zeigen, dass für $(A-1)^2 < B < (A+1)^2$ ein stabiler bzw. instabiler Wirbel entsteht, während sonst ein stabiler bzw. instabiler Knoten vorliegt. Für $A = 2$, $B = 0.5$ erhalten wir $x_1^* = 2$, $y_1^* = 0.25$ (stabile Spirale ) und für $A = 2$, $B = 3$ gilt $x_2^* = 2$, $y_2^* = 1.5$ (stabiler Knoten). Die zugehörigen Lösungskurven in der $x - y$-Phasenebene bei unterschiedlichen Anfangswerten sind durch die Abbildungen (99) und (100) veranschaulicht.

Ist die Gleichgewichtsbedingung nicht erfüllt, so so kann man zeigen, dass ein Grenzzyklus existiert (Satz von Poincare - Bendixon).

## 6.6 Reversible Reihenschaltung in der Physiologie

In Verallgemeinerung der Situation bei biochemischen Elementarreaktionen, die durch das im vorigen Abschnitt betrachtete Massenwirkungsgesetz exakt beschrieben werden, können physiologische Systeme betrachtet werden. Beispiele dazu sind die Speicherung bzw. der Abbau von Wirkstoffen in Leber und Niere, das

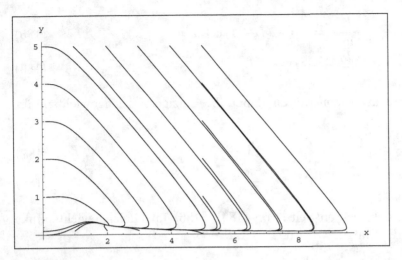

Abbildung 99: Konvergenz der Lösungstrajektorien beim Brüsselator
gegen ein stabiles Gleichgewicht (Knoten)

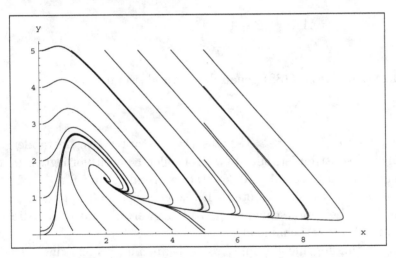

Abbildung 100: Konvergenz der Lösungstrajektorien beim Brüsselator
gegen ein stabiles Gleichgewicht (Spirale)

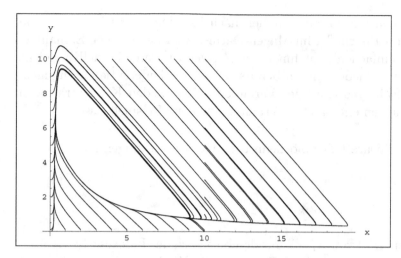

Abbildung 101: Konvergenz der Lösungstrajektorien beim Brüsselator gegen einen Grenzzyklus (A=2, B=7, instabile Spirale)

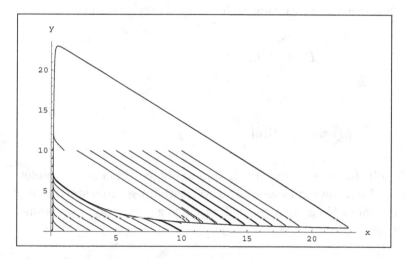

Abbildung 102: Konvergenz der Lösungstrajektorien beim Brüsselator gegen einen Grenzzyklus (A=2, B=12, instabiler Knoten)

Verhalten von Organen und Organsystemen nach Infusion oder Bluttransfusion sowie die Abgabe von Pharmaka im Magen-Darm-Kanal nach oraler Einnahme. Wir gelangen unter einfachen Annahmen entsprechend unserer Modellvergleiche im dritten Kapitel u.a. wieder zu den bereits bekannten Differentialgleichungen. Bei einer größeren Zahl unabhängiger Variablen (die z.B. den Konzentrationen verschiedener Substanzen entsprechen) erhalten wir neue Beispielklassen.

Wir betrachten eine lineare Folge biochemischer Wechselwirkungen nach

$$X_1 \underset{k_{-1}}{\overset{k_1}{\rightleftarrows}} X_2 \underset{k_{-2}}{\overset{k_2}{\rightleftarrows}} ... \underset{k_{-(n-1)}}{\overset{k_{n-1}}{\rightleftarrows}} X_n \quad .$$

Die Wirkstoffmengen $x_i(t)$ von $X_i$ soll mit den bezüglich des Indexes $i$ benachbarten Wirkstoffen $X_{i-1}$ und $X_{i+1}$ ($i = 2, 3, ..., n-1$) in Wechselwirkung stehen mit Ausnahme der Ränder $X_1$ und $X_n$, bei denen nur nach einer Seite eine Wechselwirkung stattfindet. Auf Grund der linearen Struktur und der Wirkung in beide Richtungen wird auch von einer „reversiblen Reihenschaltung" gesprochen. Beispiele sind relevante Substanzkonzentrationen der Organkompartimente

$$Blut \underset{k_{-1}}{\overset{k_1}{\rightleftarrows}} Leber$$

oder

$$Muskel \underset{k_{-1}}{\overset{k_1}{\rightleftarrows}} Blut \underset{k_{-2}}{\overset{k_2}{\rightleftarrows}} Leber$$

(vgl.[SCH 1999]). Es soll ein linearer Ansatz nach dem obigen Schema verwendet werden, bei dem wie im Massenwirkungsgesetz ein Wirkstoffaustausch stattfindet, d.h. eine Abnahme in einem Kompartment soll zu einer gleich großen Zunahme im anderen Kompartment führen:

$$\begin{aligned}
\frac{dx_1}{dt} &= -k_1 x_1 + k_{-1} x_2 \\
\frac{dx_2}{dt} &= k_1 x_1 + (-k_{-1} + k_2) x_2 + k_{-2} x_3 \\
&\phantom{=}\ ... \\
\frac{dx_n}{dt} &= k_{n-1} x_{n-1} - k_{-(n-1)} x_n \quad .
\end{aligned} \tag{189}$$

Damit haben wir ein lineares gewöhnliches Differentialgleichungssystem mit konstanten Koeffizienten, die Koeffizientenmatrix hat Tridiagonalgestalt (d.h. nur die Hauptdiagonale und die darüber oder darunter stehenden Werte sind von Null verschieden). Wir können also

$$\frac{d}{dt}\begin{pmatrix} x_1 \\ x_2 \\ x_3 \\ \cdots \\ x_{n-1} \\ x_n \end{pmatrix} = A \begin{pmatrix} x_1 \\ x_2 \\ x_3 \\ \cdots \\ x_{n-1} \\ x_n \end{pmatrix} \qquad (190)$$

mit der Matrix

$$A = \begin{pmatrix} -k_1 & k_1 & 0 & \cdots & & 0 \\ k_1 & -k_{-1} - k_2 & k_{-2} & 0 & \cdots & 0 \\ 0 & k_2 & -k_{-2} - k_3 & k_{-3} & 0 & .. & 0 \\ \cdots & \cdots & & \cdots & \\ 0 & \cdots & & & 0 & k_{n-1} & -k_{-(n-1)} \end{pmatrix}$$

schreiben. Bevor wir einen Satz über die Lösung des Systems (190) mit einer konstanten Matrix

$$A = (c_{i,j})_{i,j=1,\ldots,n}$$

angeben, wollen wir den Spezialfall $n = 2$ von nur zwei Kompartmenten betrachten. Wir haben dann das Differentialgleichungssystem

$$\frac{dx_1}{dt} = -k_1 x_1 + k_{-1} x_2$$
$$\frac{dx_2}{dt} = k_1 x_1 - k_{-1} x_2$$

mit der Koeffizientenmatrix

$$A = \begin{pmatrix} -k_1 & k_{-1} \\ k_1 & -k_{-1} \end{pmatrix} \qquad . \qquad (191)$$

Für die Lösungen des Differentialgleichungssystems sind die Eigenwerte von (191) von entscheidender Bedeutung. Diese sind

$$\lambda_1 = -k_1 - k_{-1}$$
$$\lambda_2 = 0$$

mit den Eigenvektoren

$$\begin{pmatrix} 1 \\ 1 \end{pmatrix}, \begin{pmatrix} k_{-1} \\ k_1 \end{pmatrix} \qquad .$$

Die allgemeine Lösung lautet für $n = 2$

$$\begin{pmatrix} x_1 \\ x_2 \end{pmatrix} = c_1 \begin{pmatrix} 1 \\ 1 \end{pmatrix} e^{-(k_1+k_{-1})t} + c_2 \begin{pmatrix} k_{-1} \\ k_1 \end{pmatrix} \qquad .$$

Daraus folgt, dass ein Gleichgewichtszustand existiert:

$$\begin{pmatrix} x_1^* \\ x_2^* \end{pmatrix} = c_2 \begin{pmatrix} k_{-1} \\ k_1 \end{pmatrix} \quad .$$

Da die Determinante von $A$ den Wert Null hat, lassen sich die bisher verwendeten Sätze über die Stabilität von Gleichgewichtszuständen nicht verwenden. Wir erhalten mit $k_1 = k_{-1} = c_1 = c_2 = 1$ Beispiele für die Zeitabhängigkeit der Lösungskurven und die Lösungstrajektorien im $x_1 - x_2$-Phasenraum. Die Differenz zum Grenzwert fällt exponentiell. Man überzeuge sich davon, dass die Lösungskurven im $x_1$-$x_2$-Phasenraum Geraden sind.

Die Eigenwerte $\lambda_i$, die durch die Nullstellen der Gleichung

$$det(A - \lambda_i E) = 0 \tag{192}$$

mit der $n$-dimensionalen Einheitsmatrix $E$ bestimmt sind, können mehrfache Vielfachheit $\beta_i$ haben. Aus der Eigenwertgleichung (192) können wir dann zum Eigenwert $\lambda_i$ einen Faktor $(\lambda - \lambda_i)^{\beta_i}$ ausklammern. Wir sagen, dass die Vektoren

$$\vec{x}^{s,i} = \begin{pmatrix} x_1^{s,i} \\ x_2^{s,i} \\ ... \\ x_n^{s,i} \end{pmatrix}$$

für $s = 1, ..., \beta_i - 1$ eine Kette von Hauptvektoren zum Eigenwert $\beta_i$ bilden, wenn

$$(A - \lambda_i E)\vec{x}^{s+1,i} = \vec{x}^{s,i} \quad (s = 1, ..., \beta_i - 1)$$

gilt. Für die Lösungen des Systems (190) gilt folgender

**Satz 6.2.** *Es existiert ein System von $n$ linear unabhängigen Haupt- und Eigenvektoren $\vec{x}^1, ..., \vec{x}^{1,\beta_1}, \vec{x}^2, ..., \vec{x}^{2,\beta_2}, ..., \vec{x}^m, ..., \vec{x}^{m,\beta_m}$ mit*

$$\begin{aligned} (A - \lambda_i E)\vec{x}^{i,1} &= 0 \\ (A - \lambda_i E)\vec{x}^{i,s+1} &= \vec{x}^{i,s} \end{aligned}$$

*und $i = 1, ..., \beta_r - 1$, $r = 1, ..., m$. Mit Polynomen $P_i(t)$ mit konstanten Koeffizienten höchstens vom Grad $\beta_i - 1$ ist die allgemeine Lösung von (190) für alle Zeiten $t$ gegeben durch*

$$\vec{x}(t) = \sum_{i=1}^{m} \sum_{s=1}^{i-1} \vec{x}_i^s \, e^{\lambda_i t} \quad .$$

*Sind alle Eigenwerte voneinander verschieden und ungleich Null, so kommen nur Eigenvektoren vor.*

Aus (189) folgt durch Addition aller Gleichungen

$$\sum_{i=1}^{n} \frac{dx_i}{dt} = 0$$

und damit ist die Determinante von $A$ Null und einer der Eigenwerte Null (ein Beispiel dazu bilden die oben angegebenen Formeln zu $n = 2$).

Wir wollen noch die Koeffizientenmatrix $A$ und deren Eigenwerte für $n = 3$ angeben. Damit lassen sich die aus dem angegebenen Satz folgenden Lösungstrajektorien für $t \to \infty$ angeben. Zunächst erhalten wir

$$A = \begin{pmatrix} -k_1 & k_{-1} & 0 \\ k_1 & -k_{-1} - k_{-2} & k_{-2} \\ 0 & k_2 & -k_{-2} \end{pmatrix} \quad .$$

Daraus ergeben sich die Eigenwerte

$$\lambda_1 = -\frac{k_1 + k_{-1} + k_2 + k_{-2}}{2} + \frac{1}{2}\sqrt{(k_1 + k_{-1} + k_2 + k_{-2})^2 + 4k_{-1}k_2}$$

$$\lambda_2 = -\frac{k_1 + k_{-1} + k_2 + k_{-2}}{2} - \frac{1}{2}\sqrt{(k_1 + k_{-1} + k_2 + k_{-2})^2 + 4k_{-1}k_2}$$

$$\lambda_3 = 0 \quad .$$

## 6.7 Das „pharmakokinetische Grundmodell": physiologische Wechselwirkungen von Muskeln, Blut, Niere und Leber

In [KNO 1981] wird ein Kompartmentmodell aus 4 Komponenten (mit den Beispielen Muskel, Blut, Niere und Leber) als Verallgemeinerung des linearen Modells aus dem vorigen Abschnitt eingeführt.

Das Wechselwirkungsmodell ist dabei

$$Muskel \to Blut \to Niere$$
$$\updownarrow$$
$$Leber \quad .$$

In allgemeinerer Schreibweise haben wir das Modell

$$X_1 \overset{k_1}{\to} X_2 \overset{k_2}{\to} X_3$$
$$\phantom{X_1} \overset{k_3}{\downarrow}\overset{k_4}{\uparrow}$$
$$X_4 \quad .$$

Das entsprechende lineare Differentialgleichungsmodell ist dann

$$\frac{dx_1}{dt} = -k_1\, x_1(t) \tag{193}$$

$$\frac{dx_2}{dt} = k_1\, x_1(t) - (k_2 + k_3)\, x_2(t) + k_4 x_4(t) \tag{194}$$

$$\frac{dx_3}{dt} = k_2\, x_2(t) \tag{195}$$

$$\frac{dx_4}{dt} = k_3\, x_2(t) - k_4 x_4(t) \quad . \tag{196}$$

Wir werden die Lösungen nach dem Satz aus dem vorigen Abschnitt bestimmen.

Eine alternative Vorgehensweise besteht darin, die spezielle Gestalt von (193) - (196) auszunutzen. Die Gleichung (193) führt auf eine exponentielle Abnahme für $x_1(t)$ gemäß Kapitel 3. Die Gleichungen (194), (195) können wir dann als ein zweidimensionales nicht autonomes Differentialgleichungssystem (mit bekannter Funktion $x_1(t)$) mit der Methode „Variation der Konstanten" lösen. Ist somit $x_2(t)$ bekannt, kann die Gleichung (196) durch Integration gelöst werden.

Die Koeffizientenmatrix zum System (193) - (196) ist

$$A = \begin{pmatrix} -k_1 & 0 & 0 & 0 \\ k_1 & -k_2 - k_3 & 0 & k_4 \\ 0 & k_2 & 0 & 0 \\ 0 & k_3 & 0 & -k_4 \end{pmatrix} \quad .$$

Die Eigenwerte von $A$ sind

$$\lambda_1 = 0$$
$$\lambda_2 = k_1$$
$$\lambda_3 = \frac{k_2 + k_3 + k_4}{2} + \frac{1}{2}\sqrt{(k_2 + k_3 + k_4)^2 - 4k_2 k_4}$$
$$\lambda_4 = \frac{k_2 + k_3 + k_4}{2} - \frac{1}{2}\sqrt{(k_2 + k_3 + k_4)^2 - 4k_2 k_4}$$

Die von Null verschiedenen Eigenwerte sind negativ.

Wir erhalten i.A. ein System von Haupt- und Eigenvektoren, in dem die Eigenvektoren allein den vierdimensionalen Raum nicht aufspannen. Setzen wir z.B. $k_1 = 1$, $k_2 = 2$, $k_3 = 3$ und $k_4 = 4$ und verwenden die Anfangswerte

$x_1(0) = x_2(0) = x_3(0) = x_4(0) = 1$, so erhalten wir die Lösung

$$x_1(t) = e^{-t}$$

$$x_2(t) = -\frac{4}{49}e^{-8t} + \frac{53}{49}e^{-t} + \frac{21}{49}te^t$$

$$x_3(t) = 4 + \frac{1}{49}e^{-8t} + \frac{148}{49}e^{-t} + -\frac{6}{7}te^t$$

$$x_4(t) = \frac{3}{49}e^{-8t} + \frac{46}{49}e^{-t} + \frac{21}{49}te^{-t} \quad .$$

Zu den Berechnungen ist natürlich ein Computeralgebrasystem wie Mathematica von großem Vorteil. Eine Möglichkeit, die Rechnungen mit erträglichem Aufwand „per Hand" durchzuführen, wurde oben angegeben. Die numerische Lösung ergibt Abbildung 103.

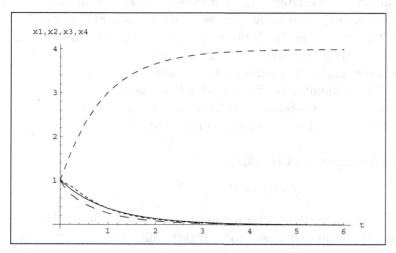

Abbildung 103: Numerische Lösung zum „pharmakokinetischen Grund-modell"

## 6.8 Das SIR-Modell zur Ausbreitung von Infektionskrankheiten

In der Mathematischen Biologie wird die Ausbreitung von Epidemien auf der Basis von Modellen untersucht. Es werden Informationen über den Verlauf von Krankheiten auf individuellem Niveau und Kenntnisse über Ansteckungsmechanismen genutzt. Die Modelle sind nur dann brauchbar, wenn sinnvolle Annahmen verwendet werden und relevante Vorhersagen gemacht werden, die nicht ohnehin klar sind. Auch wenn die Vorhersage nicht oder nur zum Teil bestätigt wird, liegt ein Erfolg vor, wenn auf der Basis des Modells zielgerichtet neue Experimente oder Datenerhebungen vorgenommen werden können. Da in Biologie und Medizin viele Einflüsse zunächst vernachlässigt werden müssen, haben die Modelle einen weniger endgültigen Charakter als z.B. in der Physik.

Es ist üblich, bezüglich der Krankheitsstadien in die Klassen S, E (E wird im folgenden vernachlässigt), I und R zu unterteilen, in der Literatur werden auch weitere Verfeinerungen betrachtet. In diesem Abschnitt wird die Population als homogen vorausgesetzt, im nächsten Abschnitt untersuchen wir den Fall von Subpopulationen. S symbolisiert „susceptible": die S-Individuen zeigen weder Krankheitssymptome noch befinden sie sich in einer möglicherweise symptomfreien Ansteckungsphase und sind auch nicht immun gegen die Krankheit. Diese Individuen sind potentiell durch die Krankheit gefährdet. In der E-Phase („exposed") sind Individuen, die bereits angesteckt sind, ihrerseits aber die Krankheit noch nicht weiterverbreiten. Wir sehen in diesem Abschnitt die E-Phase als vernachlässigbar kurz an. In der I-Phase („infective" oder „infectious") treten Krankheitssymptome auf, und die Krankheit kann an S-Individuen weiter übertragen werden. Ein Individuum kann für lange Zeit in der S-Phase verbleiben (z.B. bei chronischen Krankheiten), nach einer gewissen (individuell möglicherweise sehr verschiedenen) Zeit wieder in die S-Phase gelangen, ein Immunverhalten erlangen oder versterben. Als R-Individuen („removed" oder „recovered") werden je nach Interpretation die an der betrachteten Infektionskrankheit verstorbenen Individuen bezeichnet (um damit z.B. die zeitliche Konstanz der Populationsgröße zu erreichen), es können andererseits auch die Individuen mit dauerhaftem Immunverhalten sein (soweit im betrachteten Fall möglich).

Wir wollen in diesem Abschnitt die Übergänge

$$S \to I \to R$$

mit nicht linearem Übergangsverhalten betrachten. Die Zahl der Individuen in den Klassen S, I und R soll in zeitlicher Abhängigkeit mit $s(t)$, $i(t)$ bzw. $r(t)$ bezeichnet werden.

Es wird mit dem Modellansatz untersucht, unter welchen Bedingungen es zu einer Ausbreitung der Krankheit im Sinne einer Zunahme von gleichzeitig erkrankten Individuen kommt (Prävalenz, Punktprävalenz). Zur Planung medizinischer Behandlungskapazitäten ist die maximale Anzahl zu einem Zeitpunkt erkrankter Individuen von Interesse. Es interessiert, von welchen Parametern dieses Maximum in welcher Weise beeinflusst wird und zu welchem Zeitpunkt es auftritt. Das Gesamtausmaß der Erkrankung im Sinne des Anteils der Population, der zu irgend einem Zeitpunkt von der Krankheit betroffen ist, sollte bestimmt werden. In ökologischen Systemen wird davon die Frage betroffen, ob eine Tierart möglicherweise vom Aussterben bedroht ist.

Analog zum Lotka-Volterra-Ansatz soll der Übergang

$$S \to I$$

durch einen bilinearen Ansatz modelliert werden. Das Ansteckungsrisiko soll sowohl proportional zur Anzahl gesunder (S-Klasse) als auch kranker (I-Klasse) Individuen sein. Der Übergang

$$I \to R$$

soll dagegen linear erfolgen. Dies kann durch eine mittlere Krankheitsdauer (vor Tod oder dauerhaftem Immunverhalten) erreicht werden. Insgesamt erhalten wir folgendes System autonomer Differentialgleichungen:

$$\frac{ds}{dt} = -a\,s\,i \tag{197}$$

$$\frac{di}{dt} = a\,s\,i - b\,i \tag{198}$$

$$\frac{dr}{dt} = b\,i \tag{199}$$

mit den positiven Konstanten $a$ und $b$. Als Anfangswerte verwenden wir

$$s(0) = s_0 > 0 \tag{200}$$
$$i(0) = i_0 > 0 \tag{201}$$
$$r(0) = 0 \quad . \tag{202}$$

Wegen

$$\frac{ds}{dt} + \frac{di}{dt} + \frac{dr}{dt} = 0$$

gilt

$$s(t) + i(t) + r(t) = s_0 + i_0 \quad . \tag{203}$$

Die konstante Populationsgröße bezeichnen wir mit $n$:

$$n = s(t) + i(t) + r(t) = s_0 + i_0 \quad .$$

Wir können zunächst das System (197), (198) lösen und $r(t)$ aus (203) bestimmen. Für andere Überlegungen wird es sich aber als vorteilhaft herausstellen, auch die Gleichung (199) zu verwenden.

Für einen Gleichgewichtspunkt des Systems (197) - (199) ist $i = 0$ eine notwendige Bedingung. Aus (197) folgt, dass $s(t)$ monoton fallend ist, und aus (199) folgt, dass $r(t)$ monoton wächst, falls die Lösungen des Anfangswertproblems (197) - (202) den biologisch sinnvollen Bereich

$$s(t) \geq 0 \tag{204}$$
$$i(t) \geq 0 \tag{205}$$
$$r(t) \geq 0 \tag{206}$$

nicht verlassen. Dass dies in der Tat der Fall ist, müssen wir noch zeigen. Es sei $t_1$
das Supremum der Werte, für die die für alle $t \geq 0$ eindeutig bestimmte Lösung
des Anfangswertproblems im Bereich (204) - (206) liegt (und wir wollen zeigen,
dass $t_1 = \infty$ gilt).

Für $t \leq t_1$ erhalten wir aus (197) und (198) durch Quotientenbildung für den
$i - s$-Phasenraum

$$\frac{di}{ds} = -1 + \frac{b}{a}\frac{1}{s} \qquad . \tag{207}$$

Im Inneren des Gebietes (204) - (206) (d.h. für $s(t) > 0$, $i(t) > 0$, $r(t) > 0$)
ist $s(t)$ streng monoton fallend und damit ist $i = i(s)$ durch $s$ parametrisierbar.
Integrieren wir (207), so ergibt sich

$$i = -s + \frac{b}{a}ln(s) + c_0 \qquad .$$

Bestimmen wir $c_0$ aus den Anfangswerten, so folgt

$$i = n - s + \frac{b}{a}ln(s/s_0) \qquad . \tag{208}$$

Wäre $s(t_1) = 0$, so würde aus (208)

$$\lim_{t \to t_1} i(t) = -\infty$$

folgen. Dann wäre nach dem Zwischenwertsatz $i(t_2) = 0$ für ein $t_2 < t_1$ im Widerspruch zur Definition von $t_1$.

Der Verlauf der Abhängigkeit $i = i(s)$ nach (208) ist der Abbildung 104 zu entnehmen.

Die Abbildung 104 könnte Anlass zur Vermutung geben, dass die Lösungskurve
von (197) - (199) für hinreichend große $t$ das biologisch sinnvolle Gebiet (204) -
(206) verlässt, indem für ein $t_2 > 0$ $i(t_2) = 0$ gilt. Wir wollen zeigen, dass eine
solche Annahme zu einem Widerspruch führt.

Gelten (204), (205) für $0 \leq t \leq t_0$, so folgt (206) auf Grund der Monotonie (für
alle $t_0 \geq 0$). Nehmen wir an, $t_1$ sei das Minimum aller Werte $t$, für die $s(t_1) = 0$
oder $i(t_1) = 0$ gilt. Aus $i(t_2) = 0$ folgt aber, dass alle Variablen auf Grund der
Differentialgleichungen konstante Werte haben. Dies lässt sich auf Grund der bis
$t = t_1 \geq t_2$ eindeutig bestimmten Lösung des Anfangswertproblems (197) - (202)
auch bis $t = 0$ zurück bestimmen und wir erhalten einen Widerspruch zu (201).
Also bleiben die Lösungskurven von (197) - (202) für alle $t > 0$ im biologisch
sinnvollen Bereich (204) - (206).

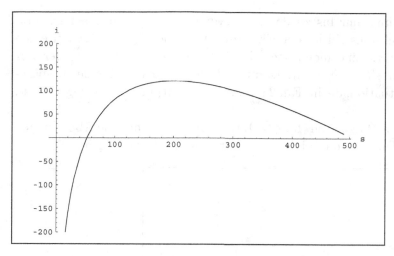

Abbildung 104: Kurvendarstellung $i = i(s)$

Auf Grund von (198) ergibt sich für einen lokalen Extremwert von $i = i(t)$ unter Verwendung von $i(t) > 0$ die notwendige Bedingung

$$s = \frac{b}{a} \quad .$$

Auf Grund der strengen Monotonie von $s = s(t)$ kann dies für höchstens ein $t_3 > 3$ erfüllt sein. Wäre $i = i(t)$ für $t > t_3$ monoton wachsend, so würde wegen (199) $r = r(t)$ mindestens linear wachsen und somit für hinreichend große Zeit die Populationsgröße $n$ übersteigen. Da unter dieser Annahme auch $i = i(t)$ monoton wächst, müsste $s = s(t)$ für hinreichend großes $t$ negative Werte annehmen und würde im Widerspruch zu obigen Betrachtungen das biologisch sinnvolle Gebiet verlassen.

Fällt $i = i(t)$ monoton, so kann es für $t \to \infty$ keinen von Null verschiedenen Grenzwert geben, da sonst wiederum $r = r(t)$ für hinreichend große $t$ beliebig groß würde.

Nun gibt es die Möglichkeiten, dass

- Fall1: $s_0 > b/a$ oder

- Fall2: $s_0 \leq b/a$

gilt. Im Fall 1 kommt es wegen (198) zunächst zu einem monotonen Wachstum von $i = i(t)$. Da wir bereits wissen, dass

$$\lim_{t \to \infty} i(t) = 0$$

gilt, kann die Zunahme nur bis zu einem Maximalwert erfolgen. Da nach obiger Betrachtung höchstens ein lokaler Extremwert existiert, gibt es genau einen globalen Maximalwert. Eine monotone Abnahme von $i = i(t)$ kann aber nur dann erfolgen, wenn $s(t) < b/a$ gilt. Damit entsteht im Fall 1 für einen späteren Zeitpunkt die Situation, die im Fall 2 zum Anfangszeitpunkt $t = 0$ gegeben ist.

Im Fall 2 nimmt $s = s(t)$ monoton (für $t > 0$ streng monoton) ab. Die Abbildungen (105) und (106) sollen das unterschiedliche Systemverhalten verdeutlichen.

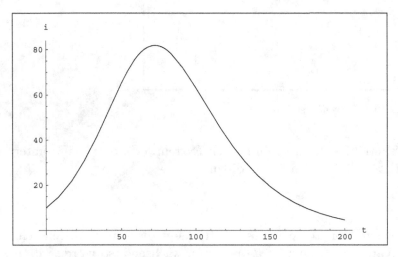

Abbildung 105: Zunahme der infizierten Individuen bis zu einem Maximalwert, dann streng monotone Abnahme mit dem Grenzwert Null

Die maximale Anzahl erkrankter Individuen im Fall 1 erhalten wir aus (208) mit

$$i_{max} = n - \frac{b}{a}\left(1 - log(b/a) + log(s_0)\right) \qquad . \qquad (209)$$

Im Fall 2 nimmt die Anzahl erkrankter Individuen vom Anfangszeitpunkt an ab. Damit haben wir die eingangs aufgeworfene Frage nach der maximalen Anzahl gleichzeitig erkrankter Individuen beantwortet. Wir erhalten folgende Darstellung in Abhängigkeit von $b/a$ und $i_0$:

Wenn wir der Frage nach dem Gesamtausmaß der Krankheit (die Anzahl der zu irgend einem Zeitpunkt betroffenen Individuen, Inzidenz) beantworten wollen, ist eine Betrachtung in der $r$-$s$-Phasenebene von Vorteil. Aus (197) und (199) folgt

$$\frac{dr}{ds} = -\frac{b}{a}\frac{1}{s}$$

und damit unter Beachtung der Anfangswerte

$$s(t) = e^{-a\,r(t)/b}s_0 \qquad .$$

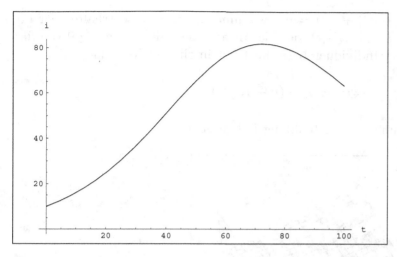

Abbildung 106: Abnahme der infizierten Individuen von Beginn an mit dem Grenzwert Null

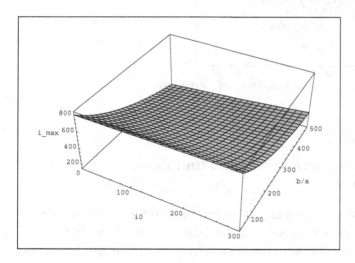

Abbildung 107: Maximale Anzahl gleichzeitig erkrankter Individuen

Verwenden wir $s(t) + i(t) + r(t) = n$ sowie $\lim_{t \to \infty} i(t) = 0$, so erhalten wir für den Grenzwert $s_\infty = \lim_{t \to \infty} s(t)$, der die Anzahl über alle Zeiten $t \geq 0$ von der Krankheit betroffener Individuen bezeichnet, die implizite Gleichung

$$s_\infty = exp(-a(n - s_\infty)/b)s_0 \quad .$$

Eine Veranschaulichung ist in Abbildung 108 gegeben.

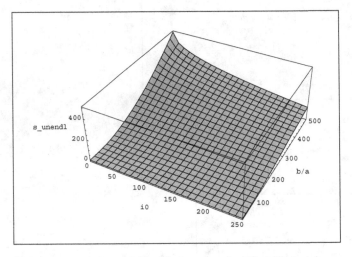

Abbildung 108: Maximalzahl der von der Krankheit insgesamt verschont gebliebener Individuen

## 6.9    Ein SIS - Mehrkompartmentmodell und dessen Stabilitätsverhalten

Wir wollen uns mit einem Modell einer Infektionskranheit mit zwei Subpopulationen beschäftigen. Wir können uns diese als männliche und weibliche Individuen bei einer sexuell übertragbaren Infektionskrankheit vorstellen. Als Stadien sollen nur die $S$- bzw. $S^*$-Individuen (gesunde und infizierbare männliche bzw. weibliche Personen) und $I$- bzw. $I^*$-Individuen (erkrankte und ansteckende Personen) vorkommen. $S$-Individuen sollen von $I^*$-Individuen sowie $S^*$- von $I$-Individuen infiziert werden. Dies entspricht folgendem Schema:

$$
\begin{array}{ccccc}
S & \begin{array}{c} \longleftarrow \\ \longrightarrow \end{array} & I & & \text{(männlich)} \\[2ex]
& \searrow \quad \swarrow & & & \\
& \swarrow \quad \searrow & & & \\[2ex]
S^* & \begin{array}{c} \longleftarrow \\ \longrightarrow \end{array} & I^* & & \text{(weiblich)} \\
\end{array}
$$

(gesunde Individuen)          (erkrankte Individuen)    .

Beide Teilpopulationen sollen eine zeitlich konstante Größe haben:

$$S(t) + I(t) \;=\; N \qquad\qquad (210)$$

$$S^*(t) + I^*(t) \;=\; N^* \qquad . \qquad (211)$$

Wie im vorigen Abschnitt soll das Ansteckungsverhalten zwischen den angegebenen Teilpopulationen bilinear und die Gesundung linear sein. Das autonome Differentialgleichungsmodell sei

$$\frac{dS}{dt} \;=\; -r\,S\,I^* + a\,I$$

$$\frac{dI}{dt} \;=\; r\,S\,I^* - a\,I$$

$$\frac{dS^*}{dt} \;=\; -r^*\,S^*\,I + a^*\,I^*$$

$$\frac{dI^*}{dt} \;=\; r^*\,S^*\,I - a^*\,I$$

$$(212)$$

mit den Anfangswerten

$$0 < S(0) \;=\; S_0 < N$$

$$0 < I(0) \;=\; I_0 < N$$

$$0 < S^*(0) \;=\; S_0^* < N^*$$

$$0 < I^*(0) \;=\; I_0^* < N^* \qquad .$$

Mit (210), (211) reduziert sich die Problemstellung auf die beiden Differentialgleichungen

$$\frac{dI}{dt} \;=\; r\,I^*(N - I) - a\,I \qquad\qquad (213)$$

$$\frac{dI^*}{dt} \;=\; r^*\,I(N - I^*) - a^*\,I^* \qquad . \qquad (214)$$

Lösungskurven von (213), (214) mit $0 < I_0 < N$ und $0 < I_0^* < N^*$ verlassen den biologisch sinnvollen Bereich $0 \leq I \leq N$, $0 \leq I^* \leq N^*$ nicht. Davon überzeugt man sich durch die Betrachtung der Tangenten

$$\left( \frac{dI}{dt}, \frac{dI^*}{dt} \right)$$

an die Lösungskurven auf dem Rand des biologisch sinnvollen Bereiches. Eine Gleichgewichtslösung ist

$$I \;=\; 0$$

$$I^* \;=\; 0 \qquad .$$

Setzen wir für eine Gleichgewichtslösung $I$ oder $I^*$ als von Null verschieden voraus, so folgt

$$I_s = \frac{NN^* - \rho\rho^*}{\rho + N^*} \tag{215}$$

$$I_s^* = \frac{NN^* - \rho\rho^*}{\rho^* + N} \tag{216}$$

mit

$$\rho = \frac{a}{r}$$

$$\rho^* = \frac{a^*}{r^*} \quad .$$

Wir wollen (215), (216) zeigen. Aus

$$I_s^*(N - I_s) - \rho I_s = 0$$
$$I_s(N^* - I_s^*) - \rho^* I_s^* = 0$$

folgt

$$I_s^* N - \rho I_s = I_s I_s^*$$
$$I_s N^* - \rho^* I_s^* = I_s I_s^*$$

und daraus

$$I_s^* N - \rho I_s = I_s N^* - \rho^* I_s^* \quad .$$

Daher gilt

$$I_s^* = \frac{N^* + \rho}{N^* + \rho^*} I_s \quad . \tag{217}$$

Ein Einsetzen in die Ausgangsgleichung ergibt

$$\frac{N^* + \rho}{N^* + \rho^*} I_s(N - I_s) = \rho I_s \quad .$$

Unter der Voraussetzung $I \neq 0$ folgt (215) und daraus wegen (217) die Gleichung (216). Unter der Voraussetzung $I_s^* \neq 0$ muss die Argumentation bezüglich der verwendeten Gleichungen vertauscht werden.

Ein positives Gleichgewicht existiert also genau dann, wenn

$$\frac{NN^*}{\rho\rho^*} > 1 \tag{218}$$

gilt („threshold condition").

Um uns der Frage der Stabilität der ermittelten Gleichgewichtspunkte zuzuwenden, beginnen wir mit dem trivialen Gleichgewicht. Eine Linearisierung in $(I, I^*) = (0, 0)$ liefert das System

$$\frac{d}{dt}\left(\begin{array}{c} \bar{I} \\ \bar{I}^* \end{array}\right) = \left(\begin{array}{cc} -a & rN \\ r^*N^* & -a^* \end{array}\right)\left(\begin{array}{c} \bar{I} \\ \bar{I}^* \end{array}\right) \quad .$$

Mit

$$A = \left(\begin{array}{cc} -a & rN \\ r^*N^* & -a^* \end{array}\right)$$

erhalten wir $trA < 0$ und

$$detA = aa^* - rr^*NN^* = aa^*\left(1 - \frac{NN^*}{\rho\rho^*}\right) \quad .$$

Das triviale Gleichgewicht ist also genau dann stabil, wenn kein positives Gleichgewicht existiert. Man kann zeigen, dass unter der betrachteten Bedingung das triviale Gleichgewicht auch global stabil ist. Diese Situation wird in der $I$-$I^*$-Phasenebene durch Abbildung 109 veranschaulicht.

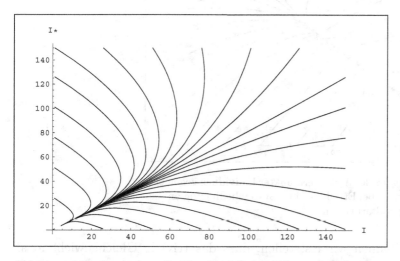

Abbildung 109: Aussterben der Krankheit bei Erfüllung einer Systembedingung an die Parameter bei beliebigen Startwerten

Existiert ein positives Gleichgewicht unter der Voraussetzung (218), so erhalten wir durch die Transformation des Gleichgewichtes auf den Nullpunkt mit $\tilde{I} = I - I_s$ und $\tilde{I}^* = I^* - I_s^*$ das System

$$\begin{aligned}
\frac{d\tilde{I}}{dt} &= r(\tilde{I}^* + I_s^*)(N - I_s - \tilde{I}) - a(\tilde{I} + I_s) \\
\frac{d\tilde{I}^*}{dt} &= r^*(\tilde{I} + I_s^*)(N - I_s^* - \tilde{I}^*) - a(\tilde{I}^* + I_s^*) \quad .
\end{aligned}$$

Eine Linearisierung ergibt dann

$$\frac{d}{dt}\begin{pmatrix} \hat{I} \\ \hat{I}^* \end{pmatrix} = A \begin{pmatrix} \hat{I} \\ \hat{I}^* \end{pmatrix}$$

mit

$$A = \begin{pmatrix} -rI_s^* - a & r(N - I_s) \\ r^*(N^* - I_s^*) & -r^* I_s - a^* \end{pmatrix} \quad .$$

Offensichtlich gilt $trA < 0$. Man überzeuge sich davon, dass die Bedingung $detA > 0$ genau dann erfüllt ist, wenn das positive Gleichgewicht existiert (also (218) erfüllt ist).

Diese Situation wird in der $I$-$I^*$-Phasenebene durch die Abbildung 110 veranschaulicht.

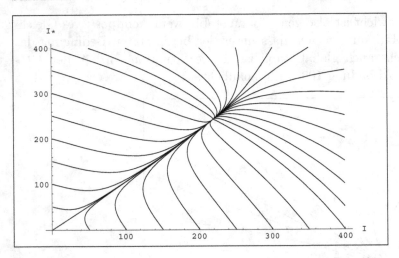

Abbildung 110: Konvergenz der Anzahl erkrankter Individuen gegen ein endemisches Gleichgewicht bei Erfüllung einer Systembedingung an die Parameter bei beliebigen Startwerten

Zusammenfassend können wir feststellen, dass das triviale Gleichgewicht lokal (und global) stabil ist, wenn kein positives Gleichgewicht existiert. Existiert dagegen ein positives Gleichgewicht, so ist das triviale Gleichgewicht instabil und das positive Gleichgewicht stabil.

# 7 Rückkopplungssysteme, Bifurkationseigenschaften und weitere Strukturelemente biomathematischer Modelle

## 7.1 Periodische Impulse und Impulsverstärkung in der Hodgkin-Huxley-Theorie der Nervenmembranen

Im Jahre 1952 erhielten Hodgkin und Huxley für ein Differentialgleichungsmodell für Membran- und Ionenpotentiale den Nobelpreis. Die Leitfähigkeit der Membran des Axons einer Nervenzelle für $Na^+$-, $K^+$- und andere Ionen hängt von der Membranspannung zwischen Innen- und Außenseite ab. FitzHugh, Namugo et al. haben ein Modell vorgeschlagen, dass nur noch ein Ionen- und ein Membranpotential enthält, aber noch die gleichen experimentell beobachteten Phänomene zeigt:

$$\frac{dv}{dt} = v(a-v)(v-1) - w + i \tag{219}$$

$$\frac{dw}{dt} = bv - cw \tag{220}$$

für Funktionen $v = v(t)$ und $w = w(t)$ mit $b, c > 0$, $0 < a < 1$ und $i \geq 0$. Wir verwenden die Funktionen

$$f(v,w) = v(a-v)(v-1) - w + i \tag{221}$$

$$g(v,w) = bv - cw \ . \tag{222}$$

Dabei bezeichnet $i$ eine konstante äußere Erregung. Das System verhält sich wesentlich unterschiedlich, je nachdem, ob $i$ Null ist oder einen positiven Wert hat. $v = v(t)$ bezeichne das zeitabhängige Membranpotential (das auch negative Werte annehmen kann). $w = w(t)$ sei das Ionenpotential, das nichtnegative Werte haben soll. Nach (219), (220) hat das Ionenpotential eine negative lineare Rückkopplung auf sich und das Membranpotential. Das Membranpotential hat eine lineare positive Rückkopplung auf das Ionenpotential. Für die sich ergebende Systemdynamik ist der kubische Rückkopplungsterm beim Membranpotential entscheidend.

Die Diskussion der Gleichgewichtswerte von (219), (220) und deren Stabilität können wir entsprechend den Methoden aus den Kapiteln 3, 5 und 6 vornehmen. Wir interessieren uns für Parameter, zu denen es eine oder keine stabile Lösung gibt.

Wir beginnen mit einem Beispiel zum Fall $i = 0$ (keine konstante äußere Anregung). Es soll mit $v(0)$ eine kurzzeitige äußere Einwirkung auf das Membranpotential erfolgen. Für die Parameter $a = 0.04$, $b = 0.003$ und $c = 0.0015$ existiert nur der Gleichgewichtswert $v = 0$, $w = 0$; dieser ist lokal stabil. Falls $v(0)$ einen Schwellenwert übersteigt, erfolgt eine Potentialverstärkung auf einen nahezu einheitlichen Maximalwert. Im späteren Verlauf erfolgt ein Abklingen des Potentials auf Null (Abbildungen 111 und 112).

Verändern wir nun lediglich den Wert von $i$ auf $i = 0.06$, so erhalten wir einen zyklischen Verlauf (Abbildungen 113 und 114). Die Analyse der lokalen Stabilität ergibt, dass nur ein instabiler Gleichgewichtswert ($v = 0.0298531$, $w = 0.0597061$) existiert.

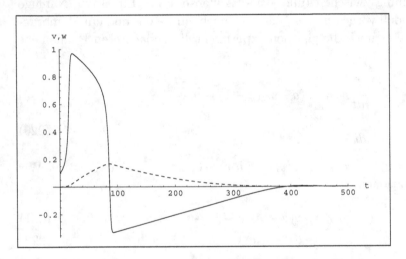

Abbildung 111: Zeitlicher Verlauf von Membranpotential $v$ (durch gezeichnet) und Ionenpotential $w$ (gestrichelt) ohne konstante äußere Einwirkung

Auf mathematische Hintergründe zur Existenz und Eindeutigkeit bei einem Grenzzyklus werden wir in Abschnitt 7.8 bei der Behandlung der van der Polschen Differentialgleichung zurückkommen, mit diesem methodischen Ansatz lässt sich auch die hier betrachtete Differentialgleichung behandeln. Wir wollen zunächst einige motivierende Betrachtungen an dieser Stelle vornehmen. Interessant ist auch, dass ähnliche Phänomene sowohl bei einem Grenzzyklus zu beobachten sind, der wie oben beschrieben bei positiver äußerer Anregung $i$ auftritt als auch bei der Impulsverstärkung zu $i = 0$, die danach wieder zum Gleichgewicht zurückführt.

Wir beginnen mit der Betrachtung der Nulllinien beider Differentialgleichungen. Dadurch erhalten wir in Abbildung (115) vier Teilgebiete, in denen die Komponen-

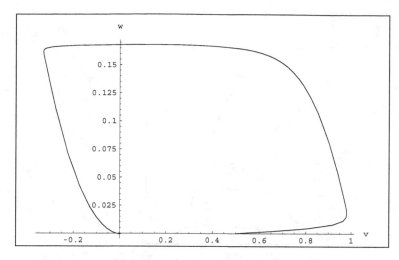

Abbildung 112: Membranpotential $v$ und Ionenpotential $w$ in der Phasenebene (ohne konstante äußere Einwirkung)

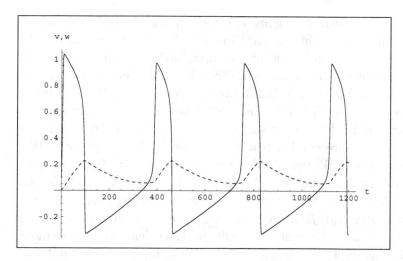

Abbildung 113: Zeitlicher Verlauf von Membranpotential $v$ (durch gezeichnet) und Ionenpotential $w$ (gestrichelt) mit konstanter äußerer Einwirkung $i = 0.06$

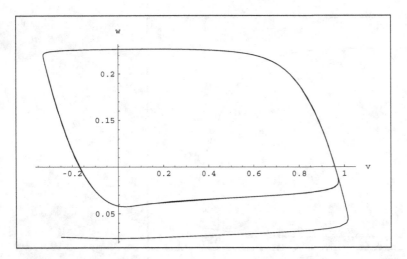

Abbildung 114: Grenzzyklus und Annäherung an diesen für Membranpotential $v$ und Ionenpotential $w$ in der Phasenebene (mit konstanter
äußerer Einwirkung $i = 0.06$)

ten der Bewegung eine feste Richtungsrichtung (monoton wachsend oder monoton
fallend) haben. Im Teilgebiet „rechts unten" sind $v$ und $w$ beide monoton wachsend, „rechts oben" ist $v$ monoton fallend und $w$ monoton wachsend, „links oben"
sind $v$ und $w$ beide monoton fallend und schließlich ist „links unten" $v$ monoton
wachsend und $w$ monoton fallend. Die Darstellung in Abbildung (115) motiviert
die Vermutung, dass in großen Teilen des betrachteten Gebietes die Bewegungs-
komponente in „horizontaler Richtung" wesentlich größer als die in „vertikaler
Richtung" ist mit einer entsprechenden Konsequenz für die Lösungskurven. Wir
können dazu in Abbildung (116) genauer den Quotienten $\dot{w}/\dot{v} = g(v,w)/f(v,w)$
mit Singularitäten auf der Nulllinie $f(v,w) = 0$ betrachten, wobei der Punkt die
Ableitung nach der Zeit bezeichnet. Damit sind wir in der Lage, bei Anfangswerten $v_0$ und $w_0$ mit $g(v_0, w_0)/f(v_0, w_0) < e$ die Lösungskurven bei geeigneten
Anfangswerten gegen Geraden $v = e \cdot w$ abzuschätzen. Eine elementare, aber nicht
ganz kurze Durchführung dieses Gedankens führt zu Teilgebieten, so dass mit Anfangswerten daraus eine Impulsverstärkung mit näherungsweiser Erreichung von
Teilen der Nulllinie $f(v,w) = 0$ entsteht. Die Bewegung folgt zunächst nahezu horizontal mit wachendem $v$ bis zu einer gewissen Entfernung zu $f(v,w) = 0$. Dann
erfolgt eine Ablenkung nach „links oben", nach der näherungsweise der Kurve
$f(v,w) = 0$ gefolgt wird, bis diese ein lokales Maximum erreicht. Gemäß der betrachteten Komponenten der Lösungskurven kann der Kurve nicht weiter gefolgt
werden. Es erfolgt ein „Abbiegen" nach rechts, die Bewegung erfolgt dann wieder nahezu horizontal, bis wieder eine ausreichende Annäherung an $f(v,w) = 0$
erreicht ist und dann durch ein „Abbiegen" nach links näherungsweise der Kurve
folgt. Ohne äußere Anregung $i$ endet die Lösungskurve im Ursprung, bei positiver

äußerer Anregung mündet der Kurvenverlauf bei geeigneten Anfangswerten in den bereits durchlaufenen Grenzzyklus, sonst nähert es sich diesem. Die heuristischen Betrachtungen können durch Abschätzungen präzisiert werden. Es lässt sich mit den vorgestellten Ideen zeigen, dass es ein Gebiet gibt, dass durch die Lösungskurven nicht verlassen wird (bezüglich des Differentialgleichungssystems invariantes Gebiet). Die Abbildung (116) wurde mit der Version 6 von Mathematica erzeugt, da diese eine bessere Auflösung mit eingezeichneten Gitterlinien ermöglicht. Es bestehen Ähnlichkeiten zum betrachteten Hystereseverhalten der Verhulstgleichung mit äußerer Einwirkung beim Spruce-Budworm-Modell (Abschnitt 3.7).

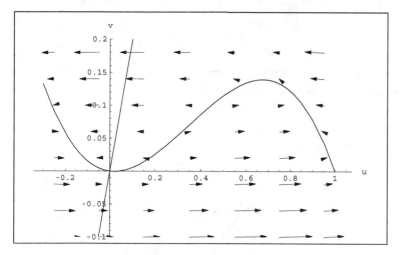

Abbildung 115: Nulllinien und Teilgebiete fester Richtungskomponenten zu (219), (220) ohne äußere Anregung

Betrachten wir das System (219), (220) mit der bereits oben betrachteten äußeren Anregung $i = 0.06$, so erhalten wir analog zu (115) und (116) die Abbildungen (117) und (118).

Das autonome Differentialgleichungssystem (219), (220) führt zu einer Abbildung $(u, v) \rightarrow (\dot{u}, \dot{v})$, also von $\mathbb{R}^2$ in $\mathbb{R}^2$ (Vektorfeld). Dies ergibt wie schon in Kapitel 3 diskutiert durch die insgesamt vier Dimensionen Probleme bei einer dreidimensionalen Darstellung. Wir haben bisher in den Abbildungen die Bildkoordinaten getrennt oder mit entsprechenden Polarkoordinaten Betrag (also den Absolutbetrag des Funktionswertes) und Argument (Winkel) betrachtet. Es besteht die Möglichkeit, eine zusätzliche Dimension mit Hilfe von Farbwerten zu verwenden. Hier bietet sich eine periodische Farbskala für den Winkel beim Argument der Funktionswerte an. In einer Schwarz-Weiß-Darstellung geht die Information leider größtenteils verloren. Dem Leser sei empfohlen, die farbige Darstellung in der Homepage zum Buch (vgl. Hinweise im Anhang) zu verwenden. Die farbige Veranschaulichung des Differentialgleichungssystems mit einer eingezeichneten Lösungskurve ist in Abbildung (119) dargestellt. Das Vorherrschen von zwei Far-

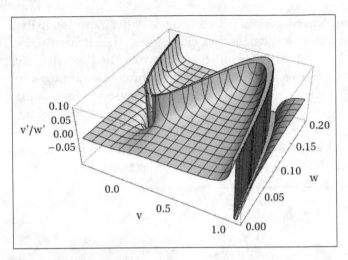

Abbildung 116: Darstellung von $\dot{w}/\dot{v}$ zur Bestimmung von Teilgebieten mit näherungsweise horizontalem Verlauf der Trajektorien

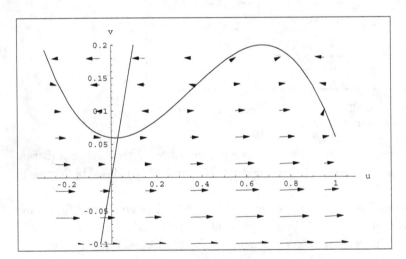

Abbildung 117: Nulllinien und Teilgebiete fester Richtungskomponenten zu (219), (220) ohne äußere Anregung

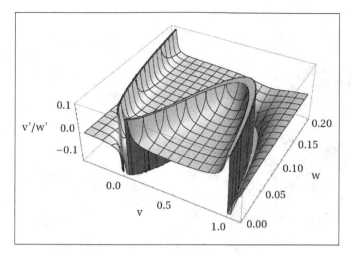

Abbildung 118: Darstellung von $\dot{w}/\dot{v}$ zur Bestimmung von Teilgebieten mit näherungsweise horizontalem Verlauf der Trajektorien

ben veranschaulicht erneut, dass im größten Teil der dargestellten $v$-$w$-Ebene die Bewegung näherungsweise horizontal erfolgt. Treffen zwei Farben zusammen, die Bewegungen in entgegengesetzte Richtungen symbolisieren, entsteht eine näherungsweise Bewegung in Richtung der Grenzlinie. In Abbildung (119) sind dies Rot- und Blautöne, in der Schwarz-Weißdarstellung durch unterschiedliche Helligkeit zu erkennen. Die Bewegungsrichtung hängt von der Komponente des Differentialgleichungssystems in Richtung dieser Grenzlinie ab. Entsprechend ergibt sich bei positiver äußerer Anregung die Abbildung (119). Die Abbildungen (119) und (120) wurden mit Mathematica der Version 6 erzeugt. Zum einen ist damit Möglichkeit zu einer höheren Auflösung mit eingezeichneten Koordinatenlinien besser, zum anderen funktioniert die Kombination unterschiedlicher Grafiktypen, wie sie zunächst für Oberflächen und Kurvendarstellungen mit Mathematica entstehen, erst bei Version 6 richtig. Ebenso können erst ab Version 6 mit der Maus die 3D-Darstellungen im Raum bewegt und damit aus unterschiedlichen Richtungen betrachtet werden. Die Dynamik der Bewegung eines Punktes, die durch die Differentialgleichung beschrieben wird, entspricht nicht unbedingt unserer „Alltagsempfindung". Wir sind in der Alltagsvorstellung an Bewegungen gewöhnt, die infolge der Erdanziehung entstehen (Gradientensysteme). Die Dynamik von Differentialgleichungssystemen ist i.A. aber reichhaltiger.

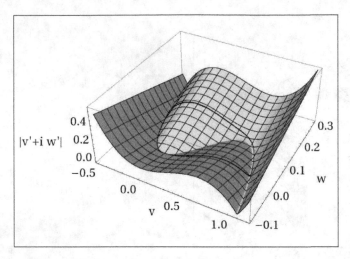

Abbildung 119: „Farbdarstellung" der Systemdynamik des Hodgkin-
Huxley-Systems ohne äußere Anregung, zur echten Farbdarstellung siehe Homepage zum Buch

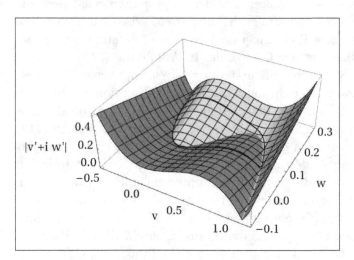

Abbildung 120: „Farbdarstellung" der Systemdynamik des Hodgkin-
Huxley-Systems mit äußerer Anregung, zur echten Farbdarstellung siehe Homepage zum Buch

## 7.2 Enzym, mRNA und Reaktionsprodukt im Goodwin-Modell als Beispiel eines Rückkopplungssystems

Wir wollen eine auf Murray zurückgehende Modifikation eines von Goodwin und Hastings vorgeschlagenen Rückkopplungssystems betrachten:

$$DNA \longrightarrow mRNA \longrightarrow EnzymE \longrightarrow \begin{array}{c} Substrat \\ \downarrow \end{array}$$
$$\uparrow \quad \longleftarrow \quad \longleftarrow \quad \longleftarrow \quad \longleftarrow \quad ReaktionsproduktP$$

Die zeitabhängige Konzentration $m(t)$ der mRNA, die bei der Transkription von der DNA entsteht, soll unsere erste Systemvariable sein. Mit Hilfe der mRNA wird ein Enzym E synthetisiert, dessen Konzentration wir mit $e(t)$ bezeichnen. Mit Hilfe des Enzyms wird die Synthese einer metabolischen Verbindung P aus einem oder mehreren Substraten gesteuert. Die zeitabhängige Konzentration von P sei $p(t)$. Die metabolische Verbindung P soll ihrerseits als Repressor auf die Transkription von der DNA zur mRNA wirken.

In der Beschreibung der Realisierung der Erbinformation bilden Rückkopplungsprozesse und deren Vernetzung wichtige Modellklassen. In der DNA ist nur ein Teil der biochemischen Substanzen codiert, nämlich die Eiweiße. Die übrigen biochemischen Verbindungen entstehen in Syntheseprozessen, die von Enzymen gesteuert werden. Wir werden ein Modell betrachten, dass in Abhängigkeit von Parametern oszillierende Eigenschaften aufweist oder zu einem Gleichgewicht konvergiert. Im Gegensatz zu früheren Beispielen liegt ein System mit drei abhängigen Variablen vor, das auch nicht in einfacher Weise auf ein System mit weniger Variablen reduzierbar ist. Je mehr abhängige Variable auftreten, um so größer wird die mögliche Vielfalt der Systemdynamik. In einem zweidimensionalen Phasenraum können sich die Lösungskurven eines gewöhnlichen autonomen Differentialgleichungssystems nicht schneiden. Dies ist aber für die Projektion eines dreidimensionalen Systems auf einen zweidimensionalen Teilraum (z.B. in der m-e-Phasenebene des Systems mit den drei abhängigen Variablen m,e und p) durchaus möglich.

Wir wollen nach dem oben dargestellten Schema das System

$$\dot{m}(t) = \frac{1}{c_1 + p^h} - m \tag{223}$$

$$\dot{e}(t) = m - c_2\,e \tag{224}$$

$$\dot{p}(t) = e - \frac{c_3\,p}{c_4 + p} \tag{225}$$

mit positiven Parametern $c_i$ ($i = 1, 2, 3, 4$) und $h$ betrachten. Für die Funktionen $m = m(t)$, $e = e(t)$ und $p = p(t)$ bezeichnet der Punkt die Ableitung nach der Zeit.

Es treten zwei nichtlineare Terme auf, die für die Systemdynamik entscheidend sind. Diese haben die Gestalt einer Hillfunktion:

$$f(p) = \frac{1}{c + p^h}$$

mit dem Hill-Koeffizienten $h$ und einen Skalierungsparameter $c$. In (225) tritt der Hill-Koeffizient $h = -1$ auf.

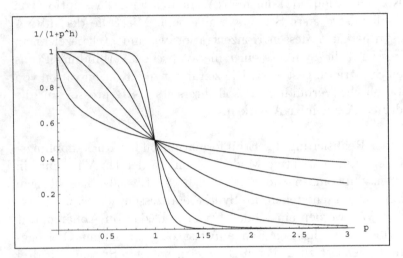

Abbildung 121: Hillfunktion mit $c = 1$ und positiven Werten $h$

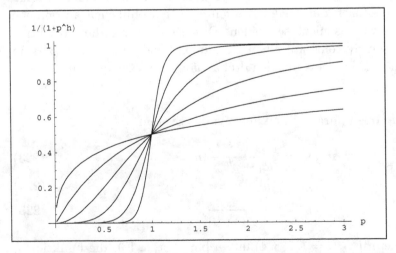

Abbildung 122: Hillfunktion mit $c = 1$ und negativen Werten $h$

Für eine Gleichgewichtslösung von (223) - (225) muss

$$\frac{1}{c_1 + p^h} - m = 0 \tag{226}$$

$$m - c_2 e = 0 \tag{227}$$

$$e - \frac{c_3 p}{c_4 + p} = 0 \tag{228}$$

gelten. Durch Einsetzen erhalten wir

$$\frac{1}{c_1 + p^h} = c_2 c_3 \frac{p}{c_4 + p} \qquad . \tag{229}$$

Da die linke Seite für $h > 0$ streng monoton fallend mit dem Grenzwert 0 für $p \geq 0$, $p \to \infty$ ist, während die rechte Seite streng monoton wachsend mit dem Startwert 0 für $p = 0$ ist, existiert genau eine positive Gleichgewichtslösung für $p$ und damit wegen (226) und (228) auch für $m$ und $e$.

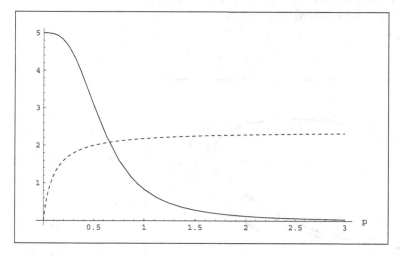

Abbildung 123: linke und rechte Seite von (229) in Abhängigkeit von $p$

Die Parameterwerte $h = 3$, $c_1 = 0.2$, $c_2 = 0.8$, $c_3 = 3$ und $c_4 = 0.1$ führen zum instabilen Gleichgewichtswert (numerische Näherungsangaben) $m = 2.0819$, $e = 2.60237$ und $p = 0.654471$. Die Eigenwerte der linearisierten Matrix des Systems (223) - (225) (vgl. Kapitel 3) sind $-2.55872$ sowie $0.115844 \pm 1.5258i$. Da positive Realteile auftreten, ist das Gleichgewicht instabil.

Eine numerische Lösung ergibt die Abbildungen 124, 125 und 126.
Verwenden wir $c_4 = 0.6$ und behalten die übrigen Parameterwerte bei, so gelangen wir zu einem stabilen Gleichgewicht $m = 1.37683$, $e = 1.72103$, $p = 0.807384$ mit den Eigenwerte $-2.45274$ und $-0.128006 \pm 1.33845i$ (alle Realteile negativ). Die Ergebnisse sind in den Abbildungen 127, 128 und 129 dargestellt.

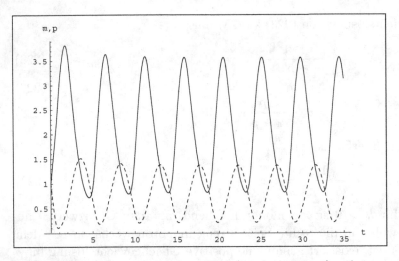

Abbildung 124: Konzentration der mRNA (durch gezeichnet) und einer als Repressor der mRNA-Synthese wirkenden Verbindung (gestrichelt) in Abhängigkeit von der Zeit mit oszillierendem Verhalten

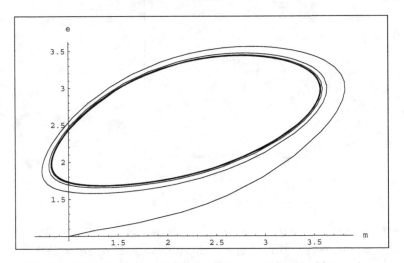

Abbildung 125: Projektion der Lösungskurve in die m-e-Phasenebene

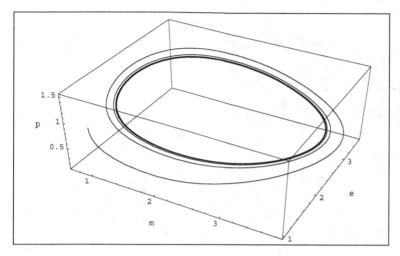

Abbildung 126: Lösungskurve im m-e-p-Phasenraum

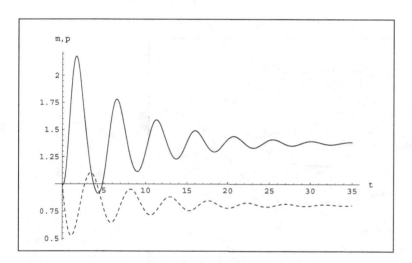

Abbildung 127: Konzentration der mRNA (durch gezeichnet) und einer
als Repressor der mRNA-Synthese wirkenden Verbindung (gestrichelt)
in Abhängigkeit von der Zeit mit Konvergenz

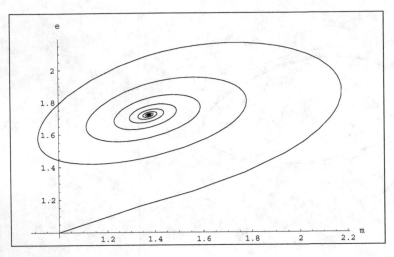

Abbildung 128: Projektion der Lösungskurve in die m-e-Phasenebene mit Konvergenz zum Gleichgewicht

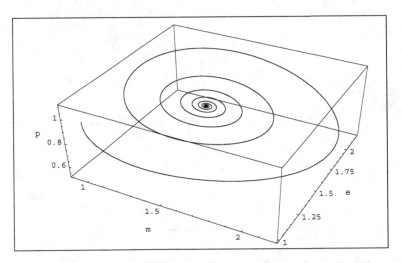

Abbildung 129: Lösungskurve im m-e-p-Phasenraum mit Konvergenz zum Gleichgewicht

## 7.3  Hysterese, Pilzköpfe und Inseln: Anzahl und Stabilität von Gleichgewichtspunkten in Abhängigkeit eines Parameters

Aus den Betrachtungen zum Hystereseverhalten beim Spruce-Budworm-Modell mit einer äußeren Einwirkung (Vögel als Räuber für die Fichtenlarven) können wir durch eine Parametertransformation ein doppeltes Hysteresverhalten („ Pilzkopf") und Gleichgewichtskurven ohne parameterabhängige stetige Verbindung („Insel") gewinnen. In der Modellgleichung

$$\frac{dx}{dt} = cx\left(1 - \frac{x}{A}\right) - \frac{x^2}{1 + x^2}$$

verwenden wir

$$c = c_0 - \mu^2$$

und betrachten die Gleichgewichtslösungen $x^*$ in Abhängigkeit von $\mu$ oder von beiden Parametern $c_0$ und $\mu$. Typische Situationen sind in den Abbildungen 130 und 131 dargestellt.

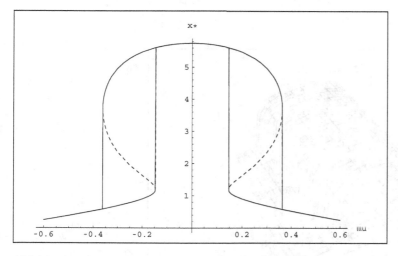

Abbildung 130: Doppeltes Hystereseverhalten („Pilzkopf") für $A = 8$, $c_0 = 0.6$ (lokal stabiles Verhalten durch gezeichnet, instabiles gestrichelt) mit eingezeichnetem Sprungverhalten bei Parameterveränderung

Die beiden dargestellten Beispiele lassen sich durch stetige Veränderung von $c_0$ ineinander überführen. Da bei den dreidimensionalen Darstellungen einige Flächen verdeckt sind, zeigen wir das gleiche Bild der stetigen Veränderung der „Insel" als doppeltes Hystereseverhalten von zwei Seiten in den Abbildungen 132 und 134. Bei diesen einführenden Beispielen haben wir das neue Systemverhalten erst durch eine nachträgliche Parametertransformation des Spruce-Budworm-Modells erhalten. Wir werden als nächstes das Modell einer autokatalytischen biochemischen

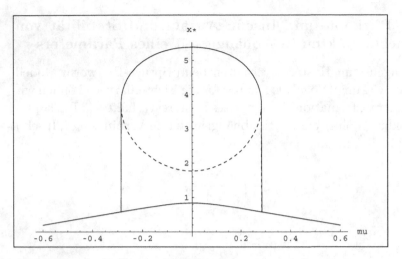

Abbildung 131: Nicht zusammenhängende Gleichgewichtskurven („Insel") für $A = 8$, $c_0 = 0.55$ (lokal stabiles Verhalten durch gezeichnet, instabiles gestrichelt) mit eingezeichnetem Sprungverhalten bei Parameterveränderung

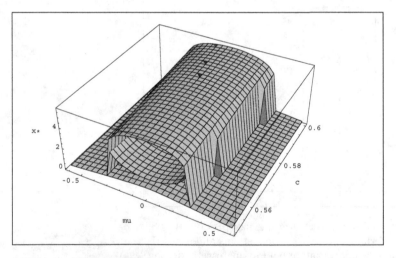

Abbildung 132: Gleichgewichtslösungen $x^* = x^*(\mu, c_0)$ als dreidimensionale Darstellung (Übergang vom „Insel"-Verhalten zum doppelten Hystereseverhalten)

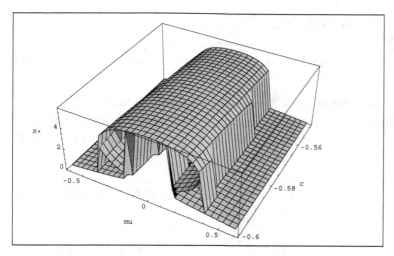

Abbildung 133: Gleichgewichtslösungen $x^* = x^*(\mu, -c_0)$ als dreidimensionale Darstellung (Übergang vom doppelten Hystereseverhalten zum „Insel"-Verhalten), Abbildung 3.4.3 „von hinten gesehen "

Reaktion analysieren, das nach Transformation auf relative Parameter folgende Gestalt

$$\dot{u}(t) = a(1-u) - uv^2 \qquad (230)$$

$$\dot{v}(t) = a(c-v) + uv^2 - dv \qquad (231)$$

mit $a, c, d > 0$ haben soll. Der wesentliche Teil ist dabei ein autokatalytischer Reaktionsschritt $X + 2Y \to 3Y$.

Die Gleichgewichtsbedingungen für (230), (231) sind

$$a(1-u) - uv^2 = 0 \qquad (232)$$

$$a(c-v) + uv^2 - dv = 0 \qquad . \qquad (233)$$

Die Addition von (232) und (233) ergibt

$$a(1 - u + c - v) - dv = 0$$

oder äquivalent dazu

$$v = \frac{a(1 - u + c)}{a + d} \qquad . \qquad (234)$$

Ein Einsetzen in (232) ergibt

$$u(1 - u + c)^2 = a\left(\frac{a+d}{a}\right)^2 (1-u) \qquad . \qquad (235)$$

Wir können dies als kubische Gleichung

$$u^3 - 2(1+c)u^2 + \left((1+c)^2 + \frac{(a+d)^2}{a}\right)u - \frac{(a+d)^2}{a} = 0 \qquad (236)$$

schreiben. Für die weitere qualitative Diskussion werden wir auf (235) zurückgreifen. Für (236) gibt es unter Verwendung komplexer Zahlen explizite Lösungsformeln, die in Programmsystemen wie. z.B. Mathematica implementiert sind. Dies werden wir zur Darstellung der Lösungen nutzen.

Aus den Lösungen von (235) erhalten wir mit (234) die Lösungen von (232), (233). Wir schreiben als Abkürzung

$$r = a\left(\frac{a+d}{a}\right)^2$$

und definieren

$$\begin{aligned} f(u) &= u(1+c-u)^2 \\ g(u) &= r(1-u) \end{aligned}.$$

Die Gleichung (235) kann also auch in der Form

$$f(u) = g(u)$$

geschrieben werden. Die Behandlung dieser Gleichung kann mit der gleichen Methode wie in Abschnitt zur Untersuchung des Spruce-Budworm-Modells mit äußerer Einwirkung untersucht werden. Man überzeugt sich leicht davon, dass die Gerade $g(u)$ mit der Funktion $f(u)$ ein oder drei sowie im Grenzfall zwei Schnittpunkte hat, vgl. Abbildung 134.
Durch analoge Betrachtungen zu Abschnitt 3.7 lässt sich zeigen, dass die Anstiege zu den Grenzverläufen durch

$$r_\pm(c) = -c^2 + \frac{5}{2}c + \frac{1}{8} \pm \frac{8c-1}{8}\sqrt{1-8c} \qquad (237)$$

gegeben sind. Nur Werte $0 < c < \frac{1}{8}$ sind daher sinnvoll, vgl. Abbildung 135.

Man kann zeigen, dass $r_\pm(c)$ für c aus dem Intervall $[0, 1/8]$ monoton wachsend sind.

Wir wählen als Beispiel $c = 0.02$ und erhalten als numerische Näherungen $r_- = 0.0783659$ und $r_+ = 0.270834$.

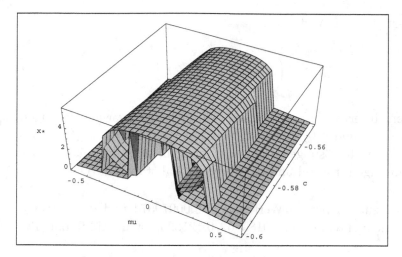

Abbildung 134: Grenzverläufe (zwei Schnittpunkte) von $g(u)$ im
Schnittverhalten zu $f(u)$ (kubischer Verlauf)

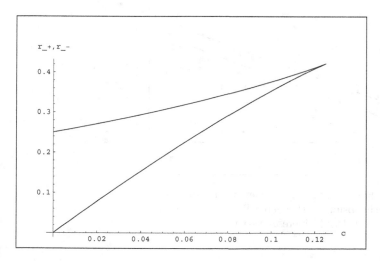

Abbildung 135: Grenzwerte für den Anstieg für den Fall zweier Schnittpunkte von $f(u)$ und $g(u)$ mit (237) für $0 \leq c \leq 1/8$

Ist $d$ gegeben, so lässt sich am Wert

$$g(0) = \left(1 + \frac{d}{a}\right)^2 a$$

zu jedem $a$ aus einem Intervall $[a_1, a_1]$ ablesen, wie viel Gleichgewichtslösungen existieren. Für $g(0) < r_-$ und $g(0) > r_+$ existiert nur eine, für $r_- < g(0) < r_+$ existieren drei Gleichgewichtslösungen (man kann zeigen, dass die mittlere der drei Gleichgewichtslösungen instabil und die übrigen lokal stabil sind).

Das Lösungsverhalten zu den beiden Werten $d = 0.00979574$ und $d = 0.04365$ für Werte von $a$ aus dem Intervall $[0.000183862, 0.521893]$ ist in Abbildung 136 dargestellt.

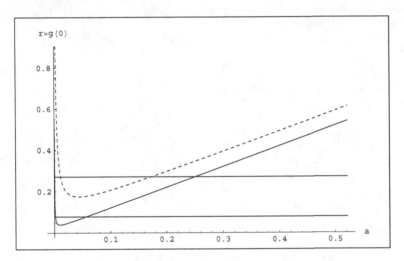

Abbildung 136: $g(0)$ zu den Parameterkombinationen zur Bestimmung der Anzahl der Gleichgewichtslösungen (kleinerer Wert von $d$ durch gezeichnet, größerer gestrichelt). Der kleinere $d$-Wert ergibt doppeltes Hystereseverhalten, der größere eine „Insel"

Die Abbildung zeigt, dass Veränderungen in unterschiedlichen Zeitskalen ablaufen (ähnlich zu der in Abschnitt 3.8 betrachteten Michaelis-Menten-Theorie). An dieser Stelle können wir die Darstellung wesentlich besser aufgelöst (symmetrischer bezüglich der Intervalls für $a$) erhalten, indem wir für $a$ eine logarithmische Skala verwenden, vgl. Abbildung 137.

Wir können nun mit Hilfe einer numerischen Lösung kubischer Gleichungen Gleichgewichtslösungen zu den betrachteten Parameterkombinationen darstellen. Zweckmäßigerweise verwenden wir dabei für $a$ eine logarithmische Skala, vgl. die Abbildungen 138 und 139.

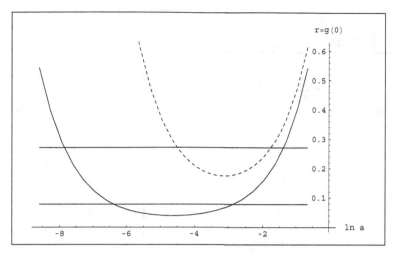

Abbildung 137: Gleicher Inhalt wie in Abbildung 3.4.7, jedoch mit logarithmischer Skala für $a$

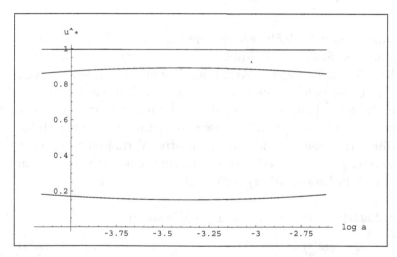

Abbildung 138: Doppeltes Hystereseverhalten („Pilzkopf") für $d = 0.00979574$

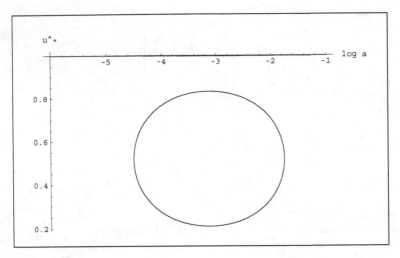

Abbildung 139: Nicht zusammenhängende Gleichgewichtskurven („Insel") für $d = 0.04365$

## 7.4  Parameterabhängige  Gleichgewichtspunkte:  Bifurkationstheorie

Wir haben schon einige Beispiele dafür kennengelernt, dass sich das qualitative Verhalten dynamischer Systeme in Abhängigkeit von Systemparametern verändert, z.B. in der Modellbildung bei Arten im Konkurrenzverhalten (vgl. Abschnitt 6.2). Bei der Untersuchung eines zeitverzögerten Systems hatten wir in Abschnitt 3.11 ein Beispiel dafür gefunden, dass Oszillationen erst ab einer minimalen Verzögerungszeit $1/e$ auftreten. In diesem Abschnitt wollen wir einige typische Beispiele dafür betrachten, wie sich das qualitative Verhalten autonomer Differentialgleichungssysteme bei der stetigen Veränderung eines Parameters an einem kritischen Punkt (Bifurkationspunkt) verändert.

Wir beginnen mit der Sattel-Knoten-Bifurkation (saddle-node):

$$\dot{x}(t) = \mu - x^2 \quad . \tag{238}$$

Als Gleichgewichtsbedingung erhalten wir

$$\mu = (x^*)^2 \quad .$$

Daher kann es nur für $\mu \geq 0$ Gleichgewichtspunkte geben. Für diesen Fall erhalten wir

$$(x^*)^2 = \pm\sqrt{\mu} \quad .$$

Die linearisierte Gleichung im Gleichgewichtspunkt $x^*$ ist

$$\dot{\bar{x}}(t) = -2x^*\bar{x} \quad .$$

Daher ist das Gleichgewicht für $x^* > 0$ stabil und für $x^* < 0$ instabil. Im angegebenen Spezialfall kann die Lösung explizit angegeben werden. Nach den allgemeinen Stabilitätsbetrachtungen aus Kapitel 3 (wir kommen in Kapitel 8 darauf zurück) kann man für $\mu = 0$ keine Aussage treffen. Im Spezialfall (238) ist die Lösung instabil und führt für ein beliebig kleines $x(0) < 0$ zu einer Singularität für $t = -1/x(0)$. Betrachten wir in der $x - \mu$-Ebene die Kurve für die Gleichgewichtswerte, so erhalten wir die Abbildung 140.

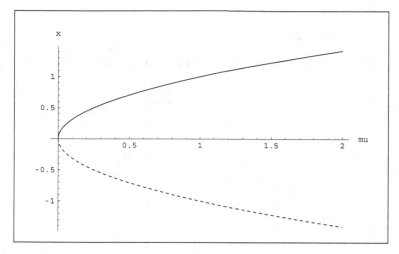

Abbildung 140: Gleichgewichtswerte in der $x - \mu$-Ebene (stabiler Kurventeil durch gezeichnet, instabiler gestrichelt) bei der Sattel-Knoten-Bifurkation

Das typische an der Sattel-Knoten-Bifurkation ist, dass in der Kurvendarstellung für die Gleichgewichtswerte $x^* = x^*(\mu)$ für $\mu < \mu_0$ und $\mu > \mu_0$ in einer hinreichend kleinen Umgebung von $\mu_0$ (im Beispiel ist $\mu_0 = 0$) sich das Stabilitätsverhalten verändert (von lokal stabil zu instabil oder umgekehrt).

Als nächstes wollen wir ein Beispiel für die transkrische Bifurkation (transcritical) betrachten. Dabei werden sich zwei hinreichend glatte Kurven (Gleichgewicht in Abhängigkeit von einem Parameter) schneiden und im Schnittpunkt verändert sich auf jeder Kurve das Stabilitätsverhalten:

$$\dot{x}(t) = \mu x - x^2 \qquad .$$

Gleichgewichtswerte sind offensichtlich $x^* = 0$ und $x^* = \mu$. Die Linearisierung im Gleichgewichtspunkt $x^* = 0$ ist

$$\dot{\bar{x}}(t) = \mu x^* \bar{x} \qquad .$$

Also ist $x^* = 0$ für $\mu < 0$ stabil und für $\mu > 0$ instabil. Wegen

$$\frac{d}{dx}(\mu x - x^2) = \mu - 2x$$

ist ergibt die Linearisierung im Gleichgewicht $x^* = \mu$

$$\dot{\bar{x}}(t) = (\mu - 2x^*)\bar{x} \qquad .$$

Wegen

$$(\mu - 2x^*)|_{x^* = \mu} = -\mu$$

ist die Gleichgewichtslösung $x^* = \mu$ für $\mu > 0$ stabil und für $\mu < 0$ instabil, vgl. Abbildung 141.

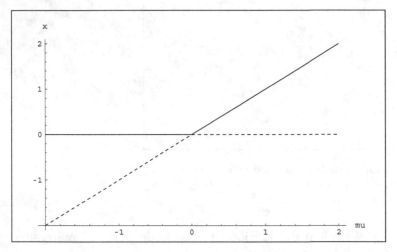

Abbildung 141: Gleichgewichtswerte in der $x - \mu$-Ebene (stabiler Kurventeil durch gezeichnet, instabiler gestrichelt) im transkritischen Fall.

Im nächsten zu betrachteten Fall der Gabel-Bifurkation (pitchfork) verzweigt sich eine parameterabhängige Gleichgewichtskurve $x^* = x^*(\mu)$ in einem Bifurkationspunkt $\mu = \mu_0$ in mehrere Kurven $x_i^*(\mu)$ mit unterschiedlichem Stabilitätsverhalten:

$$x'(t) = \mu x - x^3 \qquad . \tag{239}$$

Die Bedingung an ein Gleichgewicht $x^*$ ist dann

$$x^*(\mu - (x^*)^2) = 0 \qquad .$$

Für $\mu < 0$ existiert also nur die Gleichgewichtslösung $x^* = 0$, für $\mu > 0$ gibt es zusätzlich die Lösungen $x^* = \pm\sqrt{\mu}$.

Die Linearisierung im Gleichgewicht $x^* = 0$ ist wegen

$$\bar{x}'(t) = \mu x^* \bar{x}$$

identisch zum betrachteten Beispiel der transkritischen Bifurkation. Dieses Gleichgewicht ist also stabil für $\mu < 0$ und instabil für $\mu > 0$. Eine Linearisierung im Gleichgewicht $x^* = \pm\sqrt{\mu}$ ergibt

$$\begin{aligned}
\dot{\bar{x}}(t) &= \left(\mu - 3(x^*)^2\right)\bar{x} \\
&= -2\mu\bar{x} \quad .
\end{aligned}$$

Für den Fall $\mu > 0$, für den die Lösungen existieren, sind diese stabil, vgl. Abbildung 142.

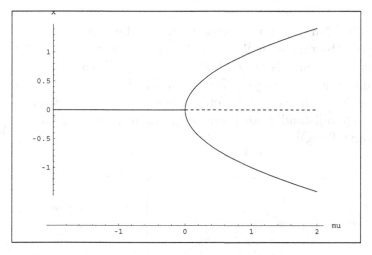

Abbildung 142: Gleichgewichtswerte in der $x - \mu$-Ebene (stabiler Kurventeil durch gezeichnet, instabiler gestrichelt) bei der Gabel-Bifurkation.

In den bisherigen Beispielen in diesem Abschnitt haben wir lokal stabile oder instabile Gleichgewichtspunkte betrachtet. Wir haben bereits einige Beispiele kennengelernt, in denen Lösungen gegen einen Grenzzyklus konvergieren (dafür benötigen wir mindestens zwei abhängige Variable). Dieser kann wiederum (lokal) orbital stabil oder instabil sein, wir kommen darauf in Kapitel 8 zurück. In Abhängigkeit von einem Parameter $\mu$ kann ein stabiles Gleichgewicht ab einem Bifurkationswert $\mu_0$ instabil werden und danach kann die Konvergenz der Lösungen gegen einen Grenzzyklus erfolgen. Ein derartiger Fall wird bei der Hopf-Bifurkation untersucht. Wir können aus dem betrachteten Beispiel zur Gabel-Bifurkation ein Beispiel zur Hopf-Bifurkation gewinnen, indem wir im $x - y - \mu$-Raum die $x - \mu$-Ebene um die $\mu$-Achse rotieren lassen.

In Polarkoordinaten betrachten wir

$$\dot{r}(t) \;=\; \mu r - r^3 \tag{240}$$
$$\dot{\theta}(t) \;=\; 1 \;\;. \tag{241}$$

Die Gleichung (241) (hier mit $r$ anstelle von $x$) stimmt dann mit (239) überein, (241) bewirkt die angesprochene Rotation um die $\mu$-Achse (in diesem Fall mit konstanter Winkelgeschwindigkeit). Eine Transformation in kartesische Koordinaten ergibt das dazu äquivalente System

$$\dot{x}(t) \;=\; -y + x\left(\mu - (x^2 + y^2)\right) \tag{242}$$
$$\dot{y}(t) \;=\; x + y\left(\mu - (x^2 + y^2)\right) \;\;. \tag{243}$$

Für $\mu < 0$ konvergieren die Lösungen zur $\mu$-Achse (zum Kordinatenursprung in der $x - y$-Schnittebene zum betrachteten Wert $\mu$). Für $\mu > 0$ konvergieren die Lösungen von innen oder außen zum Grenzzyklus $x^2 + y^2 = \mu$. Einen Eindruck von dem Gleichgewichtsunterraum im $x - y - \mu$-Raum vermitteln die Abbildungen 143 und 144 (zunächst einige Teilkurven zur Verdeutlichung der Rotation bzw. Rotationsfläche und danach vollständig, aber mit verdeckten Teilen auf Grund der dreidimensionalen Darstellung):

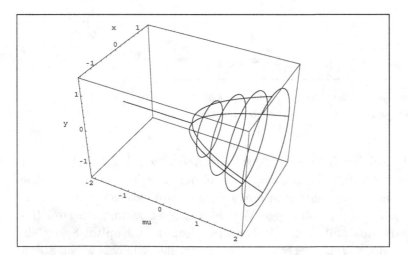

Abbildung 143: Gleichgewichtspunkte und Grenzzyklen (Teilausschnitte)

Wir stellen noch die Konvergenz gegen den Grenzzyklus für die Ebene $\mu = 1$ zu bestimmten Anfangswerten in der Abbildung 145 dar (dies ist bis auf lineare Skalentransformation der typische Fall).

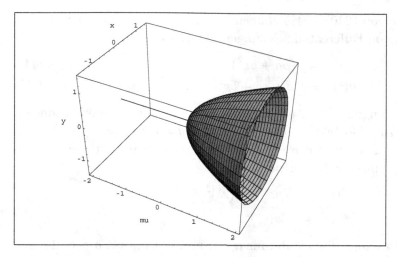

Abbildung 144: Gleichgewichtspunkte und Grenzzyklen mit verdeckten
Flächenteilen

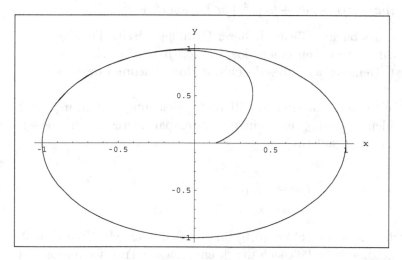

Abbildung 145: Konvergenz gegen den Grenzzyklus $x^2 + y^2 = \mu$ für
(242), (243), $\mu = 1$

In Verallgemeinerung von (240), (241) können wir folgendes in Polarkoordinaten geschriebene System von Differentialgleichungen untersuchen:

$$\dot{r}(t) \;=\; (\mu d + ar^2)r \tag{244}$$

$$\dot{\theta}(t) \;=\; \omega + c\mu + br^2 \quad . \tag{245}$$

Die Gleichgewichtsbedingung für (244), d.h. die Existenz periodischer Lösungen führt zu $r^* = 0$ oder zu $\mu d + a(r^*)^2 = 0$ bzw. für $a \neq 0$, $d \neq 0$ zu $\mu = -\frac{a}{d}(r^*)^2$ . Derartige Lösungen können wegen $r^* \geq 0$ nur für $-\mu d/a > 0$ existieren. Unter dieser Voraussetzung führt die Linearisierung zu

$$\dot{\bar{r}}(t) \;=\; (\mu d + 3a(r^*)^2)\bar{r}$$

$$\dot{\bar{\theta}}(t) \;=\; 2a(r^*)^2\bar{r} \quad .$$

Das System ist lokal asymptotisch stabil für $a < 0$ und instabil für $a > 0$. Transformieren wir das System (244), (245) von Polarkoordinaten auf kartesische Koordinaten, so erhalten wir:

$$\dot{x}(t) \;=\; \mu dx - (\mu c + \omega)y + ax(x^2 + y^2) - by(x^2 + y^2)$$

$$\dot{y}(t) \;=\; (\mu c + \omega)x + \mu dy + bx(x^2 + y^2) + ay(x^2 + y^2) \quad .$$

Interessanterweise ist dies bis auf Glieder höherer Ordnung bereits die allgemeine Form, die für eine Bifurkation von einem lokal stabilen in ein orbital stabiles Verhalten möglich ist. Genauer wird dies durch das Hopf-Theorem beschrieben.

Wir beginnen dazu mit einem autonomen Differentialgleichungssystem mit zwei unabhängigen Variablen $x$ und $y$ und einem Systemparameter $\mu$ (in dessen Abhängigkeit die Bifurkation auftritt):
Das System

$$\dot{x}(t) \;=\; f_\mu(x, y)$$

$$\dot{y}(t) \;=\; g_\mu(x, y)$$

habe die Gleichgewichtslösung $(x^*, y^*) = (0, 0)$ für $\mu = 0$, d.h. es gelte $f_0(0,0) = 0$, $g_0(0,0) = 0$. Jedes Gleichgewicht läßt sich durch eine lineare Transformation auf diesen Fall zurückführen.

Im Gleichgewicht erhalten wir die Linearisierung

$$\begin{pmatrix} \dot{\bar{x}} \\ \dot{\bar{y}} \end{pmatrix} = A \begin{pmatrix} \bar{x} \\ \bar{y} \end{pmatrix}$$

mit

$$A = \begin{pmatrix} \dfrac{\partial f_0(0,0)}{\partial x} & \dfrac{\partial f_0(0,0)}{\partial y} \\ \dfrac{\partial g_0(0,0)}{\partial x} & \dfrac{\partial g_0(0,0)}{\partial y} \end{pmatrix} \quad .$$

Es gilt:

**Satz 7.1.** *(Hopf-Theorem) A habe rein imaginäre Eigenwerte $\omega i$ und $-\omega i$ mit $\omega > 0$ (dies ist mit $\text{tr} A = 0$ und $\det A > 0$ äquivalent). $f_\mu(x, y)$ und $g_\mu(x, y)$ seien in einer Umgebung des Gleichgewichtes hinreichend glatt, d.h. ausreichend oft nach $x$, $y$ und $\mu$ differenzierbar (die benötigte Ordnung beim Differenzieren hängt vom Beweis ab, den wir aus Gründen des Umfangs und der notwendigen Voraussetzungen übergehen müssen). Dann gilt*

*(i) In einer Umgebung von $\mu = 0$ existiert eine glatte Kurve $\begin{pmatrix} x(\mu) \\ y(\mu) \end{pmatrix}$ von Gleichgewichtswerten:*

$$f_\mu(x(\mu), y(\mu)) = 0$$
$$g_\mu(x(\mu), y(\mu)) = 0 \quad .$$

*Für die entsprechende Linearisierung*

$$\begin{pmatrix} \dot{\bar{x}} \\ \dot{\bar{y}} \end{pmatrix} = A(\mu) \begin{pmatrix} \bar{x} \\ \bar{y} \end{pmatrix}$$

*mit*

$$A(\mu) = \begin{pmatrix} \frac{\partial f_\mu(x(\mu), y(\mu))}{\partial x} & \frac{\partial f_\mu(x(\mu), y(\mu))}{\partial y} \\ \frac{\partial g_\mu(x(\mu), y(\mu))}{\partial x} & \frac{\partial g_\mu(x(\mu), y(\mu))}{\partial y} \end{pmatrix}$$

*hängen die Eigenwerte $\lambda(\mu)$ und $\bar{\lambda}(\mu)$ von $A(\mu)$ glatt von $\mu$ ab und es gilt $\lambda(0) = \omega i$, $\bar{\lambda}(0) = -\omega i$. Es sei*

$$\frac{d}{d\mu} Re\lambda(\mu)_{\mu=0} = d \neq 0 \quad und \quad \frac{d}{d\mu} Im\lambda(\mu)_{\mu=0} = c \quad .$$

*(ii) Es existiert eine glatte Koordinatentransformation der $(x, y)$-Ebene, so dass bis zu den Gliedern 3.Ordnung folgende Taylorentwicklungen gelten:*

$$f_\mu(x, y) = \mu d x - (\mu c + \omega) y + a x(x^2 + y^2) - b y(x^2 + y^2)$$
$$g_\mu(x, y) = (\mu c + \omega) x + \mu d y + b x(x^2 + y^2) + a y(x^2 + y^2) \quad .$$

*(iii) Es existieren periodische Lösungen, die bis auf Glieder höherer als 2. Ordnung durch das Paraboloid*

$$\mu = -\frac{a}{d}(x^2 + y^2)$$

*beschrieben werden*

**Satz 7.2.** (i) *Die periodischen Lösungen aus Satz 7.1 sind lokal orbital stabil für $a < 0$ und instabil für $a > 0$.*

(ii) *Für die von $\mu$ abhängige Periode $T(\mu)$ gilt*

$$\lim_{\mu \to 0} T(\mu) = \frac{2\pi}{\omega} \qquad .$$

Es sei $A$ eine $2 \times 2$-Matrix mit $tr A = 0$ und $der A > 0$. Dann können wir zunächst $A$ in der Form

$$A = \begin{pmatrix} D & -B \\ C & -D \end{pmatrix}$$

schreiben, und es gilt $BC - D^2 > 0$. Es sei

$$\omega = \sqrt{BC - D^2} \qquad .$$

Dann gilt

$$P^{-1} A P = \begin{pmatrix} 0 & -\omega \\ \omega & 0 \end{pmatrix}$$

mit

$$P = \begin{pmatrix} \omega/C & D/C \\ 0 & 1 \end{pmatrix} \qquad .$$

Mit den transformierten Koordinaten

$$\begin{pmatrix} z \\ w \end{pmatrix} = P^{-1} \begin{pmatrix} x \\ y \end{pmatrix}$$

gilt dann

$$\begin{pmatrix} z' \\ w' \end{pmatrix} = \begin{pmatrix} 0 & -\omega \\ \omega & 0 \end{pmatrix} \begin{pmatrix} z \\ w \end{pmatrix} + \begin{pmatrix} u(z, w) \\ v(z, w) \end{pmatrix} \qquad .$$

Die lokale Stabilität wird durch

$$\begin{aligned} a \;=\; & \frac{1}{16}(u_{xxx} + u_{xyy} + v_{xxy} + v_{yyy}) \\ & + \frac{1}{10\omega} \left( u_{xy}(u_{xx} + u_{yy}) - v_{xy}(v_{xx} + v_{yy}) - u_{xx}v_{xx} + u_{yy}v_{yy} \right) \end{aligned}$$

bestimmt. Dabei bedeuten die unteren Indizes die partiellen Ableitungen nach den angegebenen Variablen.

## 7.5  Dynamische Krankheiten in der Physiologie

Die Grundidee des auf Reimann [REI 1963] zurückgehenden Ansatzes besteht darin, dass ein physiologisches Regelsystem im gesunden wie im pathologischen Zustand unverändert funktioniert, nur ein (oder mehrere) Parameter ihren physiologischen Bereich verlassen haben. Der Begriff „periodische Krankheit" soll eine Situation beschreiben, in der im gesunden Zustand ein Parameter gegen einen Normwert konvergiert (nach gewissen nicht zu großen äußeren Veränderungen), im pathologischen Zustand dagegen ein periodisches Verhalten auftritt. Die gegenläufige Veränderung werden wir in Abschnitt 7.7 betrachten, indem eine im gesunden Zustand periodische Veränderung durch eine Parameterveränderung zu einem konstanten Wert konvergiert (Beispiel: Modell zum Sekundenherztod). In beiden Fällen wird die Veränderung durch eine innere Systemdynamik bewirkt.

Beispiele finden wir bei periodischen Krankheiten der Blutbildung, bei denen die Zahl der Blutkörperchen im gesunden Zustand nahezu konstant ist, während im pathologischen Zustand große periodische Schwankungen auftreten. Bei der chronischen periodischen myelogenen Leukämie treten Perioden von 70 Tagen auf, bei der zyklischen Neuropenie sind es 20 Tage. Diese Anhaltszahlen können stark von einer regelmäßigen periodischen Wiederholung abweichen. Auch dies kann eher eine Folge der inneren Systemdynamik als eine Auswirkung äußerer Einflüsse sein.

In den bisher betrachteten Modellen sind wir davon ausgegangen, dass die Veränderung einer Zustandsgröße vom Systemzustand zum jeweiligen Zeitpunkt abhängt. In einer Vielzahl realer Situationen ist die Veränderung ein Resultat aus einem zurückliegenden Intervall. Ein entsprechender Ansatz impliziert eine wesentlich kompliziertere mathematische Vorgehensweise. Ein erster Ansatz in diese Richtung der Erweiterung der Klasse zu untersuchender Modelle besteht darin, eine konstante Zeitverzögerung einzubeziehen.

Es sei $c(t)$ die Zahl bestimmter Blutkörperchen zum Zeitpunkt $t$. Die Veränderung $\dot{c}(t)$ soll von $c(t)$ und von $c(t-3)$ abhängen. Wir wollen das bezüglich des Verzögerungsterms nichtlineare Modell

$$\dot{c}(t) = \frac{2c(t-3)}{1 + c^m(t-3)} - c(t) \qquad (246)$$

verwenden. Zur Lösung sind Anfangswerte für $c(t)$ aus einem zurückliegenden Intervall der Länge 3 nötig. Als Beispiel verwenden wir

$$c(t) = 0.8 \text{ für } t \in [0,3] \quad .$$

Der Term $-c(t)$ in (246) bewirkt eine negative lineare Rückkopplung in Höhe des jeweiligen Systemzustandes. Die Auswirkung des zeitverzögerten Terms

$$\frac{2c(t-3)}{1+c^m(t-3)}$$

ist nichtlinear. Für $m > 1$ ist

$$f(c) = \frac{2c}{1-c^m}$$

eine Funktion mit $f(0) = 0$, $\lim_{c \to \infty} f(c) = 0$ und einem Maximalwert für $c \geq 0$, vgl. Abbildung 146.

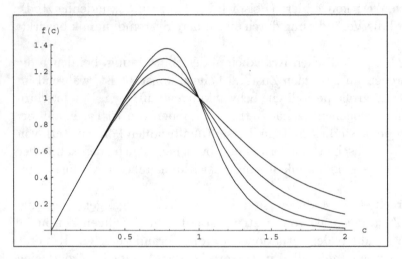

Abbildung 146: Zeitverzögerte Rückkopplungsfunktion für $m = 4, 5, 6.4, 8$

Für Gleichgewichte muss

$$\frac{2c}{1+c^m} = c$$

gelten. Dies ist nur für $c = 0$ und $c = 1$ erfüllt. Die Stabilität der Gleichgewichtspunkte lässt sich mit charakteristischen Gleichungen untersuchen, auf Details dazu können wir an dieser Stelle nicht eingehen. Die entscheidenden Ansatzideen dazu wurden bei der Betrachtung der Verhulstgleichung mit Zeitverzögerung vorgestellt.

Betrachten wir (246) jeweils im Intervall $[3n, 3n + 3]$ und gehen davon aus, dass die Lösung im Intervall $[3n - 3, 3n]$ bekannt ist, so haben wir eine nicht autonome Differentialgleichung der Form

$$\dot{c}(t) = g(t) - c(t) \qquad ,$$

die sich aus der Differentialgleichung für exponentielles Wachstum durch Variation der Konstanten lösen lässt.

Für $m = 4$ erhalten wir eine Konvergenz gegen den Gleichgewichtswert $c = 1$, vgl. die Abbildungen 147 und 148.

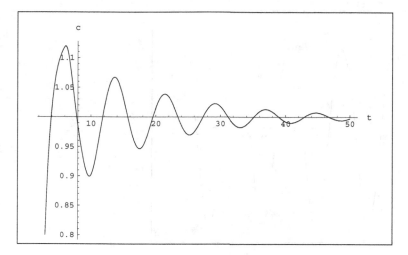

Abbildung 147: Konvergenz gegen den Gleichgewichtswert $c = 1$ für $m = 4$ im zeitlichen Verlauf.

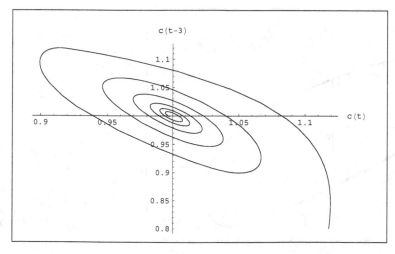

Abbildung 148: Parameterdarstellung $(c(t), c(t - 3))$ für $m = 4$

Zum Wert $m = 5$ erhalten wir einen „nahezu periodischen" Verlauf. Die Abweichungen von einem exakt periodischen Verlauf fallen in der zeitlichen Darstellung weniger auf als in der $c(t) - c(t - 3)$-Ebene. Man spricht in derartigen Situationen auch von einen chaotischen Band, da die Abweichungen in einer kleinen Umgebung eines Grenzzyklusses in gewisser Weise stochastischen Charakter haben (es gibt beliebig kleine Unterschiede, die in fester Zeit auf einen gegebenen Wert verstärkt werden), vgl. die Abbildungen 149 und 150. Wir werden auf diese Problematik in Kapitel 8 zurückkommen.

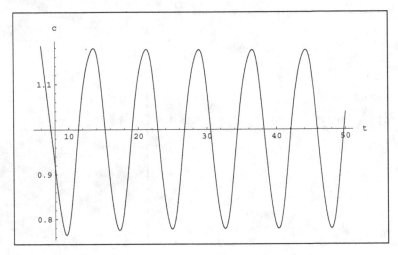

Abbildung 149: (annähernd) periodische Verhalten für $m = 5$ nach einer Einschwingzeit

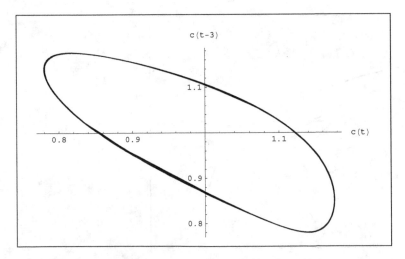

Abbildung 150: Parameterdarstellung $(c(t), c(t-3))$ für $m = 5$

Erhöhen wir den Parameterwert von $m$ auf 6.4, so tritt ein komplizierteres (nahezu) periodisches Verhalten auf. Es treten in der $c(t) - c(t-3)$-Darstellung Schnittpunkte des Bandverlaufes auf. Wir erinnern daran, dass ein derartiges

Überschneiden in der Phasenebene eines zweidimensionalen autonomen Differentialgleichungsmodells nicht möglich ist (aber in der Projektion eines dreidimensionalen Systems auf einen zweidimensionalen Unterraum), vgl. die Abbildungen
151 und 152.

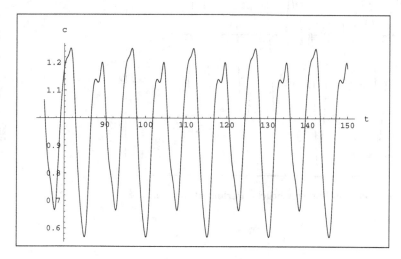

Abbildung 151: komplizierteres periodisches Verhalten für $m = 6.4$

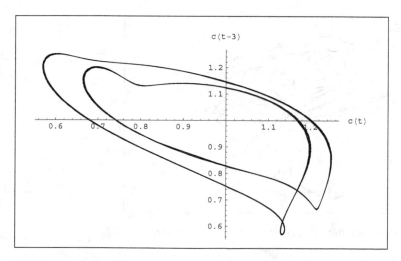

Abbildung 152: Chaotisches Band in der Parameterdarstellung
$(c(t), c(t - 3))$ für $m = 6.4$

Im Fall $m = 8$ ist kein näherungsweise periodisches Verhalten ersichtlich. Im
zeitlichen Verlauf ist dies wiederum weniger auffällig als in der Ebenendarstellung,
vgl. die Abbildungen 153 und 154.

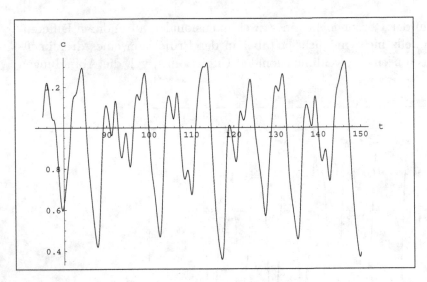

Abbildung 153: Zeitlicher Verlauf ohne ersichtliche Periodizität für $m = 8$

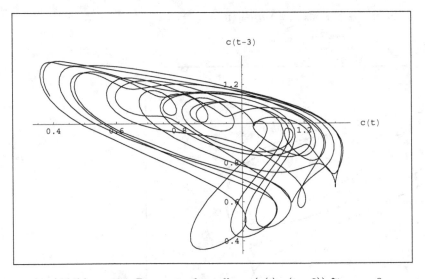

Abbildung 154: Parameterdarstellung $(c(t), c(t-3))$ für $m = 8$

## 7.6 Ljapunov-Funktionen und global stabile Gleichgewichtslösungen

Wir beginnen mit dem autonomen Differentialgleichungssystem

$$\dot{x}(t) = -x - 2y^2$$
$$\dot{y}(t) = xy - y^3 \quad .$$

Wir können zeigen, dass der einzige lokal asymptotisch stabile Gleichgewichtspunkt $(x, y) = (0, 0)$ ist. Über das globale Verhalten bei beliebigen Anfangswerten haben wir noch keine Aussagen. Möglich wäre z.B., dass weiterhin ein orbital stabiler Grenzzyklus existiert. Wir wollen dazu zunächst zwei Beispiele betrachten und danach einen Satz von Ljapunov angeben. Wir definieren (erraten)

$$L(x, y) = x^2 + 2y^2 \quad .$$

Es folgt $L(x, y) \geq 0$ für alle Punkte der Ebene und $L(x, y) = 0$ genau für den Gleichgewichtswert. Wir können $L(x, y)$ als Potentialfunktion interpretieren und erhalten, dass das Potential in allen Punkten positiv oder Null ist, den Wert Null erhalten wir nur für das Gleichgewicht.

Der nächste wesentliche Schritt besteht darin, dass wir das Potential entlang der Lösungskurven betrachten. Wenn wir fordern, dass

$$\frac{d}{dt}L(x(t), y(t)) < 0$$

mit Ausnahme des Gleichgewichtswertes gilt (für diesen erhalten wir den Wert Null), so folgt nach dem folgenden Satz, dass jede Lösungskurve gegen den lokal stabilen Gleichgewichtswert konvergiert. Die Annahme

$$\lim_{t \to \infty} L(x(t), y(t)) > 0$$

führt zu einem Widerspruch.

Im vorliegenden Beispiel gilt

$$\frac{d}{dt}L(x(t), y(t)) = -2(x(t)^2 + 2y(t)^4) \quad .$$

Damit liegt für alle Punkte $(x, y)$ ein negativer Wert vor mit Ausnahme des lokal stabilen Gleichgewichtes, in dem der Wert Null angenommen wird. Somit ist der lokal stabile Gleichgewichtswert auch global stabil.

Wir wollen auf das bereits betrachtete Mehrkompartmentmodell einer Infektionskrankheit und dessen Stabilitätsverhalten zurückkommen. Wir beachten, dass
durch das betrachtete dynamische System

$$\frac{dI}{dt} = r\,I^*(N-I) - a\,I$$
$$\frac{dI^*}{dt} = r^*\,I(N-I^*) - a^*\,I^*$$

der biologisch sinnvolle Bereich $I \geq 0$, $I^* \geq 0$ mit Anfangswerten daraus nicht
verlassen wird. Unter dieser Voraussetzung kann (und wird) es sinnvoll sein, den
Ansatz

$$L(I, I^*) = k_1 I + k_2 I^*$$

mit $k_1, k_2 > 0$ zu testen.

Wir erhalten

$$\begin{aligned}
\frac{dL}{dt} &= k_1\frac{dI}{dt} + k_2\frac{dI^*}{dt} \\
&= k_1(rI^*(N-I) - aI) + k_2(r^*I(N^* - I^*) - a^*I^*) \\
&= -II^*(rk_1 + r^*k_2) + I(-k_1a + k_2r^*N^*) + I^*(k_1rN - k_2a^*) \quad .
\end{aligned}$$

Es ist daher wünschenswert,

$$-k_1a + k_2r^*N^* = 0 \tag{247}$$
$$k_1rN - k_2a^* = 0 \tag{248}$$

zu erhalten. Wählen wir $k_1 = r^*N^*/a$ und $k_2 = 1$, so kann man zeigen, dass (247),
(248) genau dann erfüllt ist, wenn

$$NN^* < \frac{aa^*}{rr^*}$$

oder dazu äquivalent

$$NN^* < \rho\rho^*$$

gilt. Dies ist genau dann gegeben, wenn kein nichttriviales Gleichgewicht existiert.
Damit haben wir aus der lokalen Existenz eines endemischen Gleichgewichtes
dessen globale Stabilität hergeleitet, wenn wir den folgenden Satz von Ljapunov
anwenden.

**Definition 7.3.** *In einem Gebiet (d.h. offene und wegeweise zusammenhängende Menge) $G \in \mathbb{R}^n$ mit $0 \in G$ sei eine Funktion*

$$L : G \to \mathbb{R}$$

*definiert. Gilt*

$$L(z) \geq 0$$

*für $z \in G$, so nennen wir die Funktion positiv semidefinit. Gilt darüber hinaus*

$$L(z) > 0$$

*für $z \in G\backslash\{0\}$, so heiße die Funktion positiv definit. $L$ wird negativ definit (negativ semidefinit) genannt, wenn $-L$ positiv definit (positiv semidefinit) ist.*

Es sei $D \in \mathbb{R}^n$ ein Gebiet und wir betrachten für $z \in D$ ein autonomes Differentialgleichungssystem

$$\dot{z} = f(z) \tag{249}$$

mit einer stetig differenzierbaren Funktion $f : D \to \mathbb{R}^n$ mit dem Gleichgewichtspunkt $z^* = 0$: $f(0) = 0$. Für eine stetig differenzierbare Funktion $V : G \to \mathbb{R}$ mit $G \subset D$ gilt dann entlang der Lösungskurven des Differentialgleichungssystems

$$\frac{d}{dt}L(z(t)) = grad\, L(z) \cdot f(z)$$

mit dem Gradienten

$$grad\, L = \left( \frac{\partial L}{\partial x_1}, ..., \frac{\partial L}{\partial x_n} \right) .$$

Wir kommen zum Satz von Ljapunov:

**Satz 7.4.** *Es sei $L$ eine im Gebiet $G \subset \mathbb{R}^n$ gegebene positiv definite Funktion und es gelte $0 \in G$. $\dot{L}(z) - grad\, L(z) \cdot f(z)$ sei negativ semidefinit in $G$, dann ist $z^* = 0$ eine in $G$ stabile Lösung von (249). Ist $\dot{L}(z)$ negativ definit, so ist die Lösung $z^* = 0$ darüber hinaus asymptotisch stabil.*

## 7.7 „Schwarze Löcher" in biologischen Systemen, der Sekundenherztod

Kammerflimmern, ein völlig ungeordnetes Zusammenziehen der Herzmuskelfasern, ist eine der Hauptursachen des sogenannten Sekundenherztodes. Normalerweise zieht sich das Herz als ganzes zusammen. Beim Kammerflimmern dagegen kontrahieren sich kleine Bereiche des Herzmuskels in rascher Folge und ohne ersichtliche Koordination mit dem benachbarten Gewebe. Ohne Warnung kann Kammerflimmern bei offenbar gesunden Personen auftreten. In vielen Fällen lässt sich dann nicht einmal bei einer Autopsie erkennen, warum die normale Koordination des Herzens auf eine so folgenschwere Weise unterbrochen wurde. Faszinierenderweise kann eine Disziplin der Mathematik, die Topologie, das Problem erhellen helfen. Topologie basiert auf einem Umgebungsbegriff, der seinerseits offene Mengen verwendet, die in Kapitel 2 definiert wurden. Das Herzgewebe ist wie andere physiologische Systeme auch zu einer rhythmischen Entladung fähig. Wird nun ein Teil des Herzgewebes einem kurzen Stromstoß ausgesetzt, so verschiebt sich dadurch meist nur der normale Rhythmus zeitlich vor oder zurück, ohne dass sich das Intervall zwischen den folgenden Impulsen ändert. Mit Hilfe eines topologischen Satzes lässt sich jedoch zeigen, dass es einen relativ kleinen Stromreiz geben muss, der wesentliche Veränderungen bewirkt, wenn er im richtigen Moment des Herzschlages gesetzt wird. Man hat experimentell gezeigt, dass nach einem solchen Reiz der normale Herzschlag aussetzen kann. Eine fehlende Kontraktion eines kleinen Bereiches des Herzmuskels führt nicht zwangsläufig zum Kammerflimmern. Aus topologischen Gründen können um einen nicht mehr normal arbeitenden Gewebebereich Bedingungen herrschen, die das Entstehen einer näherungsweise kreisförmigen Welle aus elektrischen Impulsen begünstigen, vgl. Abschnitt 3.10. Eine solche Welle kann sich im Herz ausbreiten. Dabei können sich Parameter der Systemdynamik verändern, beginnend mit gewebebedingten Eigenschaften der Systemparameter bis zu den in Abschnitt diskutierten 7.4 Bifurkationseigenschaften. Dabei kann es systemdynamisch bedingt passieren, dass ein Schrittmachersystems im Herzen außer Funktion gesetzt wird. Möglicherweise können durch Überlagerungseffekte weitere kleine Wellen induziert werden, die ihrerseits gewisse Bereiche des Herzens zu schnellen, unkoordinierten Zuckungen anregen. Mit Hilfe der Hodgkin-Huxley-Theorie der Nervenmembran (vgl. Abschnitt 7.1) wurde für ein Modell des Tintenfisch-Axons durch Computersimulation gezeigt, dass es singuläre Reize gibt, die zu „schwarzen Löchern", zu Bereichen des Herzstillstandes, führen. Obwohl der erwähnte topologische Satz nur die Existenz eines singulären Punktes sichert, nehmen die „schwarzen Löcher" bei der Computersimulation eine beträchtliche Fläche ein. Diese Ergebnisse sind auch an anderen realen biologischen Systemen bestätigt worden, z.B. an den Purkinje-Fasern von Hunden und den Sinusknoten von Katzen. Weitere interessante Details sind in [WIN 1989] zu finden.

Auch aus experimentellen Untersuchungen an der Fruchtfliege *Drosophila melanogaster* ist bekannt, dass durch Licht einer bestimmten Stärke und Dauer, gefolgt von einer Dunkelperiode das sonst periodische Schlüpfverhalten aufeinanderfolgender Generationen zum Erliegen gebracht werden kann.

Auf tiefliegendere topologische Methoden können wir an dieser Stelle nicht eingehen. Wir wollen an einfachen Modellen Grundmechanismen verdeutlichen, die zu den für reale biologische Systeme so folgenschweren „schwarzen Löchern" führen.

Von einem „schwarzes Loch" im biologischen Sinn sprechen wir, wenn ein oszillierendes System durch äußere Einflüsse zum Erliegen kommt, und zwar dann, wenn die Kombination zwischen Systemvariablen und Parametern dies bewirkt. In Analogie dazu, dass ein „schwarzes Loch" im physikalischen Sinne keine Materie nach außen gelangen lässt, verhindert ein „schwarzes Loch" im biologischen Sinne, dass mit Parameterwerten aus diesem Bereich die möglicherweise lebensnotwendigen Oszillationen aufrechterhalten werden.

Wir haben Beispiele dafür kennengelernt, dass bei Anfangswerten in der Nähe eines Grenzzyklusses die Störung des exakt periodischen Systems asysmptotisch ausgeglichen wird. Die Anfangswerte, für die dieses Verhalten eintritt, gehören zum Einzugsbereich des Grenzzyklusses. Wird durch einen äußeren Einfluss dieser Bereich verlassen, so können die Oszillationen zum Erliegen kommen, andere Oszillationen auftreten oder (wie auch schon als Beispiel angeführt) ein „chaotisches Verhalten" eintreten.

Wir werden mit der „harten und weichen Wiederanpassung" zwei verschiedene Arten der Reaktion eines oszillierenden biologischen Systems auf äußere Einflüsse beschreiben.

Wir erinnern daran, dass wir alternativ zu den kartesischen Koordinaten die Lage eines Punktes in der zweidimensionalen Euklidischen Ebene auch durch die Entfernung vom Koordinatenursprung und den Winkel der entsprechenden Verbindungsgeraden zur x-Achse verwenden können. Die Umrechnung von den kartesischen Koordinaten in Polarkoordinaten und umgekehrt erfolgt mit den Formeln

$$
\begin{aligned}
r &= \sqrt{x^2 + y^2} \\
\phi &= \arctan y/x \qquad \text{mit } 0 \le \phi < 2\pi
\end{aligned}
$$

bzw.

$$
\begin{aligned}
x &= r\cos\phi & (250) \\
y &= r\sin\phi & \text{.} \qquad (251)
\end{aligned}
$$

Das Modell lässt sich mit Polarkoordinaten beginnend einfacher verstehen. Vor dem Auftreten einer äußeren Störung soll im Modell eine konstante Winkelgeschwindigkeit auftreten und sich radial kubisch verhalten:

$$
\begin{aligned}
\dot{r}(t) &= r(a-r)(1-r) & (252) \\
\dot{\phi}(t) &= 1 & (253)
\end{aligned}
$$

mit $0 < a < 1$. Ein Gleichgewicht im zweidimensionalen Raum ist nur der Punkt $(x, y) = (0, 0)$. Die Gleichung (252) hat für $0 \leq r$ die Gleichgewichtswerte $r = 0$, $r = a$ und $r = 1$. Mit

$$f(r) = r(a - r)(1 - r)$$

gilt $df/dr_{|r=0} < 0$, $df/dr_{|r=a} > 0$ und $df/dr_{|r=1} < 0$. Daher sind die Gleichgewichtswerte $r = 0$ und $r = 1$ stabil, während $r = a$ instabil ist.

Wir verwenden als Beispiel $a = 0.2$. Mit Startwerten innerhalb bzw. außerhalb der Kreises $r = 0.2$ erhalten wir eine Konvergenz gegen den Koordinatenursprung bzw. den Einheitskreis $r = 1$ und erhalten die Abbildungen 155 und 156.

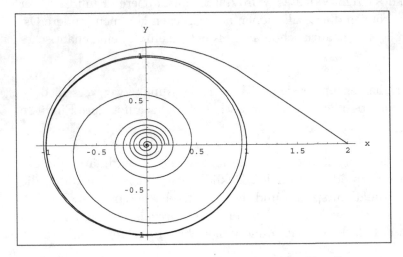

Abbildung 155: Konvergenz von Lösungen gegen den Koordinatenursprung bzw. den Einheitskreis bei (250), (251) und $a = 0.2$

Damit ist $r < a$ bzw. $x^2 + y^2 < a^2$ der Bereich, der Oszillationen zum Erliegen bringt, also eine „schwarzes Loch".

Wir wollen als Modell für eine kurzzeitige äußere Einwirkung eine Verschiebung des Systemzustandes um den Betrag $u > 0$ in Richtung der y-Achse in negative Richtung betrachten. Die folgende Abbildung verdeutlicht, dass ausgehend vom Durchlaufen des Einheitskreises bestimmte Parameterkombinationen in das schwarze Loch führen. Von den übrigen Werten wird asymptotisch der Einheitskreis wieder erreicht, vgl. die Abbildungen 157 und 158.

Wird ein Punkt $(\cos\phi, \sin\phi)$ des Einheitskreises um den Betrag $u$ entlang der y-Achse in negativer Richtung bewegt, gelangt man zum Punkt

$$(\cos\phi, \sin\phi - u) = (\rho\cos\theta, \rho\sin\theta) \qquad .$$

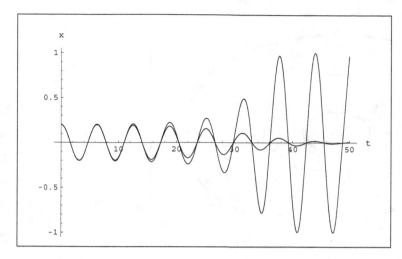

Abbildung 156: Periodisches bzw. abklingend oszillierendes Verhalten im zeitlichen Verlauf zu geringfügig unterschiedlichen Anfangswerten bei (250), (251) und $a = 0.2$

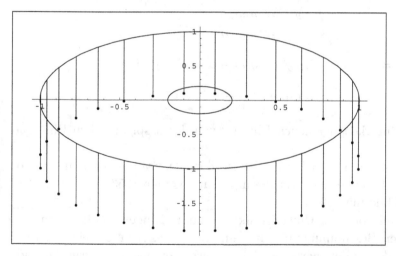

Abbildung 157: Auslenkung vom Einheitskreis durch äußere Einwirkung, die möglicherweise in das schwarze Loch führen

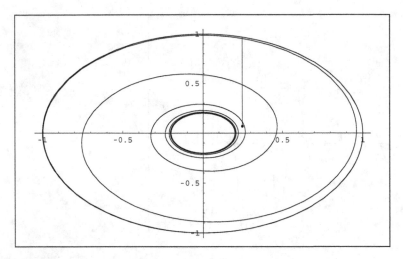

Abbildung 158: Auslenkung von Einheitskreis durch äußere Einwirkung und asysmptotische Wiederannäherung an den Einheitskreis

Durch einen Vergleich der Komponenten erhalten wir

$$\cos\phi \;=\; \rho\cos\theta$$
$$\sin\phi - u \;=\; \rho\sin\theta \qquad.$$

Eine Division ($\cos\phi \neq 0, \cos\theta \neq 0, \rho \neq 0$ vorausgesetzt) ergibt

$$\tan\theta = \tan\phi - \frac{u}{\cos\phi} \qquad.$$

Damit ist eine Abhängigkeit der neuen Phase $\theta$ von der ursprünglichen Phase $\phi$ hergestellt.

Erhöhen wir bei konstantem $u = 0.9$ die Phase $\phi$ um ein volles Intervall $2\pi$, so erhöht sich auch die Phase $\theta$ nach Wiederanpassung gemäß (253) um ein volles Intervall $2\pi$, vgl. Abbildung 159.

Die Arkustangensfunktion als Umkehrfunktion zum Tangens haben wir so gewählt, dass in der Bestimmung bis auf ein Vielfaches von $2\pi$ eine stetige Funktion entsteht. Verwenden wir $a = 1.1$, so erhalten wir eine grundlegend andere Situation in Abbildung 160.

Trotz einer stetigen Erhöhung um eine Periode ist in der wiederangepassten Funktion die Periode gleich geblieben (Verlust einer vollen Oszillationsperiode).

Wir können auch die zweidimensionale Abhängigkeit $\theta = \theta(\phi, u)$ nach (253) betrachten. Es bleibt die Auswahl geeigneter Lösungszweige des Arkustangens. Im Fall zweier unabhängiger Variablen $\phi$ und $u$ liegen über der $\phi - u$-Ebene Unstetigkeitsstellen. Verwenden wir zunächst die Grundeinstellungen von Mathematica, erhalten wir Abbildung 161.

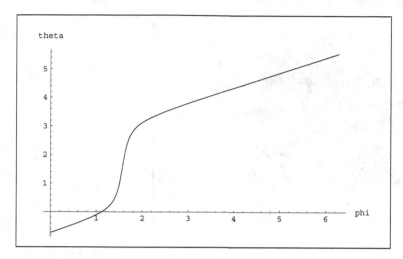

Abbildung 159: Abhängigkeit der Phase $\theta$ nach Wiederanpassung von der ursprünglichen Phase $\phi$ bei $u = 0.9$

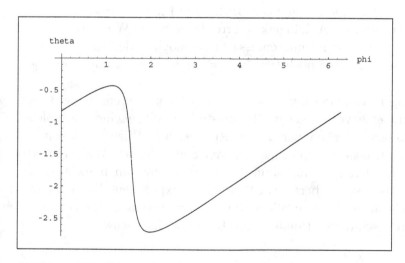

Abbildung 160: Abhängigkeit der Phase $\theta$ nach Wiederanpassung von der ursprünglichen Phase $\phi$ bei $u = 1.1$

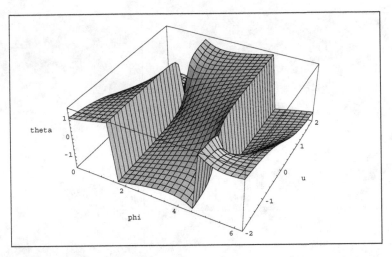

Abbildung 161: Abhängigkeit der neuen Phase von der alten Phase und der Stärke der äußeren Einwirkung im betrachteten Modell mit Unstetigkeiten über $\phi = \pi/2$ und $\phi = 3\pi/2$

In Umgebungen von $\phi = \pi/2$, $u = 1$ und $\phi = 3\pi/2$, $u = 1$ kann durch keine Wahl des Arkustangens eine stetige Abhängigkeit erreicht werden. Wir sprechen an diesen Stellen auch von singulären Punkten. Es ist aber möglich, den Arkustangens so zu wählen, dass Unstetigkeiten höchstens für $u = 1$ oder $u = -1$ auftreten, vgl. Abbildung 162.

Tritt bei einer stetigen Veränderung $\theta = \theta(\phi, u)$ bei konstantem $u$ bei einer Erhöhung von $\phi$ um eine volle Periode $2\pi$ in stetiger Weise eine ebensolche Erhöhung bei $\theta$ ein, so sprechen wir von einer „weichen Wiederanpassung". Erhöht sich dagegen $\theta$ nicht, so sprechen wir von einer „harten Wiederanpassung". Eine weiche Wiederanpassung kann bei Veränderung von $u$ nicht stetig in eine harte Wiederanpassung übergehen. Werden bei experimentellen Untersuchungen sowohl weiche als auch harte Wiederanpassungen beobachtet, so existiert ein singulärer Punkt („schwarzer Punkt"), die Existenz eines schwarzen Loches ist zu vermuten.

## 7.8  Van der Polsche Gleichung: Existenz und Eindeutigkeit eines Grenzzyklusses

Wir haben bereits eine ganze Reihe von zyklischen Erscheinungen kennengelernt, von denen wir behauptet haben, dass eine exakte zyklische Lösungskurve im zweidimensionalen Phasenraum existiert, gegen die die Lösungskurven mit Startwerten aus einer Umgebung asymptotisch konvergieren. Wir wollen jetzt ein Beispiel betrachten, bei dem man zeigen kann, dass ausgehend von allen

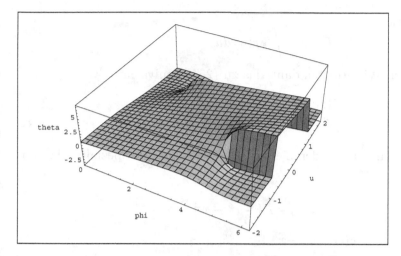

Abbildung 162: Abhängigkeit der neuen Phase von der alten Phase und der Stärke der äußeren Einwirkung im betrachteten Modell mit Unstetigkeiten über $u = 1$ und $u = -1$

biologisch sinnvollen Startwerten die Lösungskurven in der Phasenebene gegen den Grenzzyklus konvergieren (wir beschränken uns sowohl aus Platzgründen als auch auf Grund mathematischer Voraussetzungen auf Grundideen zum Beweis).

Die gewöhnliche autonome Differentialgleichung zweiter Ordnung

$$\ddot{x}(t) + e((x(t))^2 - 1)\dot{x}(t) + x(t) = 0$$

mit $e > 0$ wird als van der Polsche Differentialgleichung bezeichnet. Allgemeiner kann man

$$\ddot{x}(t) + f(x(t))\dot{x}(t) + g(x(t)) = 0 \tag{254}$$

mit $f(x) > 0$ für großes $|x|$ und $f(x) < 0$ für kleines $|x|$ betrachten. Führt man in üblicher Weise die Gleichung zweiter Ordnung mit $y = \dot{x}(t)$ auf ein System erster Ordnung zurück, so erhält man äquivalent zum Ausgangssystem

$$\dot{x}(t) = y$$
$$\dot{y}(t) = -f(x)y - g(x)$$

bzw. für den spezielleren Fall

$$\dot{x}(t) = y \tag{255}$$
$$\dot{y}(t) = -e(x^2 - 1)y - x \quad . \tag{256}$$

Für die angesprochenen Existenz- und Eindeutigkeitsbetrachtungen ist es günstiger, eine alternative Phasenraumeinführung mit Hilfe von

$$y(t) = \dot{x}(t) + F(x(t))$$

mit der Stammfunktion

$$F(x) = \int_0^x f(u)\, du$$

zu $f(x)$ vorzunehmen. Wir erhalten dann das zu (254) äquivalente System

$$\dot{x}(t) = y - F(x) \qquad (257)$$
$$\dot{y}(t) = -g(x) \qquad . \qquad (258)$$

In diesem Fall sprechen wir von der Lienard-Phasenebene. Im Spezialfall lauten die Gleichungen

$$\dot{x}(t) = y - e\left(\frac{1}{3}x^3 - x\right)$$
$$\dot{y}(t) = -x \qquad .$$

Es gilt:

**Satz 7.5.** *Die Gleichung $\ddot{x}(t) + f(x(t))\dot{x}(t) + g(x(t)) = 0$ hat eine eindeutig bestimmte periodische Lösung, falls $f(x)$ und $g(x)$ stetig sind und folgende Bedingungen erfüllen:*

*(i) $F(x) = \int_0^x f(u)\, du$ ist eine gerade Funktion*

*(ii) Es gilt $F(0) = 0$ und es existiert ein $a > 0$ mit $F(\pm a) = 0$, $F(x) < 0$ für $0 < x < a$ und $F(x) > 0$ für $x > a$.*

*(iii) Es gelte $\lim_{x\to\infty} F(x) = \infty$ und $F(x)$ sei für $x > a$ monoton wachsend.*

*(iv) $g(x)$ ist eine ungerade Funktion, und es gilt $g(x) > 0$ für $x > 0$.*

*Zu allen Anfangswerten $x(0) > 0$ und $\dot{x}(0)$ beliebig konvergiert die Lösungskurve gegen eine eindeutig bestimmte periodische Lösung.*

Im Spezialfall

$$f(x) = e(x^2 - 1) \qquad ,$$

$F(x) = e(x^3/3 - x)$, $g(x) = x$ und $a = \sqrt{3}$ sind die Bedingungen (i) - (iv) erfüllt. Bevor wir zu einigen Grundideen zum Beweis des Satzes zurückkehren, wollen wir uns eine numerische Näherung des Grenzzyklusses in den beiden Phasenebenen zu (255), (256) und zu (257), (258) ansehen. In der „üblichen" Phasenraumeinführung erhalten wir zu $e = 10$ die Abbildungen 163, 164 und 165.

Einen ersten Eindruck von der Annäherung der Lösungskurven in der Lienard-Ebene zu verschiedenen Startwerten vermittelt die Abbildung 166.

In jedem Punkt der Phasenebene ist $(dx/dt, dx/dt)$ die Tangente an die Lösungskurve des betrachteten Differentialgleichungssystems im entsprechenden Punkt.

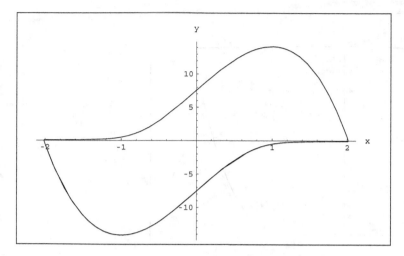

Abbildung 163: Grenzzyklus zur van der Polschen Gleichung in üblicher Phasenraumeinführung

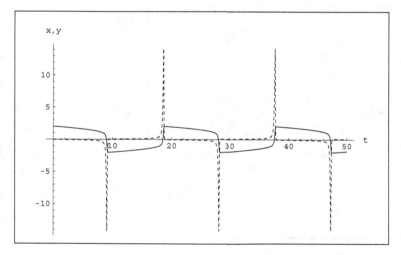

Abbildung 164: Zeitlicher Verlauf von $x(t)$ (durch gezeichnet) und $y(t)$ (gestrichelt) zur van der Polschen Gleichung in üblicher Phasenraumeinführung

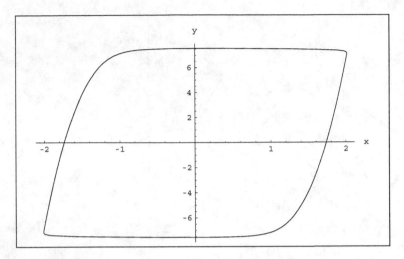

Abbildung 165: Grenzzyklus zur van der Polschen Gleichung in der Lienard-Phasenebene

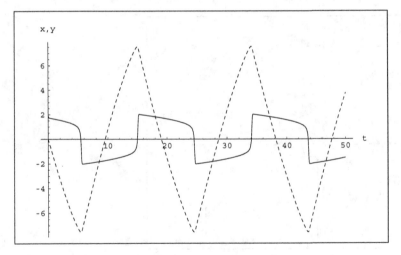

Abbildung 166: Annäherung der Lösungen der van der Polschen Gleichung in der Lienard-Phasenraumdarstellung gegen den Grenzzyklus

Man spricht dann auch von einem Tangentenvektorfeld (zu jedem Punkt gehört ein Vektor).

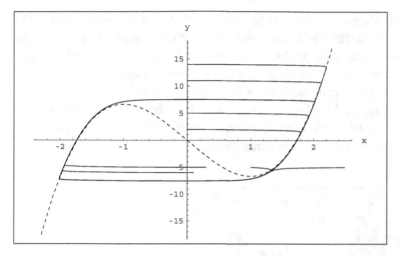

Abbildung 167: Tangentenvektorfeld zu den Lösungen der van der Polschen Gleichung in der Lienard-Phasenraumdarstellung

Zum Beweis des oben angeführten Satzes überzeugt man sich zunächst davon, dass die Ebene durch die Kurven $x = 0$ und $y = F(x)$ in vier Teilgebiete zerlegt werden, in denen gilt:

- Teil I: Es gilt $x > 0$ und $y > F(x)$. Dann folgt $dx/dt > 0$ und $dy/dt < 0$.

- Teil II: Es gilt $x > 0$ und $y < F(x)$. Dann folgt $dx/dt < 0$ und $dy/dt < 0$.

- Teil III: Es gilt $x < 0$ und $y < F(x)$. Dann folgt $dx/dt < 0$ und $dy/dt > 0$.

- Teil IV: Es gilt $x < 0$ und $y > F(x)$. Dann folgt $dx/dt > 0$ und $dy/dt > 0$.

Man kann als nächstes zeigen, dass jede Lösungskurve, die nicht identisch mit dem Koordinatenursprung zusammenfällt, in keinem der Teilgebiete verbleibt und sie zyklisch in der Reihenfolge $I \rightarrow II \rightarrow III \rightarrow IV \rightarrow I$ durchläuft. Es existiert ein $a > 0$ (dies ist in der Abbildung (165) der Schnittpunkt des Grenzzyklusses mit der positiven y-Halbachse), so dass gilt:

- Starten wir mit den Anfangswerten $(0, a_0)$ so gelangen wir nach einmaliger Umrundung des Koordinatenursprungs zum Punkt $(0, a_1)$, nach $n$ Schritten entsprechend zum Punkt $(0, a_n)$. Es gilt $|a - a_n| < |a - a_{n+1}|$ für $n = 0, 1, 2, \ldots$

.

- Es gilt

$$\lim_{n \to \infty} a_n = a \quad .$$

Für Details zum Beweis verweisen wir auf [JOR 1999]. Damit beenden wir die Beweisskizze.      □

Wir wollen zum Abschluss in den Abbildungen (168) und (169) noch 3D-Darstellungen mit Farben für die Richtungen des Differentialgleichungssystems mit eingezeichnetem Grenzzyklen analog zu den Betrachtungen aus Abschnitt 7.1 angeben. Einen besonders anschaulichen Eindruck erhält man nach einiger Beobachtung, wenn man mit Mathematica die Darstellungen im dreidimensionalen Raum durch Mausbewegung beliebig drehen kann. Die echten Farbdarstellungen auf der Hompage zum Buch sind deutlich anschaulicher als die in der Informationstiefe reduzierten Schwar-Weiß-Darstellungen.

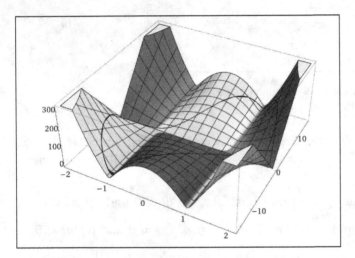

Abbildung 168: Darstellung von Differentialgleichungen und Grenzzyklus im originalen Phasenraum

Für den Grenzzyklus in der Lienard-Phasenebene wollen wir Näherungsangaben für große Werte von $e$ bzw. für kleine Werte von $\delta = 1/e$ angeben. Wir wollen dazu die O-Symbolik verwenden. Dabei bedeutet in unserem Fall $z(\delta) = O(\delta)^a$, dass

$$\frac{z(\delta)}{\delta^a}$$

für kleine positive $\delta$ beschränkt bleibt, wir können dazu $0 < \delta < 1$ verwenden.

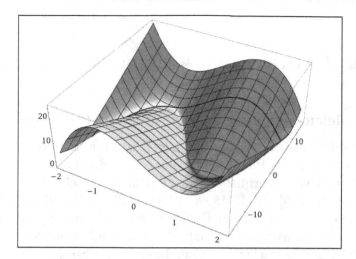

Abbildung 169: Darstellung von Differentialgleichungen und Grenzzyklus im Lienard-Phasenraum

**Satz 7.6.** *Es seien* $(x, y)$ *Punkte auf dem Grenzzyklus in der oberen Halbebene der Lienard-Phasenebene. Dann gilt* $-2 \leq x \leq 2$.

(i) *Für* $-2 \leq x \leq -2 + O(\delta^2)$ *gilt*

$$\frac{1}{3}\delta\,y + \frac{2}{9}\delta^2 \ln\left(1 - \frac{3}{2}\frac{y}{\delta}\right) = -(x+2) \quad .$$

(ii) *Für* $-2 + O(\delta^2) \leq x \leq -1 - O(\delta^{2/3})$ *gilt* $y = \delta\,y/(1 - x^2)$.

(iii) *Für* $-1 - O(\delta^{2/3}) \leq x \leq -1 + O(\delta^{2/3})$ *gilt* $\delta\,\ddot{x} - 2(x+1)\dot{x} = \delta$.

(iv) *Für* $-1 + O(\delta^{2/3}) \leq x \leq 2$ *gilt*

$$\delta\,y = x - \frac{1}{3}x^3 + \frac{2}{3} \quad .$$

*Der Kurventeil der Lienard-Phasenebene in der unteren Halbebene ergibt sich durch Spiegelung am Ursprung aus dem Kurventeil in der oberen Halbebene.*

Drei der vier Kurvenabschnitte sind durch implizite Gleichungen gegeben. Der vierte Abschnitt ist durch die Lösung einer gewöhnlichen Differentialgleichung zweiter Ordnung in einer Variablen gegeben. Für Details verweisen wir auf [Jor 1999].

# 8 Grenzmengen und Attraktoren, strukturelle Stabilität

## 8.1 Lineare Differentialgleichungen mit konstanten Koeffizienten

Die Lösungen von Differentialgleichungen mit konstanten Koeffizienten sind explizit beschreibbar. Wir werden darauf aus Platzgründen nur kurz eingehen. Diese Thematik wird in einer Vielzahl von Lehrbüchern ausführlich dargestellt (vgl. [ARN 2001], [AUL 2004], [HAL 1969], [JOR 1999], [WAL 2000],[WIL 1971]). Ein Grundprinzip der Lösung von nichtlinearen Differentialgleichungen ist das Prinzip der Linearisierung, in dem gewisse Eigenschaften auf der Basis zugehöriger linearer Differentialgleichungen betrachtet werden. Interessante Strukturen entstehen aber gerade durch nichtlineare Terme, wie wir bereits in den einführenden Betrachtungen zur Bifurkationstheorie gesehen haben (vgl. Abschnitt 7.4). Nichtlineare Differentialgleichungen können im Gegensatz zu linearen Differentialgleichungssystemen in der Regel nicht explizit gelöst werden. Es kommt also darauf an, qualitative Eigenschaften der Lösungen zu betrachten. Man kann fragen, bei welchen Veränderungen des Systems qualitative Eigenschaften erhalten bleiben, wir werden dabei zum Begriff der strukturellen Stabilität geführt. Für das Verhalten für große Zeiten haben wir bereits Beispiele zur Konvergenz, zu zyklischem Verhalten und zu chaotischen Eigenschaften kennengelernt. Eine allgemeine Beschreibung führt uns zu den Begriffen der Grenzmenge und der Attraktoren.

Wir betrachten für die quadratische Matrix

$$\mathbf{A} = (a_i^j) \text{ mit } i = 1, ..., n \quad j = 1, ..., n, \quad a_i^j \in \mathbb{R}$$

und einem von einer reellen Variablen $t$ abhängigen Spaltenvektor $\vec{x}(t)$ ($t$ kann als Zeit interpretiert werden)

$$\vec{x}(t) = \begin{pmatrix} x_1(t) \\ x_2(t) \\ ... \\ x_n(t) \end{pmatrix}$$

das Differentialgleichungssystem

$$\frac{d}{dt}\vec{x}(t) = \mathbf{A}\,\vec{x}(t)$$

mit dem Anfangswert

$$\vec{x}(0) = \vec{x}_0 \quad .$$

Dies ist die vektorielle Schreibweise eines linearen Differentialgleichungssystems. Wir können dies auch als Gleichungssystem schreiben:

$$\frac{d}{dt}x_i(t) = \sum_{j=1}^{n} a_i^j \, x_j(t) \quad x_i(0) = x_{0,i} \quad i = 1, ..., n \quad .$$

Für $n = 1$ liegt die eingehend betrachtete Differentialgleichung

$$\frac{d}{dt}x(t) = a \, x(t), \quad x(0) = x_0$$

zum exponentiellen Wachstum vor, die die Lösung

$$x(t) = e^{at}x_0$$

hat. Wir wollen zeigen, dass die betrachtete mehrdimensionale Differentialgleichung eine analoge Lösung

$$\vec{x}(t) = e^{\mathbf{A}t}\vec{x_0}$$

hat, wobei wir dazu die Exponentialfunktion zu einer Matrix definieren müssen. Den zweidimensionalen Fall haben wir bereits in Abschnitt 5.10 betrachtet. Es ist naheliegend, die bereits betrachtete Taylorreihe der Exponentialfunktion zu verwenden, die darin auftretende reelle oder komplexe Variable aber durch eine Matrix zu ersetzen.

**Definition 8.1.** $\mathbf{A}$ *sei eine n-dimensionale quadratische Matrix. Dann definieren wir*

$$e^{\mathbf{A}} = \sum_{k=0}^{\infty} \frac{\mathbf{A}^k}{k!} \quad mit \quad \mathbf{A}^0 = \mathbf{E} \quad .$$

Wir haben die Definition $0! = 1$ verwendet. Dabei bezeichnet wie bisher $\mathbf{E}$ die $n$-dimensionale Einheitsmatrix. Um zu sehen, dass diese Definition sinnvoll ist, verwenden wir die Matrixnorm

$$||\mathbf{A}|| = n \max_{i,j=1,...,n} |a_{ij}| \quad .$$

Man erhält

$$||\mathbf{A}|| \leq ||\mathbf{A}||^2$$

und damit

$$||e^{\mathbf{A}}|| = ||\sum_{k=0}^{\infty} \frac{\mathbf{A}^k}{k!}|| \leq \sum_{k=0}^{\infty} \frac{||\mathbf{A}^k||}{k!} \leq \sum_{k=0}^{\infty} \frac{||\mathbf{A}||^k}{k!} \leq e^{||\mathbf{A}||} \quad .$$

Die matrixwertige Reihe ist also konvergent und die angegeben Definition sinnvoll. Man verwendet auch die Schreibweise

$$e^{\mathbf{A}} = \exp \mathbf{A} \quad .$$

Durch Einsetzen in die Definition und geeignetes Ausklammern erhalten wir:

**Satz 8.2.** *Sind* $\mathbf{A}$ *und* $\mathbf{T}$ *n-reihige quadratische Matrizen und ist* $\mathbf{T}$ *regulär, so gilt*

$$\exp(\mathbf{T} \cdot \mathbf{A} \cdot \mathbf{T}^{-1}) = \exp \mathbf{A} \quad .$$

Weiterhin gilt:

**Satz 8.3.** *Sind* $\lambda_1,...,\lambda_n$ *die entsprechend ihrer Vielfachheit gezählten Eigenwerte von* $\mathbf{A}$*, so sind* $e^{\lambda_1},...,e^{\lambda_n}$ *die Eigenwerte von* $\exp \mathbf{A}$.

Man kann durch Betrachtungen analog zur Lösung von linearen Gleichungssystemen durch das Gaußsche Eliminierungsverfahren zeigen, dass zu einer Matrix $\mathbf{A}$ eine reguläre Matrix $\mathbf{T}$ existiert, so dass $\mathbf{T} \cdot \mathbf{A} \cdot \mathbf{T}^{-1}$ eine obere Dreiecksmatrix ist. Daraus folgt, dass $\mathbf{T} \cdot \mathbf{A}^k \cdot \mathbf{T}^{-1}$ ebenfalls eine obere Dreiecksmatrix ist, gleiches gilt dann auch als Summe der Reihe für $\exp(\mathbf{T} \cdot \mathbf{A} \cdot \mathbf{T}^{-1})$, woraus unmittelbar die Behauptung folgt.

**Definition 8.4.** *Die Spur* $tr\mathbf{A}$ *einer quadratischen Matrix ist definiert als die Summe der Hauptdiagonalelemente:*

$$tr\mathbf{A} = \sum_{k=1}^{n} a_{kk} \quad .$$

**Satz 8.5.** *Die Spur einer quadratischen Matrix ist die Summe ihrer Eigenwerte, die Determinante ergibt sich aus dem Produkte der Eigenwerte.*

Zum Beweis verwenden wir, dass gilt:

$$det(\mathbf{A} - \lambda\mathbf{E}) = (-\lambda)^n + (-\lambda)^{n-1} \sum_{k=1}^{n} a_{kk} + ... + det\mathbf{A} \quad .$$

Für die Eigenwerte $\lambda_k$ $(k = 1,...,n)$ gilt

$$det(\mathbf{A} - \lambda_k\mathbf{E}) = 0 \quad .$$

Daher sind $\lambda_i$ entsprechend ihrer Vielfachheit gezählt auch die Nullstellen der rechten Seite. Wir erhalten

$$\prod_{k=1}^{n} (\lambda_k - \lambda) = (-\lambda)^n + (-\lambda)^{n-1} \sum_{k=1}^{n} \lambda_k + ... + \prod_{k=1}^{n} \lambda_k \quad .$$

Durch einen Koeffizientenvergleich folgt die Behauptung. □

Als Folgerung erhalten wir:

**Satz 8.6.** *Es gilt*

$$det \exp \mathbf{A} = \exp(tr\mathbf{A}) \quad .$$

Für beide Seiten erhalten wir nämlich $\exp(\sum_{k=1}^{n} \lambda_k)$. Weiterhin gilt:

**Satz 8.7.** *Sind* $\mathbf{A}$ *und* $\mathbf{B}$ *vertauschbare quadratische Matrizen* $(\mathbf{A} \cdot \mathbf{B} = \mathbf{B} \cdot \mathbf{A})$, *so gilt*

$$e^{\mathbf{A}+\mathbf{B}} = e^{\mathbf{A}} \cdot e^{\mathbf{B}} \quad .$$

**Beweis:** Nach dem binomischen Satz gilt

$$\frac{1}{n!}(\mathbf{A} + \mathbf{B})^n = \sum_{\substack{i,j=1 \\ i+j=n}}^{n} \frac{1}{i!j!} \mathbf{A}^i \mathbf{B}^j \quad .$$

Daraus folgt

$$\sum_{n=0}^{2r} \frac{1}{n!}(\mathbf{A} + \mathbf{B})^n = \sum_{i+j<=2r} \frac{1}{i!j!} \mathbf{A}^i \mathbf{B}^j$$

$$= \sum_{\substack{0 \le i \le r \\ 0 \le j \le r}} \frac{1}{i!j!} \mathbf{A}^i \mathbf{B}^j + \sum_{\substack{0 \le i+j \le 2r \\ \max(i,j)>2r}} \frac{1}{i!j!} \mathbf{A}^i \mathbf{B}^j$$

$$= \sum_{i=0}^{r} \frac{1}{i!} \mathbf{A}^i \sum_{i=0}^{r} \frac{1}{i!} \mathbf{B}^i + \mathbf{R}_r$$

mit

$$\mathbf{R}_r = \sum_{\substack{0 \le i+j \le 2r \\ \max(i,j)>r}} \frac{1}{i!j!} \mathbf{A}^i \mathbf{B}^j \quad .$$

Ist $M$ eine Schranke für die Beträge der Matrixelemente von $\mathbf{A}$, so erhalten wir für die Matrixelemente von $\mathbf{R}$ die Abschätzung

$$(\mathbf{R}_r)_{uv} \le \sum_{\substack{0 \le i+j \le 2r \\ \max(i,j)>r}} \frac{1}{i!j!} \sum_{k=1}^{n} |\mathbf{A}_{uk}^i| \, |\mathbf{B}_{kv}^j|$$

$$\le \sum_{\substack{0 \le i+j \le 2r \\ \max(i,j)>r}} \frac{1}{i!j!} n^{i-1} M^i \, n^{j-1} M^j \, n$$

$$\le \sum_{\substack{0 \le i+j \le 2r \\ \max(i,j)>r}} \frac{1}{r!} (nM)^{2r}$$

$$\le \frac{(nM)^{2r} 2r(r+1)}{r!} \quad .$$

Dabei bezeichnen die unteren Indizes $uv$, $uk$ und $kv$ die entsprechenden Matrixelemente. Es folgt

$$\lim_{r \to \infty} (\mathbf{R}_r)_{uv} = 0$$

und damit

$$\lim_{r \to \infty} \|\mathbf{R}_r\| = 0 \quad,$$

womit der Beweis abgeschlossen ist.                                                □

Als Folgerung bzw. direkt aus der Definition folgt:

**Satz 8.8.** *Für reguläre $n$-reihige Matrizen $\mathbf{A}$ gilt*

$$
\begin{aligned}
(\exp \mathbf{A})^{-1} &= \exp(-\mathbf{A}) \\
\exp \overline{\mathbf{A}} &= \overline{\exp \mathbf{A}} \\
\exp \mathbf{A}^t &= (\exp \mathbf{A})^t
\end{aligned}
$$

**Satz 8.9.** *Es sei $t \in \mathbb{R}$ und $\mathbf{A}$ sei eine reell- oder komplexwertige $n$-reihige Matrix. Dann ist*

$$t \longmapsto \exp(t\mathbf{A})$$

*eine stetige Abbildung mit*

$$\exp((t_1 + t_2)\mathbf{A}) = \exp(t_1 \mathbf{A}) \exp(t_2 \mathbf{A}) \quad.$$

*Die Bildmenge ist eine einparametrige Untergruppe.*

Beispiele zu einparametrigen Untergruppen haben wir zur $SL(2, \mathbb{R})$ betrachtet und waren dabei auf die Funktionalgleichungen zur reellen Exponentialfunktion sowie zu den Additionstheoremen der Winkelfunktionen und der hyperbolischen Winkelfunktion gekommen (vgl. Abschnitt 5.10).

**Satz 8.10.** *Für eine $n$-reihige Matrix $\mathbf{A}$ und einen $n$-dimensionalen $t$-abhängigen (zeitabhängigen) Spaltenvektor $\vec{x}(t)$ ist die eindeutig bestimmte Lösung der Differentialgleichung*

$$\frac{d}{dt}\vec{x}(t) = \mathbf{A}\,\vec{x}(t)$$

*mit dem Anfangswert*

$$\vec{x}(0) = \vec{x}_0$$

*für alle $t \in \mathbb{R}$ durch*

$$\vec{x}(t) = e^{\mathbf{A}t}\,\vec{x}_0$$

*gegeben.*

Durch geeignete Transformationen kann für die Fälle reeller oder komplexer, einfacher oder mehrfacher Eigenwerte von **A** jeweils eine geeignete Normalform erreicht werden, eine Darstellung findet man z.B. in [JET 1989]. Damit erhält man

$$t^l \, e^{\alpha t} \cos(\omega t) \quad ,$$

wobei $\alpha + i\,\omega$ alle Eigenwerte von **A** mit $\omega > 0$ durchläuft und $l+1$ höchstens die Vielfachheit des entsprechenden Eigenwertes erreicht.

Für Stabilitätsbetrachtungen ergibt sich daraus folgende wichtige Aussage:

**Satz 8.11.** *A sei eine reelle n-reihige Matrix, $\vec{x}(t)$ sei die Lösung der Differentialgleichung*

$$\frac{d}{dt}\vec{x}(t) = \mathbf{A}\,\vec{x}(t)$$

*mit dem Anfangswert*

$$\vec{x}(0) = \vec{x}_0 \quad .$$

$\lambda_1, ..., \lambda_n$ *seien die Eigenwerte von* **A**. *Dann gilt:*

(i) *Aus Re $\lambda_k < 0$ für alle $k = 1, ..., n$ folgt*

$$\lim_{t \to \infty} \vec{x}(t) = 0$$

*für alle Anfangswerte $\vec{x}_0$.*

(ii) *Aus Re $\lambda_k > 0$ für ein $k \in 1, ..., n$ folgt*

$$\lim_{t \to \infty} \vec{x}(t) = \infty$$

*für mindestens einen Anfangswert $\vec{x}_0$.*

## 8.2 Nichtlineare autonome Differentialgleichungen

Es sei $G$ ein Gebiet im $\mathbb{R}^n$, d.h. eine offene und wegeweise zusammenhängende Menge. Eine Abbildung

$$f : G \to \mathbb{R}^n$$

bezeichnen wir als Vektorfeld auf $G$, i.A. werden wir diese Abbildung $f$ als stetig oder auch als stetig differenzierbar voraussetzen. Eine Differentialgleichung

$$\frac{d}{dt}x(t) = f(x(t))$$

bezeichnet man als autonom. Dies bedeutet, dass auf der rechten Seite der Differentialgleichung die Zeit nicht explizit, sondern nur vermittelt durch $x(t)$ vorkommt. Analog zur Situation bei den betrachteten Differentialgleichungen mit konstanten Koeffizienten (die auch autonom sind) werden wieder Anfangswerte betrachtet:

$$x(0) = x_0 \quad .$$

Gilt für ein $x_0 \in G$ die Gleichung $f(x_0) = 0$, so folgt $x(t) = x_0$ für alle $t \in \mathbb{R}$. Wir sprechen dann von einem Fixpunkt $x_0$ und einer Gleichgewichtslösung $x(t) = x_0$. Von besonderem Interesse ist dann das Verhalten des Systems mit Anfangswerten in der Nähe des Fixpunktes. Bei physikalischen, biologischen oder medizinischen Problemen ist von entscheidender Bedeutung, ob bei hinreichend kleine Störungen durch die Systemdynamik wieder zum Fixpunkt zurückgeführt wird. Nur in diesem Fall ist der Fixpunkt experimentell beobachtbar. Nicht linear wollen wir hier als nicht notwendigerweise linear auffassen, so dass die linearen Systeme aus dem vorigen Abschnitt mit enthalten sind.

Im wollen im weiteren Verlauf dieses Kapitels 8 in der Bezeichnung im Gegensatz zum vorigen Abschnitt 8.1 den Vektorpfeil über den Elementen des Gebietes weglassen, also $x \in G$ anstelle von $\vec{x} \in G$ schreiben. Da sowohl der Raum der Zustandsvariablen ein Vektorraum ist als auch der Raum der Parameter ein Vektorraum mit i.A. unterschiedlicher Dimension ist, entsteht durch das Vektorsymbol in diesem Kontext keine zusätzliche Klarheit. Man vergleiche auch die Bemerkungen in Abschnitt 2.2 zur abstrakten Definition dynamischer Systeme, auch dort war die Verwendung von Vektorpfeilen kontextbezogen nicht sinnvoll. In Übereinstimmung mit den Definitionen aus Abschnitt 6.3 und der Definition 3.15 definieren wir in leicht verändertem Kontext:

---

**Definition 8.12.** *(i) Ein Fixpunkt $x_0$ heißt stabil, wenn es zu jedem $\epsilon > 0$ ein $\delta > 0$ gibt, so dass für Lösungen $x(x_1, t)$ des autonomen Systems zu Anfangswerten $x_1$ mit*

$$\|x_1 - x_0\| < \delta$$

*die Gleichung*

$$\|x(x_1, t) - x_0\| < \epsilon$$

*für alle $t \geq 0$ gilt.*

*(ii) Ein stabiler Fixpunkt heißt asymptotisch stabil, wenn ein $\delta_0 > 0$ existiert, so dass*

$$\lim_{t \to \infty} \|x(x_1, t) - x_0\| = 0$$

*für*

$$\|x_1 - x_0\| < \delta_0$$

*gilt.*

*(iii) Ein nicht stabiler Fixpunkt heißt instabil.*

Man kann zeigen, dass die Definition unabhängig vom gewählten Koordinatensystem ist.

Wir betrachten als Beispiel den gedämpften harmonischen Oszillator mit Reibung oder Beschleunigung $\beta$, der durch das Differentialgleichungssystem

$$\frac{d}{dt}x(t) = y(t)$$
$$\frac{d}{dt}y(t) = -\beta y(t) - k x(t)$$

mit einer Konstanten $k > 0$ gegeben ist. Das Modell lässt sich auch als Räuber-Beute-Modell (nach einer Translation, die den Gleichgewichtspunkt auf den Koordinatenursprung verschiebt) mit einem zusätzlichen Jagt- bzw. Fischereiterm nur bezüglich der Beute interpretieren. Wir können das System auch durch das Vektorfeld

$$f\begin{pmatrix} x \\ y \end{pmatrix} = \begin{pmatrix} y \\ -\beta y - k x \end{pmatrix}$$

beschreiben. Hiermit ist zunächst ein Differentialgleichungssystem mit konstanten Koeffizienten gegeben. Die zugehörige Matrix ist

$$\mathbf{A} = \begin{pmatrix} 0 & 1 \\ -k & -\beta \end{pmatrix} \quad .$$

Diese Matrix besitzt die Eigenwerte

$$\lambda_{1,2} = -\frac{\beta}{2} \pm \sqrt{\frac{\beta^2}{4} - k} \quad .$$

Für $k > 0$ gilt $\lambda_{1,2} > 0$ für $\beta < 0$ und $\lambda_{1,2} < 0$ für $\beta > 0$. Als Fixpunkt existiert offensichtlich nur der Koordinatenursprung $(x, y) = (0, 0)$. Für hinreichend große Reibung (z.B. Jagd nur der Beute im Räuber-Beute-Modell) $\beta$ mit $k < \beta^2/4$ liegt der topologische Typ eines stabilen Knotens vor (vgl. auch Abbildung 177 weiter unten) und für $k > \beta^2/4$, also hinreichend kleine Reibung (Jagd) der topologische Typ eines stabilen Strudels (vgl. auch Abbildung 182 weiter unten).

Nach dem Satz 8.11 ist dann das System für $\beta > 0$ asymptotisch stabil und für $\beta < 0$ instabil. Mit Hilfe der explizit beschreibbaren Situation für $\beta = 0$, die zu dem früher betrachteten Räuber-Beute-Modell führt sieht man, dass die Lösung dann stabil, aber nicht asymptotisch stabil ist (vgl. die früher betrachteten Grenzzyklen um den Gleichgewichtspunkt).

Ein wichtiger Ansatz besteht in der Linearisierung eines gegebenen Systems mit Fixpunkt $x_0$. Dazu bildet man die Linearisierungs-Matrix im Gleichgewichtspunkt

$$\mathbf{A} = \left( \frac{\partial f_i}{\partial x_k}(x_0) \right)_{i,k=1}^{n}$$

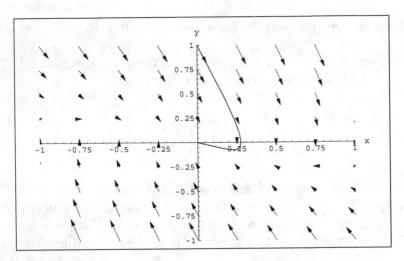

Abbildung 170: Räuber-Beute-Modell mit ausreichend großer Jagd nur
der Beute

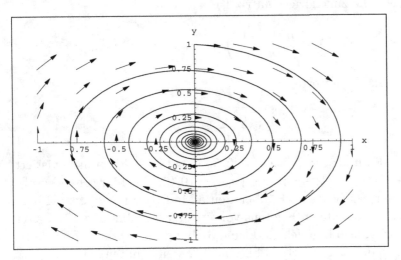

Abbildung 171: Räuber-Beute-Modell mit ausreichend kleiner Jagd nur
der Beute

und betrachtet dazu das zugehörige linearisierte System

$$\frac{d}{dt}y(t) = \mathbf{A}y(t)$$

mit dem Anfangswert

$$y(0) = y_0 \quad .$$

In wichtigen Fällen kann aus der bereits betrachteten Stabilitätsanalyse des linearisierten Systems auf die Stabilität des nicht linearen Systems geschlossen werden. Dazu gilt folgender Satz, vgl. dazu auch Satz 3.18 und Satz 6.1:

**Satz 8.13.** *Es seien $\lambda_1$, ..., $\lambda_n$ die Eigenwerte der Matrix $\mathbf{A}$ des im Fixpunkt linearisierten autonomen Systems. Gilt $Re\,\lambda_k < 0$ für alle $k = 1, ..., n$, so ist der Fixpunkt der nicht linearisierten Ursprungsgleichung asymptotisch stabil. Gilt $Re\,\lambda_i > 0$ für ein $i \in 1, ..., n$, so ist der Fixpunkt $x_0$ instabil.*

Hat mindestens ein Eigenwert einen Realteil Null und kein Eigenwert einen positiven Realteil, so kann mit diesem Satz keine Aussage zur Stabilität getroffen werden. In diesem Fall hängt das Ergebnis möglicherweise wesentlich von den nicht linearen Termen ab. Die Lösungen des linearisierten System und des Ursprungssystems hängen in den betrachteten Fällen noch weiter zusammen:

**Satz 8.14.** *Hat die Matrix $\mathbf{A}$ der in $x_0$ linearisierten autonomen Differentialgleichung keinen Eigenwert mit Realteil Null, so existiert eine eindeutige und umkehrbar stetige Abbildung $g$, die auf einer Umgebung $U$ des Fixpunktes $x_0$ definiert ist und die Trajektorien $T_t$ des nicht linearisierten Flusses auf die des linearen Flusses $e^{\mathbf{A}t}$ abbildet. Dabei erhält $g$ die Parametrisierung.*

## 8.3  Grenzmengen und Attraktoren

Das System

$$\begin{aligned}
\dot{x} &= x - y - x(x^2 + y^2) \\
\dot{y} &= x + y - y(x^2 + y^2)
\end{aligned}$$

mit $\dot{x} = dx/dt$ für $x = x(t)$ und entsprechend für $y = y(t)$ kann wie bereits bei den einführenden Betrachtungen zur Bifurkationstheorie verwendet, durch die Transformation von kartesischen in polare Koordinaten

$$\begin{aligned}
x &= r\cos\phi \\
y &= r\sin\phi
\end{aligned}$$

in

$$\begin{aligned}
\dot{r} &= r(1 - r^2) \\
\dot{\phi} &= 1
\end{aligned}$$

überführt werden. Die radiale Gleichung hat unter Beachtung der Nichtnegativität von $r$ die Gleichgewichtslösungen $r = 0$ und $r = 1$. Die Lösung zu $r = 1$ ist stabil, die zu $r = 0$ instabil. Die Gleichung bezüglich des Winkels $\phi$ führt zu einem Umlauf um den Koordinatenursprung mit konstanter Winkelgeschwindigkeit. Es ist also sinnvoll, einen Stabilitätsbegriff zu geschlossenen Lösungskurven einzuführen.

**Definition 8.15.** *Der Abstand eines Punktes von einer stetigen geschlossenen Lösungskurve $C$ mit endlicher Länge (Jordankurve) wird definiert durch*

$$d(x, C) = \min_{y \in C} ||x - y|| \quad .$$

$||.||$ bezeichnet dabei die Norm. Auf Grund der endlichen Länge und der Stetigkeit existiert das Minimum. Wir definieren:

**Definition 8.16.** *(i) Eine geschlossene Lösungskurve (Trajektorie) $C$ heißt orbital stabil, wenn es für alle $\epsilon > 0$ ein $\delta > 0$ gibt, so dass $T_t(x_0)$ für $d(x_0, C) < \delta$ für alle $t \geq 0$ existiert und $d(T_t(x_0), C) < \epsilon$ gilt.*

*(ii) $C$ heißt asymptotisch orbital stabil, falls $C$ stabil ist und ein $\delta_0 > 0$ existiert, so dass*

$$\lim_{t \to \infty} d(T_t(x_0), C) = 0$$

*für alle Anfangswerte $x_0$ mit $d(x_0, C) < \delta_0$ gilt.*

Für Umgebungen $U$ einer geschlossenen Trajektorie $C$ betrachten wir lokal in Bezug auf $U$ stabile bzw. instabile Mengen.

**Definition 8.17.** *(i) $W_s(C, U)$ heißt lokal in Bezug auf die Umgebung $U$ der Trajektorie $C$ stabile Menge, wenn gilt:*

$$W_s(C, U) = \{x \in U \,|\, T_t(x) \in U \,\forall t \geq 0, \lim_{t \to \infty} d(T_t(x), C) = 0\}$$

*(ii) $W_u(C, U)$ heißt lokal in Bezug auf die Umgebung $U$ der Trajektorie $C$ instabile Menge, wenn gilt:*

$$W_u(C, U) = \{x \in U \,|\, T_t(x) \in U \,\forall t \geq 0, \lim_{t \to -\infty} d(T_t(x), C) = 0\}$$

Wir wollen dazu als Beispiel das dynamische System

$$\begin{aligned}
\dot{x} &= x - y - x(x^2 + y^2) \\
\dot{y} &= x + y - y(x^2 + y^2) \\
\dot{z} &= z
\end{aligned}$$

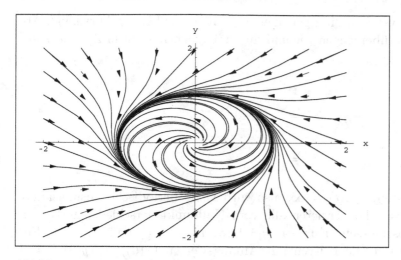

Abbildung 172: Dynamisches System mit einer geschlossenen Lösungskurve

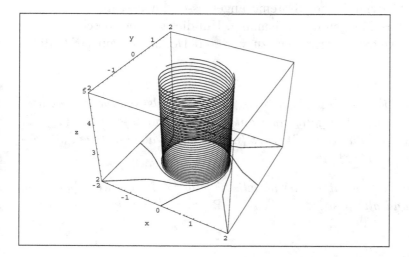

Abbildung 173: 3D-Version mit einem Zylinder als Attraktor

betrachten. Dieses System besitzt genau eine geschlossene Lösungskurve, vgl. Abbildung 172). Davon überzeugen wir und durch Transformation in Zylinderkoordinaten:

$$\dot{r} = r(1 - r^2)$$
$$\dot{\phi} = 1$$
$$\dot{z} = z \quad .$$

Für $z(0) \neq 0$ gilt $\lim_{t \to \infty} z(t) = \infty$, also wird keine periodische Lösungskurve erreicht. Für $z(0) = 0$ konvergieren alle vom Nullpunkt verschiedenen Trajektorien gegen die geschlossene Kurve $r = 1$ bzw. $x^2 + y^2 = 1$ für $t \to \infty$. Für $t \to -\infty$ konvergieren alle Kurven mit Anfangswerten $(x(0))^2 + (y(0))^2 \neq 1$ gegen den Ursprung. Für beliebige Umgebungen $U$ von $C$ erhalten wir also $W_u(C, U) = \{(x, y, z) \mid x^2 + y^2 \neq 1\}$ und $W_s(C, U) = \{(x, y, z) \mid z \neq 0\}$.

Fixpunkte und geschlossene Trajektorien reichen nicht aus, um das Langzeitverhalten einer Vielzahl dynamischer Systeme angemessen zu beschreiben, es treten auch kompliziertere Mengen in Erscheinung. Um dies genauer beschreiben zu können, führen wir weitere Begriffe ein, zu weiteren Details sei auf [JET 1989] verwiesen.

**Definition 8.18.** *(i) Wir bezeichnen eine Menge* **G** *als invariant (entsprechend positiv invariant, negativ invariant) in Bezug auf einen Fluss* $(T_t)_{t \in \mathbb{R}}$, *falls* $T_t(x) \in$ **G** *für alle reellen Werte* $t$ *(entsprechend alle positiven, alle negativen reellen Werte* $t$) *gilt.*

*(ii) Eine Menge* **N** *heißt nicht wandernd, falls für alle* $x \in$ **N** *und jede Umgebung* $U(x)$ *von* $x$ *und alle positiven reellen* $t \in \mathbb{R}$ *ein reelles* $s \geq t$ *existiert mit* $T_s(U(x)) \cap U(x) \neq \emptyset$

*(iii) Die Menge*

$$L_\omega(x) = \{y \mid \exists (t_n)_{n=1}^\infty \ mit \ t_n \to \infty \ und \ T_{t_n} \to y \ für \ n \to \infty\}$$

*heißt* $\omega$*-Grenzmenge von* $x$.

*(iv) Die Menge*

$$L_\alpha(x) = \{y \mid \exists (t_n)_{n=1}^\infty \ mit \ t_n \to -\infty \ und \ T_{t_n} \to y \ für \ n \to \infty\}$$

*heißt* $\alpha$*-Grenzmenge von* $x$.

**Definition 8.19.** *(i) Eine abgeschlossene und invariante Menge $A$ wird als anziehend bezeichnet, wenn es eine positiv invariante Umgebung $U$ von $A$ mit*

$$\lim_{t\to\infty} d(T_t(x), A) = 0$$

*für alle $x \in U$ gibt.*

*(ii) Eine anziehende Menge $A$ mit einer Trajektorie als dichter Teilmenge wird als Attraktor bezeichnet.*

$\omega$-Grenzmengen und $\alpha$-Grenzmengen sind abgeschlossen. $\omega$-Grenzmengen sind positiv invariant, $\alpha$-Grenzmengen sind negativ invariant. Anziehende Fixpunkte werden als Senken, abstoßende Fixpunkte als Quellen bezeichnet.

Als Beispiel betrachten wir das System

$$\begin{aligned}
\dot{x} &= x - x^3 \\
\dot{y} &= -y \quad.
\end{aligned}$$

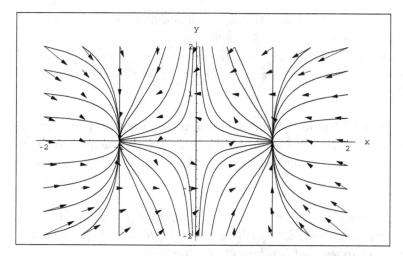

Abbildung 174: Dynamisches System mit drei Gleichgewichtspunkten, davon zwei stabil

Die beiden Differentialgleichungen können zunächst einzeln betrachtet werden. Wir erhalten $\lim_{t\to\infty} y = 0$ für beliebige Anfangswerte $y(0)$. Für $x < -1$ und $0 < x < 1$ ist $x(t)$ monoton wachsend, für $x > 1$ und $-1 < x < 0$ monoton fallend. Fixpunkte bezüglich der $x$-Variablen sind $x = -1$, $x = 0$ und $x = 1$, wobei $x = 0$ instabil und $x = \pm 1$ stabil ist. Durch Kombination dieser Betrachtungen ergibt sich, dass die einzigen $\omega$-Grenzmengen der instabile Sattel $(0,0)$ und die asymptotisch stabilen Knoten $(1,0)$ und $(-1,0)$ sind. Die Stecke $\{(x,y)\,|\, < 1 \leq$

$x \leq 1, y = 0\}$ ist eine anziehende Menge. Alle Punkte dieser Strecke mit Ausnahme der Fixpunkte $(-1, 0)$, $(0, 0)$ und $(-1, 0)$ sind wandernd. Attraktoren sind nur die beiden Punkte $(-1, 0)$ und $(1, 0)$.

## 8.4   Strukturelle Stabilität

Wir haben bisher das qualitative Verhalten gegebener dynamischer Systeme betrachtet. Bei der Verwendung und Beurteilung von Modellen ist es wichtig, wie sich Eigenschaften verändern, wenn wir das Modell (also z.B. das Differentialgleichungssystem) hinreichend wenig ändern. Wir wollen in diesem Abschnitt präzisieren, was wir unter kleinen Änderungen des Systems verstehen. Insbesondere interessieren wir uns für Systeme, die von Parametern abhängen.

**Definition 8.20.**    *(i) Die Abbildungen $f, g : \mathbb{R}^n \to \mathbb{R}^n$ heißen topologisch äquivalent, wenn es einen Homöomorphismus (eineindeutige stetige Abbildung, deren Umkehrabbildung ebenfalls stetig ist) $h : \mathbb{R}^n \to \mathbb{R}^n$ mit $h(f(x)) = g(h(x))$ für alle $x \in \mathbb{R}^n$ gibt.*

*(ii) Die Vektorfelder $f, g : \mathbb{R}^n \to \mathbb{R}^n$ heißen topologisch äquivalent, wenn es einen Homöomorphismus $h : \mathbb{R}^n \to \mathbb{R}^n$ gibt, der die Trajektorien $x(t)$ der Differentialgleichung $\dot{x} = f(x)$ auf die Trajektorien $y(t)$ der Differentialgleichung $\dot{y} = g(y)$ abbildet und umgekehrt und dabei die Durchlaufrichtung erhält.*

Wir wollen $\epsilon$-Störungen des Systems, beschrieben durch die Funktion $f$ und strukturelle Störungen einführen. Bisher haben wir in Stabilitätsbetrachtungen den Einfluss der Anfangswerte auf die Eigenschaften der Lösung analysiert, jetzt soll das System selbst variiert werden.

**Definition 8.21.**    *(i) Eine stetig differenzierbare Funktion $g : \mathbb{R}^n \to \mathbb{R}^n$ wird als $\epsilon$-Störung der Funktion $f : \mathbb{R}^n \to \mathbb{R}^n$ bezeichnet, wenn es eine kompakte Menge (d.h. abgeschlossen und beschränkt) $K$ gibt mit*

$$|f_i(x) - g_i(x)| \; < \; \epsilon$$
$$\left| \frac{\partial f_i}{\partial x_j}(x) - \frac{\partial g_i}{\partial x_j}(x) \right| \; < \; \epsilon \quad \forall\, i, j \in \{1, ..., n\}$$

*für $x \in K$ und $f(x) = g(x)$ für $x \in \mathbb{R}^n \setminus K$.*

*(ii) Eine Abbildung oder ein Vektorfeld $f : \mathbb{R}^n \to \mathbb{R}^n$ wird als strukturell stabil bezeichnet, wenn es ein $\epsilon > 0$ gibt, so dass alle $\epsilon$-Störungen topologisch äquivalent sind.*

Wir betrachten das parameterabhängige dynamische Systeme

$$\dot{x} = f(x, \mu)$$

mit $x \in M \subseteq \mathbb{R}^n$ und $\mu = (\mu_1, ..., \mu_m) \in \mathbb{R}^m$. Wir wollen annehmen, dass für $||\mu - \mu_0|| < \delta$ die Funktion $f(x, \mu)$ eine $\epsilon$-Störung von $f(x, \mu_0)$ ist.

**Definition 8.22.** *(i) Parameter $\mu_0 \in \mathbb{R}^m$, für die die Flüsse der $\epsilon$-gestörten dynamischen Systeme $\dot{x} = f(x, \mu)$ für Parameter aus einer hinreichend kleinen Umgebung $||\mu - \mu_0|| < \delta$ topologisch äquivalent sind, werden als reguläre Werte bezeichnet und der Fluss als strukturell stabil.*

*(ii) Parameter $\mu_0 \in \mathbb{R}^m$, für die es in jeder Umgebung $||\mu - \mu_0|| < \delta$ topologisch nicht äquivalente Flüsse gibt, werden kritische Werte bzw. Verzweigungsoder Bifurkationswerte genannt. Der Fluss wird in $\mu_0$ als strukturell instabil bezeichnet.*

Wir haben dabei eine Norm $||.||$ im Parameterraum verwendet. Das eindimensionale lineare System, dass das exponentiale Wachstum beschreibt, hat nur den kritischen Wert $a_0 = 0$. Für $a < 0$ und $a > 0$ sind die Flüsse nicht äquivalent.

Der harmonische Oszillator mit linearer Reibung

$$\begin{aligned} \dot{x} &= y \\ \dot{y} &= -\beta y - k\, x \end{aligned}$$

mit $k > 0$ hat am kritischen Wert $\beta_0 = 0$ Ellipsen als Phasenbahnen. Für $\beta > 0$ ergeben sich einlaufende Spiralen und für $\beta < 0$ auslaufende Spiralen, die nicht topologisch äquivalent sind.

Der nicht lineare Oszillator mit Reibung

$$\begin{aligned} \dot{x} &= y \\ \dot{y} &= -\mu x - x^3 - \beta y \end{aligned}$$

ist bei $\mu_0 = 0$ strukturell instabil. Für $\mu < 0$ existiert nur ein stabiler Fixpunkt, für $\mu > 0$ gibt es drei Fixpunkte, von denen zwei stabil sind (vgl. Abbildungen 175 und 176).

## 8.5 Zweidimensionale dynamische Systeme

Bei der Betrachtung verschiedener Verallgemeinerungen zur Verhulstgleichung haben wir für den eindimensionalen Fall Multistabilität, Bifurkation und Hysterese betrachtet. Die Fixpunkte bzw. Gleichgewichtswerte können nur entweder lokal anziehend oder abstoßend sein. Für den zweidimensionalen Fall gibt es mehr Möglichkeiten.

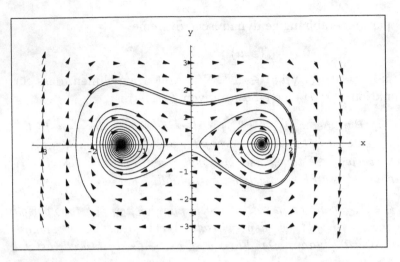

Abbildung 175: Lösungstrajektorien und Vektorfeld zu nicht linearem
Oszillator mit zwei stabilen Gleichgewichtspunkten

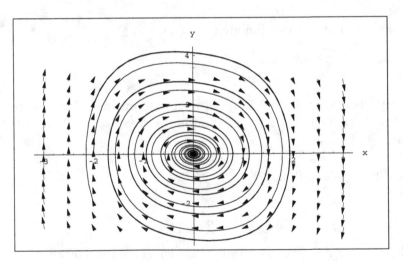

Abbildung 176: Lösungstrajektorien und Vektorfeld zu nicht linearem
Oszillator mit einem stabilen Gleichgewicht

**Satz 8.23.** *Es sei $x^* = (x_1^*, x_2^*)$ ein Fixpunkt des zweidimensionalen dynamischen Systems*

$$\dot{x} = f(x)$$

*bzw. geschrieben als System*

$$\dot{x}_1 = f_1(x_1, x_2)$$
$$\dot{x}_2 = f_2(x_1, x_2)$$

*mit $x = (x_1, x_2)$ mit dem Anfangswert $x_0 = (x_{0,1}, x_{0,2})$. Es sei*

$$a_1(x_1, x_2) = -\left(\frac{\partial f_1}{\partial x_1} + \frac{\partial f_2}{\partial x_2}\right)$$
$$a_2(x_1, x_2) = \frac{\partial f_1}{\partial x_1}\frac{\partial f_2}{\partial x_2} - \frac{\partial f_1}{\partial x_2}\frac{\partial f_2}{\partial x_1} \quad .$$

*Dann ist der Fixpunkt $x^*$ für $0 < a_2(x_1^*, x_2^*) < (a_1(x_1^*, a_2^*))^2/4$ ein Knoten und für $(a_1(x_1^*, a_2^*))^2/4 < a_2(x_1^*, x_2^*)$ ein Strudel, die jeweils für $a_1(x_1^*, a_2^*) > 0$ asymptotisch stabil und für $a_1(x_1^*, a_2^*) < 0$ instabil sind. Für $a_2(x_1^*, x_2^*) < 0$ liegt ein Sattel vor und für $a_1(x_1^*, a_2^*) = 0$, $a_2(x_1^*, x_2^*) > 0$ ein Wirbel.*

Dieser Satz ergibt sich aus der bereits betrachten Linearisierung des Systems und der entsprechenden Eigenwertdiskussion mit einer Klassifikation der Möglichkeit der Annäherung (oder des Abstoßens) vom Fixpunkt.

Wir betrachten die Matrix der Linearisierung in einem Gleichgewichtspunkt:

$$\mathbf{A} = \begin{pmatrix} \frac{\partial f_1}{\partial x_1} & \frac{\partial f_1}{\partial x_2} \\ \frac{\partial f_2}{\partial x_1} & \frac{\partial f_2}{\partial x_2} \end{pmatrix}_{x=x^*, y=y^*}$$

Die Eigenwertgleichung

$$\det(\mathbf{A} - \lambda \mathbf{E}) = 0$$

kann dann (vgl. Abschnitt 8.1) geschrieben werden als

$$det\mathbf{A} - \lambda\, tr\mathbf{A} + \lambda^2 = 0$$

mit

$$tr\mathbf{A} = a_1(x_1, x_2)$$
$$det\mathbf{A} = a_2(x_1, x_2) \quad .$$

Da $\mathbf{A}$ reell ist, sind die Lösungen der Eigenwertgleichungen entweder beide reell oder konjugiert komplex. Sind beide reelle Eigenwerte negativ, so ergibt sich der topologische Typ des stabilen Knotens (vgl. Abbildung 177).

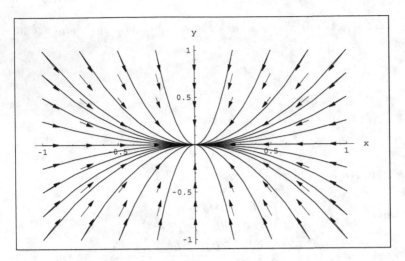

Abbildung 177: topologischer Typ stabiler Knoten

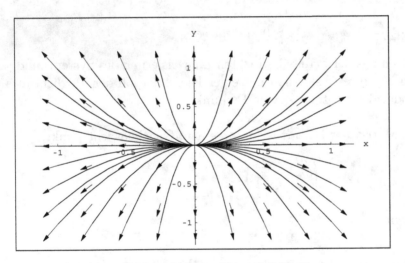

Abbildung 178: topologischer Typ instabiler Knoten

Es gilt in geeigneten Koordinaten

$$\mathbf{A} = \begin{pmatrix} \lambda_1 & 0 \\ 0 & \lambda_2 \end{pmatrix} \tag{259}$$

mit $\lambda_1 < 0, \lambda_2 < 0$. Für zwei positive Eigenwerte liegt ein instabiler Knoten vor (vgl. Abbildung 178). Dann gilt (259) mit $\lambda_1 > 0, \lambda_2 > 0$. Sind in der betrachteten Situation die Eigenwerte gleich, so sind die Trajektorien Geraden (vgl. Abbildung 179).

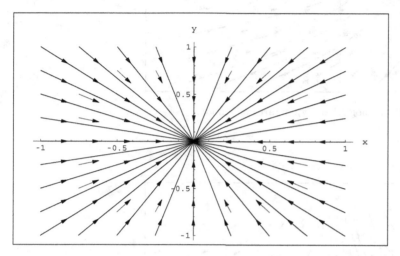

Abbildung 179: topologischer Typ stabiler Knoten (gleiche Eigenwerte)

Hat die Matrix $\mathbf{A}$ nach geeigneter linearer Transformation im Gleichgewicht die Gestalt

$$\mathbf{A} = \begin{pmatrix} \lambda & 1 \\ 0 & \lambda \end{pmatrix}$$

mit $\lambda < 0$, so liegt ein stabiler entarteter Knoten vor (vgl. Abbildung 180), entsprechend ein instabiler entarteter Knoten für $\lambda > 0$.

Für reelle Eigenwerte mit unterschiedlichem Vorzeichen erhalten wir den topologischen Typ des Sattels (vgl. Abbildung 181). Dann gilt (259) mit $\lambda_1 < 0, \lambda_2 > 0$ bzw. $\lambda_1 > 0, \lambda_2 < 0$. Bei konjugiert komplexen Eigenwerten hat die Matrix nach geeigneter Transformation die Gestalt

$$\mathbf{A} = \begin{pmatrix} \alpha & -\omega \\ \omega & \alpha \end{pmatrix} \quad .$$

Für $\alpha < 0$ liegt der topologische Typ eines stabilen Strudels vor (vgl. Abbildung 182), für $\alpha = 0$ haben wir den Grenzfall eines Wirbels.

Das folgende negative Kriterium von Bendixon schließt im Zweidimensionalen für bestimmte Fälle die Existenz von periodischen Orbits aus. Darüber hinaus werden auch Kurven ausgeschlossen, die als Vereinigung von Trajektorien entstehen.

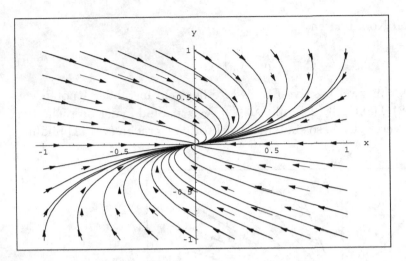

Abbildung 180: topologischer Typ entarteter Knoten

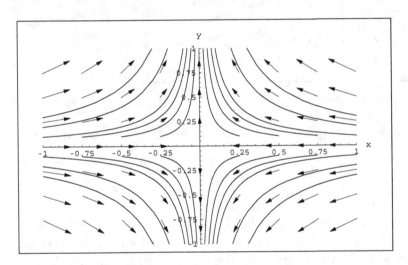

Abbildung 181: topologischer Typ Sattel

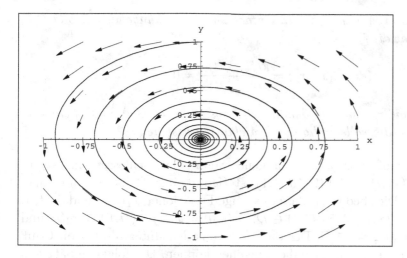

Abbildung 182: topologischer Typ stabiler Strudel

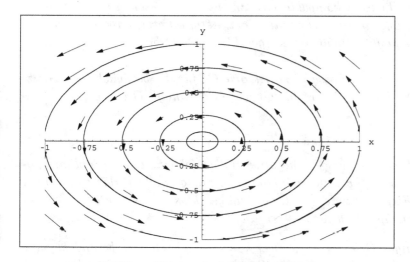

Abbildung 183: topologischer Typ Wirbel

**Satz 8.24.** *(Bendixon) Wenn in einem einfach zusammenhängenden Gebiet $D \subseteq$ $\mathbb{R}^2$ für die Divergenz $div f$*

$$(div f)(x_1, x_2) = \frac{\partial f_1}{\partial x_1} + \frac{\partial f_2}{\partial x_2} \neq 0$$

*gilt, besitzt das zweidimensionale dynamische System $\dot{x} = f(x)$ in $D$ keine geschlossenen Kurven, die vollständig aus Trajektorien bestehen.*

Ein Gebiet $D$ heißt einfach zusammenhängend, wenn jede geschlossene im Gebiet verlaufende Kurve $(x_1(t), x_2(t))$ $(0 \leq t \leq 1))$ stetig auf einen Punkt zusammengezogen werden kann. Dies bedeutet, dass es stetige Funktionen $\bar{x}_1(t, s)$ und $\bar{x}_2(t, s)$ $0 \leq s, t \leq 1$ gibt mit $(\bar{x}_1(t, s), \bar{x}_2(t, s)) \in D$, $\bar{x}_1(t, 0) = x_1(t)$, $\bar{x}_2(t, 0) = x_2(t)$ und $(\bar{x}_1(t, 1), \bar{x}_2(t, 1)) = (x_1^*, x_2^*) \in D$. Der Satz folgt aus dem Integralsatz von Gauß und Stokes, auf den wir hier nicht näher eingehen können. Der folgende Satz von Poincaré liefert dagegen, wieder nur für den zweidimensionalen Fall gültig, eine positive Aussage zur Existenz geschlossener Orbits.

**Satz 8.25.** *Eine nicht leere kompakte Grenzmenge eines ebenen zweidimensionalen dynamischen Systems $\dot{x} = f(x)$ mit einer stetig differenzierbaren Funktion $f(x)$, die keinen Fixpunkt enthält, ist ein geschlossener Orbit.*

**Definition 8.26.** *Eine geschlossene Trajektorie $C$, für die bezüglich der Grenzmengen $C \subseteq L_\omega(x)$ oder $C \subseteq L_\alpha(x)$ für ein $x \notin C$ gilt, heißt Grenzzyklus.*

Weiterhin gilt:

**Satz 8.27.**     *(i) Eine positive oder negative Halbtrajektorie eines zweidimensionalen Systems $\dot{x} = f(x)$, die eine kompakte Menge nicht verlässt und nicht gegen einen Fixpunkt konvergiert, ist eine geschlossene Kurve oder erreicht eine solche asymptotisch für $t \to \infty$ bzw. $t \to -\infty$.*

  *(ii) Ein ringförmiges Gebiet (durch zwei konzentrische Kreise berandet) ohne Fixpunkte im Inneren, von dessen Rändern das durch $f(x)$ gegebene Vektorfeld jeweils nach Innen zeigt, enthält einen stabilen Grenzzyklus.*

 *(iii) Wenn im Inneren einer geschlossenen Trajektorie eines zweidimensionalen dynamischen Systems $\dot{x} = f(x)$ das Vektorfeld $f(x)$ überall erklärt ist, befindet sich im Inneren ein Fixpunkt.*

## 8.6   Lorenz-Attraktor und Rössler-Modell

Wir wollen in diesem Abschnitt mit Hilfe von Mathematica numerische Berechnungen zu komplizierteren Attraktoren vorstellen. Auf tiefer liegende theoretische

Hintergründe können wir aus Platzgründen nicht eingehen. Das Lorenz-Modell wurde 1963 vorgestellt. Es ist ein dynamisches System mit einem bestimmten komplizierteren Attraktortyp, der eine als „chaotisches Verhalten" bezeichnete Dynamik besitzt. Wir betrachten dazu folgendes dreidimensionale System:

$$\begin{aligned} \dot{x} &= s(y - x) \\ \dot{y} &= r\,x - y - x\,z \\ \dot{z} &= x\,y - b\,z \ . \end{aligned}$$

$s$, $r$ und $b$ sind dabei als positiv vorausgesetzte Systemparameter. Einzige Nichtlinearitäten sind die beiden bilinearen Wechselwirkungsterme $x\,z$ und $x\,y$.

Aus Symmetriegründen ist mit $(x(t), y(t), z(t))$ auch $(-x(t), -y(t), z(t))$ eine Lösung. Offensichtlich ist $x(t) = 0$, $y(t) = 0$ und $z(t) = e^{-bt}$ eine spezielle Lösung. Die Lösungskurven verlassen eine Kugel um $(0, 0, r + s)$ mit einem Radius $R > \sqrt{b}(s + r)/2$ nicht. Dies ergibt sich daraus, dass das Skalarprodukt der nach außen gerichteten Tangenteneinheitsvektoren und den Richtungsvektoren des Systems negativ ist. Die Kugel um $(0, 0, r + s)$ mit dem Radius $R$ hat die Gleichung $x^2 + y^2 + (z - r - s)^2 = R^2$, die nach außen gerichteten Einheitsvektoren sind $(x/R, y/r, (z - r - s)/R)$. Für das Skalarprodukt $p$ mit $(\dot{x}, \dot{y}, \dot{z})$ ergibt sich

$$\begin{aligned} p &= \frac{1}{R}\left(x\,\dot{x} + y\,\dot{y} + (z - r - s)\,\dot{z}\right) \\ &= -\frac{1}{R}\left(sx^2 + y^2 + b\left(z - \frac{r + s}{2}\right)^2 - \frac{b}{4}(r - s)^2\right) \ . \end{aligned}$$

Dabei ist

$$sx^2 + y^2 + b\left(z - \frac{r + s}{2}\right)^2 - \frac{b}{4}(r - s)^2 = 0$$

ein Ellipsoid. Eine Kugel um $(0, 0, r + s)$ mit hinreichend großem Radius liegt außerhalb des Ellipsoides. Geometrisch kann ein Ellipsoid als die Menge der Punkte beschrieben werden, die zu zwei Brennpunkten eine konstante Abstandssumme haben. Daher ist die Abstandssumme der Brennpunkte zu Punkten betrachteten Kugel mit hinreichend großem Radius größer, und es folgt

$$p = -\frac{1}{R}\left(sx^2 + y^2 + b\left(z - \frac{r + s}{2}\right)^2 - \frac{b}{4}(r - s)^2\right) < 0$$

für Punkte auf der Kugeloberfläche. Daher läuft die Lösungskurve in die Kugel hinein, keine Lösungskurve verlässt die Kugel.

Ein Gleichgewichtspunkt des Systems ist

$$\vec{p}_1 = (x_1^*, y_1^*, z_1^*) = (0, 0, 0) \quad .$$

Die beiden übrigen Gleichgewichtspunkte sind

$$\vec{p}_2 = (x_2^*, y_2^*, z_2^*) = (\sqrt{b(r-1)}, \sqrt{b(r-1)}, r-1)$$

und

$$\vec{p}_3 = (x_3^*, y_3^*, z_3^*) = (-\sqrt{b(r-1)}, -\sqrt{b(r-1)}, r-1) \quad .$$

Man kann zeigen, dass ein $r_0$ existiert, so dass für $r > r_0$ kein Gleichgewichtspunkt stabil ist und auch keine Grenzzyklen auftreten. Wir betrachten die numerische Lösung mit Mathematica zu $b = 10$, $r = 28$ und $b = 8/3$ und erhalten Abbildung 184.

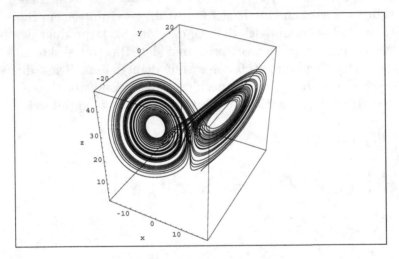

Abbildung 184: Lorenz-Attraktor

Als Projektion in die $x$-$y$-Ebene erhalten wir die Abbildung 185.
Die Trajektorien oszillieren scheinbar zufällig um $\vec{p}_2$ und $\vec{p}_3$ als „aufspiralisierende" Bewegung, und springen dann jeweils zum anderen Punkt. Man vergleicht es mit dem Kreisen einer Fliege um zwei Lampen.

Eine große Formenvielfalt zeigt das Rössler-Modell:

$$\begin{aligned}
\dot{x} &= -y - z \\
\dot{y} &= x + a\,y \\
\dot{z} &= b + (x - c)z \quad .
\end{aligned}$$

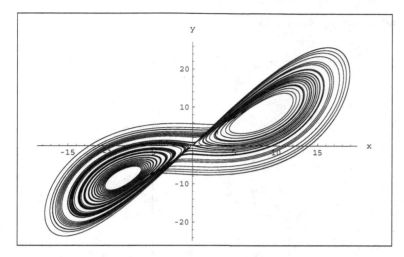

Abbildung 185: Projektion des Lorenz-Attraktors in die $x$-$y$-Ebene

Dieses dynamische System hat eine einzige Nichtlinearität im bilinearen Term $x\,z$. Zu Details vgl. [JET 1989]. Bei geeigneten Parametern liegt ein stabiler Grenzzyklus vor. Durch Parameterveränderungen kommt es zu Bifurkationen, die als Ergebnis „chaotische Bänder" ergeben, die bei weiterer Parameterveränderung verschmelzen. In der Projektion in die $x$-$y$-Ebene kommt es zu einer Fläche, die einem Pferdehuf ähnelt. Wir verwenden $a = b = 0.2$ und betrachten die numerischen Ergebnisse von Mathematica für verschiedene Werte von $c$. Wir stellen die Lösung jeweils erst nach einer Annäherung an den Attraktor dar (Darstellung der zweiten Hälfte der berechneten Lösung). Für $c = 2.6$ erhalten wir einen Grenzzyklus in Abbildung 186 bzw. in Abbildung 187 deren Projektion in die $x$-$y$-Ebene. Wir verwenden dazu folgendes Mathematica-Programm:

```
a = 0.2; b = 0.2; c = 2.6 ; e = 400;
modell = {x'[t] == -y[t] - z[t], y'[t] == x[t] + a  y[t],
          z'[t] == b + (x[t] - c) z[t],
          x[0] == 0, y[0] == 3, z[0] == 0};
loesung = NDSolve[modell, {x, y, z}, {t, 0, e},MaxSteps -> 200000];
xx[t_] = Evaluate[x[t] /. loesung];
yy[t_] = Evaluate[y[t] /. loesung];
zz[t_] = Evaluate[z[t] /. loesung];
abb = ParametricPlot3D[{xx[t][[1]], yy[t][[1]], zz[t][[1]]},
   {t, e/2, e},PlotRange -> All,
   PlotPoints -> 50000, ImageSize -> {400, 300},
   AxesLabel -> {"x", "y", "z"}];
abb2 = ParametricPlot[{xx[t][[1]], yy[t][[1]]}, {t, e/2, e},
   PlotRange -> All, PlotPoints -> 50000,
```

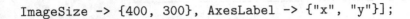

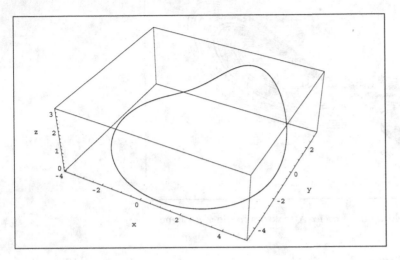

Abbildung 186: Grenzzyklus im Rössler-Modell zu c=2.6

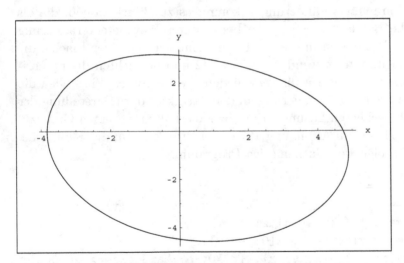

Abbildung 187: Projektion des Grenzzyklusses im Rössler-Modell zu
c=2.6 in die $x$-$y$-Ebene

Für $c = 3.5$ erhalten wir eine Periodenverdopplung in Abbildung 188 bzw. in
Abbildung 189 deren Projektion in die $x$-$y$-Ebene.
Bei einer weiteren Erhöhung von $c$ auf $c = 4.3$ erhalten wir „chaotische Bänder"
in Abbildung 190 bzw. in Abbildung 191 deren Projektion in die $x$-$y$-Ebene.
Schließlich betrachten wir die Darstellungen zum „Pferdehuf" für $c = 4.6$ in Ab-
bildung 192 bzw. in Abbildung 193 deren Projektion in die $x$-$y$-Ebene.

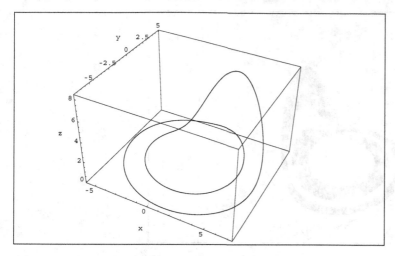

Abbildung 188: Periodenverdopplung im Rössler-Modell zu c=3.5

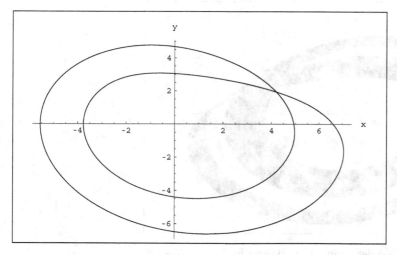

Abbildung 189: Projektion der Periodenverdopplung im Rössler-Modell
zu c=3.5 in die $x$-$y$-Ebene

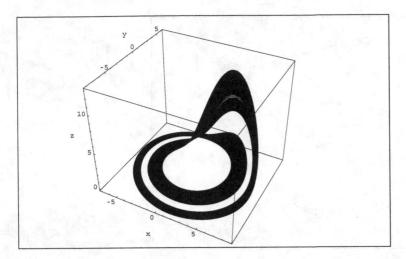

Abbildung 190: Periodische Bänder im Rössler-Modell zu c=4.3

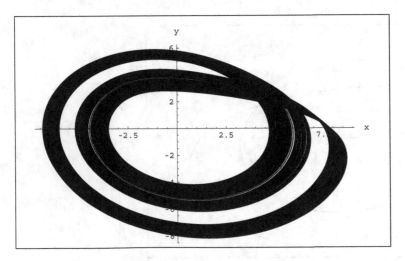

Abbildung 191: Projektion der periodischen Bänder im Rössler-Modell
zu c=4.3 in die $x$-$y$-Ebene

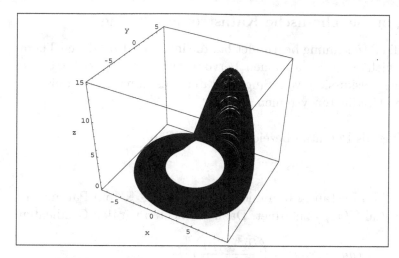

Abbildung 192: „Pferdehuf" im Rössler-Modell zu c=4.6

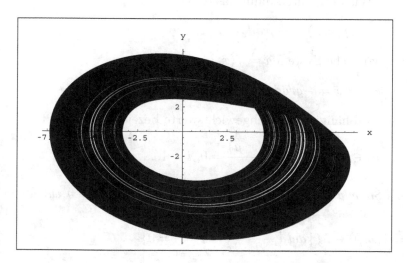

Abbildung 193: Projektion zum „Pferdehuf" im Rössler-Modell zu c=4.6 in die $x$-$y$-Ebene

## 8.7    Einführung in die Thomsche Katastrophentheorie

Nicht zuletzt durch die Bezeichnung begründet hat die im Jahre 1972 durch Thom eingeführte Theorie vielfältige Diskussionen hervorgerufen. Der mathematische Kern besteht in einer Diskussion von Singularitäten bestimmter dynamischer Systeme, nämlich von Gradientensystemen.

Wir beginnen mit einer als Potential bezeichneten Funktion

$$V : \mathbb{R}^n \times \mathbb{R}^m \to \mathbb{R} \quad ,$$

die einem Wert $x \in \mathbb{R}^n$ im Zustandsraum und einem Wert $\mu \in \mathbb{R}^m$ im Parameterraum ein reelles Potential $V(x, \mu)$ zuordnet. Dazu betrachten wir den Gradienten

$$grad_x V(x, \mu) = \left( \frac{\partial V(x, \mu)}{\partial x_i} \right)^n_{i=1}$$

mit $grad_x V(x, \mu) \in \mathbb{R}^n$. Wir betrachten dann das durch

$$f(x, \mu) = -grad_x V(x, \mu)$$

gegebene autonome dynamische System $\dot{x} = f(x, \mu)$:

$$\dot{x} = -grad_x V(x, \mu) \quad .$$

Die Menge der parameterabhängigen Gleichgewichtswerte bezeichnen wir mit

$$M = \{(x, \mu) \in \mathbb{R}^n \times \mathbb{R}^m \,|\, \frac{\partial V(x, \mu)}{\partial x_i} = 0, \, i = 1, ..., n\} \quad .$$

**Definition 8.28.** *Als Singularitäten oder Katastrophenmenge bezeichnen wir die Menge*

$$K = \{(x, \mu) \in M \,|\, det \left( \frac{\partial^2 V(x, \mu)}{\partial x_i \partial x_j} \right)^n_{i,j=1} = 0\} \quad .$$

**Definition 8.29.** *Die Projektion $B$ der Katastrophenmenge $K$ in den Parameterraum wird als Bifurkationsmenge bezeichnet:*

$$B = \{\mu \in \mathbb{R}^m \,|\, \exists x \in \mathbb{R}^n \; mit \; (x, \mu) \in K\} \quad .$$

Wir wollen einige Beispiele zu $n = 1$ betrachten, also einen eindimensionalen Zustandsraum, zu dem wie bereits bemerkt jedes dynamische System vom Gradiententyp ist. Untersucht werden soll das lokale Verhalten in der Nähe eines Fixpunktes $x_0$, wir setzen O.B.d.A. $x_0 = 0$. Die Eigenschaft, Fixpunkt zu sein, bedeutet

$$V'(0) = 0 \quad .$$

(i) Wir betrachten die dreiparametrige Störung

$$V(x) = \mu_2\, x^2 + \mu_1\, x + \mu_0 \quad .$$

Diese lässt sich durch eine Translation der Achsen, eine Streckung der $x$-Achse und einen evtl. Vorzeichenwechsel in die Normalform

$$V(x) = \frac{x^2}{2}$$

bringen, die keinen Parameter mehr enthält. Es liegt in $x = 0$ ein Minimum vor, und es tritt keine Katastrophe auf.

(ii) Wir betrachten die vierparametrige Störung

$$V(x) = \mu_3\, x^3 + \mu_2\, x^2 + \mu_1\, x + \mu_0 \quad .$$

Durch Streckung, Translation der Achsen und evtl. Vorzeichenwechsel erhalten wir die Normalform

$$V(x) = \frac{x^3}{3} + u\,x \quad .$$

Die Menge $M$ der durch $V'(0) = 0$ beschriebenen Fixpunkte erhalten wir dann als

$$M = \{(x, u) \in \mathbb{R}^1 \times \mathbb{R}^1 \,|\, x^2 + u = 0\} \quad .$$

Die Gleichung $V''(x) = 0$ führt zu $x = 0$ und mit $x^2 + u = 0$ auf $u = 0$, so dass

$$K = \{(x, u) \in M \,|\, V''(0) = 0\} = \{(0, 0)\}$$

gilt. Daraus folgt

$$B = \{(0, 0)\} \quad .$$

Bei $x = 0$, $u = 0$ liegt eine Katastrophe vor, die als Faltenkatastrophe bezeichnet wird. Durch das System von Elementarreaktionen

$$U + X \; \underset{k_{-1}}{\overset{k_1}{\rightleftarrows}} \; 2X$$

$$V + X \; \underset{k_{-2}}{\overset{k_2}{\rightleftarrows}} \; E$$

erhalten wir die betrachteten Gleichungen. Das betrachtete Beispiel führt bei geeigneten Ungleichungen zwischen den Parametern wieder zur Verhulstgleichung geführt, da durch

$$\dot{x} = V'(x)$$

eine quadratische Gleichung

$$\dot{x} = 3\,\mu_3\,x^2 + 2\,\mu_2\,x + \mu_1$$

vorliegt, der übrige nicht durch die Verhulstgleichung erfasste Fall führt zu dem in der praktischen Modellierung wenig geeigneten Fall, dass die Funktion in endlicher Zeit beliebig große Beträge erreicht.

(iii) Wir betrachten die Störung

$$V(x) = \frac{1}{4}x^4 + \frac{u}{2}x^2 + v\,x \quad .$$

Damit erhalten wir

$$M = \{(x,u) \in \mathbb{R}^1 \times \mathbb{R}^2 \,|\, x^3 + u\,x + v = 0\}$$

und somit

$$K = \{(x,u,v) \in M \,|\, 3x^2 + u = 0\} = \{(x,u,v) \,|\, u = -3x^2,\ v = 2x^3,\ x \in \mathbb{R}\} \quad .$$

Es folgt

$$B = \{(u,v) \in \mathbb{R}^2 \,|\, \exists (x,u,v) \in K\} = \{(u,v) \in \mathbb{R}^2 \,|\, 4u^3 + 27v^2 = 0\} \quad .$$

Bei $x = u = v = 0$ tritt eine als Spitzenkatastrophe bezeichnete Singularität auf, deren Bifurkationsmenge $B$ aus dem Spitzenpunkt $(0,0)$ und den beiden Kurven $v = \pm 2\sqrt{-u/3}^3$ mit $u < 0$ besteht. Eine Elementarreaktion, die zu dem betrachteten Beispiel führt, ist die „Schlögl-Reaktion"

$$A + 2X \underset{k_{-1}}{\overset{k_1}{\rightleftarrows}} 3X$$

$$B + X \underset{k_{-2}}{\overset{k_2}{\rightleftarrows}} C \quad .$$

Man kann durch geeignete Parametertransformationen einfachere, als Normalform bezeichnete Darstellungen erreichen. Dazu definieren wir:

**Definition 8.30.** *Es existiere eine umkehrbare und in beiden Richtungen unend-lich oft differenzierbare Abbildung*

$$h : \mathbb{R}^m \to \mathbb{R}^m$$

*des Parameterraumes in sich, wir schreiben $\nu = h(\mu)$ und $\mu = h^{-1}(\nu)$. Weiterhin existiere eine unendlich oft differenzierbare Funktion*

$$g : \mathbb{R}^n \times \mathbb{R}^m \to \mathbb{R}^n$$

*mit einer zugehörigen unendlich oft differenzierbaren Abbildung*

$$g^{-1} : \mathbb{R}^n \times \mathbb{R}^m \to \mathbb{R}^n$$

*mit*

$$y = g(x, \mu)$$

*und*

$$x = g^{-1}(y, h(\mu))$$

*sowie eine unendlich oft differenzierbare Funktion*

$$a : \mathbb{R}^m \to \mathbb{R}^m$$

*mit einer unendlich oft differenzierbaren Umkehrfunktion $a^{-1}$ und Funktionen*

$$V, \overline{V} : \mathbb{R}^n \times \mathbb{R}^m \to \mathbb{R}$$

*mit*

$$\overline{V}(y, \nu) = V(x, \mu) + a(\mu)$$

*und*

$$V(x, \mu) = \overline{V}(y, \nu) + a^{-1}(\nu) \quad .$$

*Dann heißen die Potentiale $V$ und $\overline{V}$ sowie die zugehörigen dynamischen Systeme äquivalent.*

Die Definition lässt sich auf geeignete Teilmengen in den Zustandsräumen und den Parameterräumen einschränken. Aus der Menge der bisher betrachteten Poten-tialfunktionen sollen bestimmte Funktionen mit problematischen Eigenschaften weggelassen werden. Mit einem geeigneten Maßbegriff sind dies Teilmengen aus einem Funktionenraum mit dem Maß Null. Die verbleibenden Funktionen sollen als generisch bezeichnet werden.

**Definition 8.31.** *(i) Wir bezeichnen eine Singularität von M als Faltenkatastrophe, wenn die Potentialfunktion zu*

$$V = \frac{x^3}{3} + u\,x$$

*äquivalent ist.*

*(ii) Wir bezeichnen eine Singularität von M als Spitzenkatastrophe, wenn die Potentialfunktion zu*

$$V = \frac{x^4}{4} + \frac{u}{2}\,x^2 + v\,x$$

*äquivalent ist.*

Man kann zeigen:

**Satz 8.32.** *Es liege ein endlichdimensionaler Zustandsraum und ein zweidimensionaler Parameterraum vor, V sei eine generische Potentialfunktion. Die einzigen möglichen Singularitäten sind dann Falten- und Spitzenkatastrophen.*

Wir betrachten folgende Normalformen:

$$
\begin{aligned}
V_1 &= \tfrac{x^3}{3} + ux & &(Falte)\\
V_2 &= \tfrac{x^4}{4} + \tfrac{u}{2}x^2 + vx & &(Spitze)\\
V_3 &= \tfrac{x^5}{5} + \tfrac{u}{3}x^3 + \tfrac{v}{2}x^2 + wx & &(Schwalbenschwanz)\\
V_4 &= \tfrac{x^6}{6} + \tfrac{t}{4}x^4 + \tfrac{u}{3}x^3 & &(Schmetterling)\\
V_5 &= x^3 + y^3 + wxy - ux - vy & &(hyperbolischer\,Nabel)\\
V_6 &= x^3 - xy^2 + w(x^2 + y^2) - ux - vy & &(elliptischer\,Nabel)\\
V_7 &= x^2 + y^4 + tx^2 + wy^2 - ux - vy & &(parabolischer\,Nabel) \quad .
\end{aligned}
$$

Thom hat bewiesen, dass es für einen höchstens vierdimensionalen Zustandsraum nur sieben Elementarkatastrophen gibt:

**Satz 8.33.** *Es sei C ein höchstens vierdimensionaler Parameterraum und X ein endlichdimensionaler Zustandsraum. V sei eine durch C parametrisierte, unendlich oft differenzierbare generische Zustandsfunktion auf X. Dann kann durch äquivalente Potentialtransformation erreicht werden, dass die Singularitäten durch ein Potential der durch $V_1$ bis $V_7$ beschriebenen sieben Elementarkatastrophen dargestellt werden können.*

Wird der Parameterraum 5-dimensional, sind vier weitere Elementarkatastrophen möglich, für einen 6-dimensionalen Parameterraum gibt es unendlich viele verschiedene Katastrophen. Für weitere Details verweisen wir auf [THO 1976], [POS 1978] und [JET 1989].

# 9 Fraktale

## 9.1 Von den „Monsterkurven der Analysis" zu den Fraktalen

Wir betrachten in diesem Abschnitt Kurven mit erstaunlichen Eigenschaften, die in vielfältiger Weise an physikalische und biologische Strukturen erinnern und ein hohes Maß innerer Schönheit besitzen. Beginnend mit Henri Poincaré wurden bestimmte Kurven als eine „Galerie von Monstern" betrachtet, da sie Eigenschaften haben, die aus der elementaren Anschauung der früheren Zeit als ungewöhnlich empfunden wurden. Der Ausdruck *Fraktal* wurde von Mandelbrot gewählt. Ein wesentliches Merkmal von Fraktalen ist, dass nach beliebiger Vergrößerung im dann sichtbaren mikroskopischen Bereich gleiche Strukturen wie schon im makroskopischen Bild anzutreffen sind.

Mandelbrots klassisches Buch „Die fraktale Geometrie der Natur" [MAN 1991] gibt eine anschauliche Einführung in ein faszinierendes Gebiet. Mit den auf Euklid zurückgehenden regulären geometrischen Strukturen ließ sich z.B. die Gestalt von Wolken, Gebirgen, Küstenlinien, der Weg eines Blitzes, die Form von Pflanzen oder die Verästelung des Blutkreislaufes kaum beschreiben. Die „Galerie der Monster" wurde früher als ein Nachweis des Variantenreichtums der reinen Mathematik angesehen, der über die in der Natur sichtbaren Strukturen hinausgeht. In der Zwischenzeit hat man erkannt, dass die Natur Fraktale in Hülle und Fülle zeigt, dass man Fraktale bei einem Blick auf die realen Erscheinungen kaum übersehen kann, zumindest in einer gewissen Näherung bzw. geeigneter Modellierung.

Wir beginnen mit einem Beispiel einer stetigen Kurve, die in keinem Punkt differenzierbar ist. In Abb. 21 hatten wir eine stetige Funktion angeführt, die an einem einzigen Punkt, einer „Ecke", nicht differenzierbar ist. Die Differentialrechnung befasst sich mit „glatten Funktionen", die mit evtl. Ausnahme endlich vieler Punkte differenzierbar sind.

Fraktale werden in der Regel durch Konstruktionsalgorithmen eingeführt, die erst mit Hilfe eines Computers in Formen und Strukturen verwandelt werden können und dann in einer bestimmten Näherung oder Auflösung dargestellt werden. Bei zunehmender Auflösung ergeben sich immer neue Details, wobei sich im mikroskopischen Bild bestimmte Anordnungen des makroskopischen Bildes wiederholen. Auf unterschiedliche Skalenauflösungen sind wir in verschiedenen Zusammenhängen eingegangen, beginnend mit elementaren Kurvendiskussionen bis zur Michaelis-Menten-Theorie in der Enzymkinetik. Der hier neue Gesichtspunkt ist die Wiederholung von Eigenschaften in den entsprechend kleineren Skalendimensionen.

Wir werden in einem ersten Beispiel eine fraktale Kurve mit dem Namen *Schnee-flocke* konstruieren. Wir beginnen mit einem gleichseitigen Sechseck (in Abb. 194 links oben). Für die weitere Konstruktion verwenden wir einen Ersetzungsvorgang. Um jeweils zur nächsten Näherung zu gelangen, wird jede Seite in drei gleich lange Teile zerlegt, über dem mittleren Teil ein nach dem Inneren der geschlossenen Kurve gerichtetes gleichseitiges Dreieck errichtet und schließlich dieser mittlere Teil durch die beiden anderen Seiten dieses gleichseitigen Dreiecks ersetzt. Zu jeder Seite entstehen jeweils drei neue Ecken. Vorhandene Ecken bleiben bei allen folgenden Ersetzungen erhalten. Bei jedem Ersetzungsvorgang werden drei gleich lange Seiten durch vier Seiten eben dieser Länge ersetzt, also multipliziert sich die Länge der Näherungskurve mit 4/3 im Vergleich zur vorangehenden, so dass die Länge monoton wachsend gegen Unendlich geht.

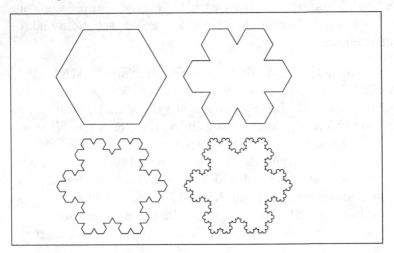

Abbildung 194: Die ersten vier Näherungen zur Konstruktion der „Schneeflocke"

Man kann ohne größere Probleme zeigen, dass die Folge der Näherungskurven gegen eine stetige Kurve konvergiert. Man erkennt aber auch, dass hierfür ein genau definierter Stetigkeitsbegriff nötig ist (z.B. in der betrachteten $\epsilon$-$\delta$-Symbolik). Unsere ebenfalls in Kapitel 1 verwendete heuristische Näherung für die Stetigkeit („Durchzeichnen ohne abzusetzen") steht in diesem Beispiel auf sehr schwachen Füßen, da ein „Zeichnen" einer unendlich langen Kurve wohl auf Schwierigkeiten stoßen dürfte. Die Grenzkurve ist in keinem Punkt differenzierbar. Das ergibt sich daraus, dass die Richtungsänderungen beliebiger Näherungskurven in einer beliebig kleinen Umgebung eines Punktes sich genauso wie im Großen verhalten (aufgrund der gleichen Ersetzungsvorschrift). Nach 5 Ersetzungsschritten gelangen wir zu folgender Näherung des Schneeflocken-Fraktals, das auch als v.Koch'sches

Fraktal bezeichnet wird (v.Koch beschrieb diese Kurve vor der Entstehung der
Theorie der Fraktale), das Ergebnis ist in Abbildung 195 dargestellt.

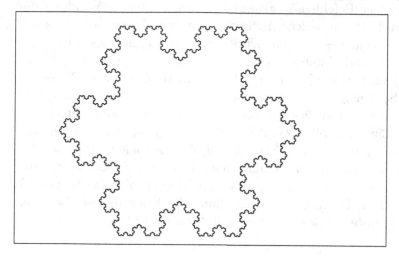

Abbildung 195: Näherung des Schneeflocken-Fraktals

Dem von uns verwendeten Mathematica-Programm liegt die aus der Programmiersprache LOGO entlehnte Arbeit mit der „Schildkröte" (turtle) zugrunde. Mit
Mathematica kann man in bequemer Weise Techniken vieler Programmierspra-
chen einsetzen. Diese „Schildkröte" kann sich mit einer festgelegten einheitlichen
Schrittlänge vorwärts (v) und zurück bewegen (z) und auch eine Drehung nach
rechts (r) oder links (l) vornehmen. Durch eine Folge von v,z,r und l wird dann
eine Bewegung in der Ebene bestimmt. Zu einer zweckmäßigen Programmierung
verwenden wir Programmroutinen aus dem Statistikpaket. Eingebaute Funktionen sind in der Regel schneller als selbst konstruierte. Wir haben diese Darstellung
mit folgendem Programm erhalten:

```
n=5; alpha=1/3 N[Pi];
Needs["Statistics'Master'"];
w={v,l,v,l,v,l,v,l,v,l,v,l,v};
g[x_]:=x/.v->{v,l,v,r,r,v,l,v}//Flatten;
t=Nest[g,w,n];
winkel=CumulativeSums[t/.{l->1,r->-1,v->0,z->0}];
schritt=t/.{l->0,r->0,v->1,z->-1};
bewegung=CumulativeSums[schritt E^(alpha I winkel)];
bild=ListPlot[Transpose[{Re[bewegung],Im[bewegung]}],
        PlotJoined->True,AspectRatio->1,Axes->False]
```

alpha ist der verwendete Drehwinkel der Schildkröte, die Schrittlänge soll 1
betragen. w={v,l,v,l,...}  ergibt durch Bewegungen der Schildkröte das Aus-
gangssechseck. Die dann folgende Programmzeile beschreibt die oben angegebene

Ersetzungsvorschrift mit Bewegungen der Schildkröte. Die Anweisung `Nest[...]` bewirkt eine n-fache Wiederholung, hier die wiederholte Anwendung der Ersetzungsvorschrift. In der Befehlszeile `winkel=...` wird unter Verwendung des Statistikpaketes berechnet, in welche Richtung die Schildkröte jeweils zeigt. Da dazu die bis zu einem bestimmten Schritt erfolgten Richtungsänderungen der Schildkröte berücksichtigt werden müssen, gelangen wir ganz natürlich zu der Anweisung `CumulativeSums[...]` aus dem Statistikpaket. Die Bewegung der Schildkröte in `bewegung=...` ergibt sich aus der Bewegungsrichtung und dem Richtungssinn (vor oder zurück), wobei wieder alle vorherigen Aktivitäten der Schildkröte mit `CumulativeSums[...]` berücksichtigt werden müssen. Die Richtungen lassen sich günstig unter Verwendung der Exponentialfunktion für komplexe Zahlen berechnen. Haben wir dann eine Liste als „Protokoll der Bewegungen der Schildkröte", so können wir diese unmittelbar mit `ListPlot[...]` grafisch veranschaulichen. Da in dieser Darstellung die Koordinatenachsen die Übersicht eher stören, unterdrücken wir diese mit `Axes` $\rightarrow$ `False`.

Eine nächste sehr erstaunliche Eigenschaft zeigt die im folgenden vorzustellende Peanokurve, die vor der Einordnung in die Vorstellungswelt der Fraktale die Mathematiker verwirrt hat oder zumindest als pathologische Ausnahme ohne Realitätsbezug erschien. Die mit einer zu unkritischen Verwendung der Anschauung zusammenhängende „Grundlagenkrise der Mathematik" hat dazu geführt, dass grundlegende Begriffe, Voraussetzungen und Schlussweisen sehr präzise definiert werden müssen, um innere Widersprüche in der mathematischen Theorie zu vermeiden. Eine anschauliche Vorstellung ist auch heute noch sehr wertvoll (sie stand auch im Mittelpunkt unserer Betrachtungen), nur müssen alle Bestandteile einer präzisen Überprüfbarkeit standhalten.

Die Peanokurve bildet das Intervall [0,1], also ein eindimensionales Objekt auf ein Quadrat (ein zweidimensionales Objekt) mit der Kantenlänge 1 ab. Mit anderen Worten: Jedem Punkt $a$ des Intervalls [0,1] wird ein Punkt $(x(a), y(a))$ des Quadrates mit den Koordinaten $x(a)$ und $y(a)$ zugeordnet, und jeder Punkt des Quadrates soll (mindestens einmal) bei dieser Abbildung erhalten werden (letztere Eigenschaft wird im mathematischen Sprachgebrauch durch obiges „auf" ausgedrückt). Definitionsbereich und Wertevorrat der (Koordinaten-)Funktionen $x = x(a)$ und $y = y(a)$ sollen also das Intervall [0,1] sein. Die Koordinatenfunktionen $x = x(a)$ und $y = y(a)$ ergeben sich bei der Peanokurve als stetige Funktionen. Der Leser beachte beim Vergleich mit anderen Büchern, dass es in der Literatur eine Vielzahl von Varianten für die Peanokurve gibt. Wir haben eine Darstellung ausgewählt, die eine Reihe wesentlicher Eigenschaften schon ohne beweistechnische Hilfsmittel erkennen lässt.

Es erscheint schon recht verwunderlich, wenn man jeden Punkt einer Fläche, d.h. eines zweidimensionalen Objektes, mit einer einzigen Zahl $a$ anstelle von zwei Koordinaten $x$ und $y$ beschreiben kann. Aber: diese Beschreibung ist nicht eineindeutig oder anders ausgedrückt, es gibt Punkte, die bei verschiedenen Werten von $a$ entstehen. Man kann zeigen, dass es keine umkehrbar eindeutige stetige Abbildung eines Intervalls auf ein Quadrat gibt („auf" bedeutet wieder, dass jeder Punkt des Quadrates als Bildpunkt bei der Abbildung vorkommt). Wir geben in Abbildung 196 Näherungen für die Peanokurve an.

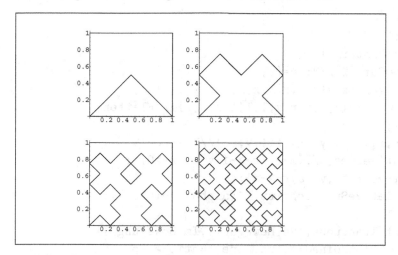

Abbildung 196: nullte bis dritte Näherung zur Peanokurve

Die einzelnen Teilstrecken der Näherungskurven sind gleich lang, verlaufen parallel zu den Diagonalen des Quadrates und biegen immer im rechten Winkel nach rechts oder links ab. Jede Näherungskurve der Peanokurve läuft vom linken unteren Punkt des Quadrates (Koordinaten (0,0)) zum rechten unteren Punkt (Koordinaten(1,0)). In jedem Eckpunkt der Näherungskurve betrachten wir, welcher Anteil $a$ der Gesamtlänge dieser Näherungskurve an dieser Stelle durchlaufen ist. Dies ist von besonderem Interesse, da in unserer Variante die Näherungskurven in den Eckpunkten mit der Peanokurve (als Grenzwert der Näherungskurven jeweils im Punkt $a$) übereinstimmen. Zum Beispiel ist nach der Hälfte der Länge der nullten Näherungskurve (ebenso wie bei allen folgenden) der Mittelpunkt des Quadrates erreicht, es gilt

$$(x(1/2), y(1/2)) = (1/2, 1/2) \; .$$

Aus der ersten Näherungskurve können wir z.B.

$$(x(1/8), y(1/8)) = (1/4, 1/4)$$

entnehmen. Eine Überschneidung tritt erstmals in der zweiten Näherung auf:

$$(x(14/32), y(14/32)) = (x(18/32), y(18/32)) \; .$$

Die Peanokurve ergibt also für $a = 14/32$ und für $a = 18/32$ den gleichen Punkt des Quadrates.

Die fraktale Eigenschaft unserer Konstruktion kommt dadurch zum Ausdruck, dass sich für ein beliebig kleines, an geeigneter Stelle liegendes Teilquadrat das gleiche Bild wie für das Ausgangsquadrat ergibt.

Für die Abb. 196 haben wir als eine Erweiterung des erläuterten Programms folgendes verwendet:

```
alpha=-1/4 N[Pi];
Needs["Statistics'Master'"];
p:={nn=2^(n+1); a=Sqrt[2]//N; w={r,y};
    g[folge_]:=folge/.{x->{y,r,x,l,x,r,r,r,y,l,l},
                       y->{x,l,y,r,y,l,l,l,x,r,r}}//Flatten;
    t=Nest[g,w,n];
    t=t/.{x->{v,r,r,v,l}, y->{v,l,l,v,r}}//Flatten;
    winkel=CumulativeSums[t/.{l->1,r->-1,v->0,r->0}];
    schritt=t/.{l->0,r->0,v->a,r->-a};
    bewegung=CumulativeSums[schritt E^(alpha I winkel)];
    asp=1;
    bild1=ListPlot[Transpose[{Re[bewegung],Im[bewegung]}],
                PlotJoined->True,AspectRatio->asp,
                Axes->False,DisplayFunction->Identity];
    bild2=ListPlot[{{0,0},{0,nn},{nn,nn},{nn,0},{0,0}},
                PlotJoined->True,AspectRatio->asp,
                Axes->False,DisplayFunction->Identity];
    bild3=Show[bild1,bild2]
    };
Do[{p;abb[n]=bild3},{n,0,3}];
abbarray=GraphicsArray[{{abb[0],abb[1]},{abb[2],abb[3]}}];
bild=Show[abbarray,DisplayFunction->$DisplayFunction]
```

Im Unterprogramm $p$, das die einzelnen Näherungskurven berechnet, werden in jedem Schritt die Symbole $x$ und $y$ wie im Programm angegeben ersetzt, also z.B. $x$ durch $y, r, x, l, x, r, r, r, y, l, l$. Nach der $n$-ten Ersetzung werden $x$ und $y$ als Bewegungsfolgen für die Schildkröte interpretiert, z.B. $x$ als $v, r, r, v, l$. Mit $n = 5$ erhalten wir die Abbildung 197.

Es lassen sich mit derartigen Ersetzungsvorschriften auch „verästelte" Kurven konstruieren. Wir wählen eine Programmvariante, in der Teile der Kurve mehrfach durchlaufen werden, damit wir wie bisher mit einer einzigen ListPlot-Anweisung auskommen. Es lassen sich Figuren erzeugen, die bestimmten Pflanzenformen (Blumen, Büschen, Bäumen) ähneln. Anstelle des einheitlichen Drehwinkels der

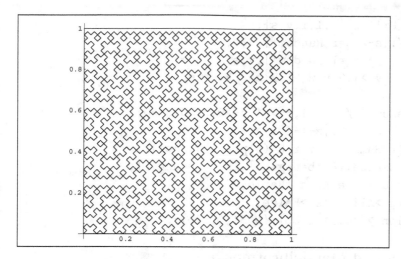

Abbildung 197: fünfte Näherung zur Peanokurve

Schildkröte wollen wir diesmal einen Zufallsgenerator verwenden, damit entstehen dann zufällige Fraktale. Nach einem erneuten Programmaufruf erhalten wir also eine andere Gestalt. Die Schrittlänge soll in diesem Beispiel im Gegensatz zu den bisher verwendeten mit „zunehmender Verästelung" abnehmen, um eine pflanzenähnliche Gestalt zu erhalten:

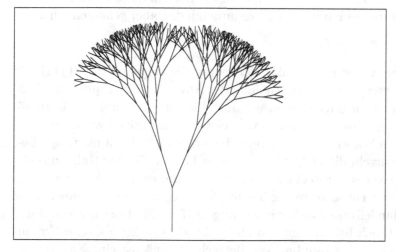

Abbildung 198: fünfte Näherung zur Peanokurve

Der Leser kann sowohl durch Variation der Winkel und der Schrittlänge als auch durch eine Veränderung der Ersetzungsvorschrift eine erstaunliche Vielfalt entdecken. Wir haben die Abbildung 198 mit folgendem Programm erhalten:

```
Needs["Statistics`Master`"];
```

```
n=8; alpha=1/6 N[Pi]; w={l,l,l,v,s};
g[folge_]:=folge/.{s->{q=r Random[],v,s,z,-q,
                       qq=l Random[],v,s,z,-qq},
                 v->1.2 v,z->1.2 z}//Flatten;
t=Nest[g,w,n];
winkel=CumulativeSums[t/.{l->1,r->-1,v->0,z->0,s->0}];
schritt=t/.{l->0,r->0,v->1,z->-1,s->0};
bewegung=CumulativeSums[schritt E^(alpha I winkel)];
bild=ListPlot[Transpose[{Re[bewegung],Im[bewegung]}],
        PlotJoined->True,AspectRatio->1,
        PlotRange->All,Axes->False,
        PlotRegion->{{0.11,0.55},{0.31,0.71}}]
```

## 9.2   Juliamengen und Mandelbrotmenge

Mit Hilfe der quadratischen Funktion

$$f(z) = z^2 + c$$

mit einer Konstanten $c$ kann man eine verblüffende Vielfalt von Strukturen entdecken. Das Funktionsargument $z$ und auch die Konstante $c$ sind dabei komplexe
Zahlen, die wir uns als Punkte der Ebene vorstellen. Der Funktionswert $f(z)$ ist
wiederum eine komplexe Zahl, also ein Punkt der Ebene. Auf diesen Punkt können
wir die gleiche quadratische Funktion wieder anwenden. Dabei gelangen wir zu

$$f(f(z)) = (z^2 + c)^2 + c \ .$$

Nun kann man fragen, für welche Punkte der Ebene die Folge $z, f(z), f(f(z)), \ldots$
der Bildpunkte bei fortgesetzter Wiederholung der Anwendung der quadratischen
Funktion beschränkt bleibt oder aber gegen unendlich strebt. Punkte, die zu einer beschränkten Folge führen, markieren wir schwarz, die übrigen weiß. Zu jeder
Konstanten $c$ erhalten wir ein anderes Bild, das als ausgefüllte Juliamenge bezeichnet wird. Die Wurzeln dieser Betrachtungen gehen auf Gaston Julia zurück,
der sie 1918 als Kriegsverletzter in einem Lazarett geschrieben hat. Diese wie auch
die Arbeiten von Pierre Fatou zu dieser Thematik gerieten in Vergessenheit und
wurden erst nach Mandelbrots Werk wieder aufgegriffen. Die Leistung von Julia
und Fatou ist um so beachtlicher, wenn man bedenkt, dass sie keine Computer zur
Veranschaulichung verwenden konnten. Wir betrachten zunächst eine Näherungs-
rechnung mit 100-facher Funktionsanwendung und eine Anwendung auf ein Gitter
von $200 \times 200$ Punkten. Je größer wir die Auflösung wählen (verfeinertes Gitter,
mehr Iterationsschritte), um so mehr Details werden sichtbar. Es ist aber schon
erkennbar, wie sich im kleinen die Strukturelemente in der für Fraktale üblichen
Weise wiederholen.
Die Rechnungen haben wir mit folgendem Programm durchgeführt:

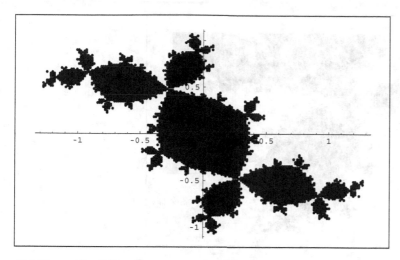

Abbildung 199: Juliamenge zu $c = -0.12256117 + 0.744861771\,i$: Douadyscher Hase

```
iterat=100;n=200;
x1=-1.5;x2=1.5;y1=-1.5;y2=1.5;
c=-0.12256117+0.744861771 I;
deltax=(x2-x1)/n;deltay=(y2-y1)/n;
f[z_]:=z^2+c;
t=Table[{If[0<=(y-(y1+y2)/2)<deltay,
          Print[N[100(x-x1)/(x2-x1),4]," %"]];
        k=0;z=x + I y;
        While[k<iterat,{z=f[z];erg=Abs[z];
            If[erg>5,k=iterat,k++]}];
        If[erg>2,n,{x,y}]}[[1]],
            {x,x1,x2,deltax},{y,y1,y2,deltay}];
tt=Cases[Flatten[t,1],{_,_}];
bild=ListPlot[tt];
```

Eine genauere Darstellung eines Ausschnittes zeigt die Abbildung 200.
Wir haben im Programm das Gitter für die Rechnungen so gewählt, dass Realteil
$x$ und Imaginärteil $y$ von $z = x + y\,i$ von $x_1$ bis $x_2$ bzw. $y_1$ bis $y_2$ in $n = 200$ gleich
großen Schritten wachsen. Die 100-fache Iteration der Funktionsberechnung bre-
chen wir in `While[k<iterat,...]` zur Verkürzung der Rechenzeit vorzeitig ab,
wenn der Funktionswert nach einem Iterationsschritt mehr als 5 vom Nullpunkt
entfernt ist. Da es Punkte gibt, für die die Folge der Iterationen sehr langsam gegen
unendlich strebt, begeht man mit $iterat = 100$ Iterationsschritten einen gewissen
Fehler, der aber bei der relativ geringen Auflösung nicht wesentlich ins Gewicht
fällt. Man sollte jeweils etwas experimentieren, um eine vernünftige Relation zwi-

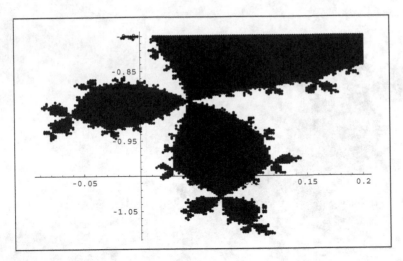

Abbildung 200: Detaildarstellung zum Douadyschen Hasen

schen der Gitterauflösung und der Anzahl der Iterationsschritte zu erhalten. Die Anweisung k++ bewirkt die Erhöhung von $k$ um 1. Um einen Einblick in den Stand der Berechnungen zu erhalten, lassen wir uns mit Print[...] diesen auf dem Bildschirm anzeigen. Strebt die Punktfolge bei der Iteration nicht gegen unendlich, werden die Real- und Imaginärteile x und y in die Tabelle t eingetragen, im anderen Fall ein „n". Die Klammern um alle Eintragungen in t zu gleichen Realteilen werden mit Flatten[t,1] entfernt. Man beachte, dass Flatten[t] auch die Paarbildung {x,y} zerstören würde. Mit der Anweisung Cases[...,{_,_}] wird geprüft, ob die Eintragungen eine Struktur {_,_} von Paaren aufweist, die übrigen Eintragungen werden entfernt. Damit bleiben die Koordinaten $(x, y)$ der Punkte $z$ der komplexen Ebene übrig, bei denen die Iteration im Endlichen geblieben ist (genauer: nicht nachgewiesenermaßen gegen unendlich strebt). Diese werden dann mit ListPlot[...] eingezeichnet. Mit einem anderen komplexen Parameter $c$ erhalten wir die Abbildung 201.

Die Juliamenge muss nicht zusammenhängend sein. In diesem Fall ist bei der Interpretation der Näherungsdarstellungen der Fraktale große Vorsicht geboten, da das Ergebnis in starkem Maß von den verwendeten Gitterpunkten und der Anzahl der maximal verwendeten Iterationsschritte abhängt. Man überzeuge sich davon durch einen Vergleich der Abbildungen 202 und 203.

Es ist nun auch interessant, danach zu fragen, für welche Parameterwerte $c$ die sich ergebende Juliamenge zusammenhängend und nicht eine „Staubwolke aus unendlich vielen Punkten" ist. Gaston Julia hat bewiesen, dass die zu $c$ gehörende Juliamenge zusammenhängend ist, wenn die auf den Nullpunkt angewendete Iterationsfolge $0, c, c^2+c, (c^2+c)^2+c, \ldots$ beschränkt bleibt. Zeichnen wir die Punkte, die zu beschränktem Verhalten führen, schwarz ein und die übrigen weiß, so

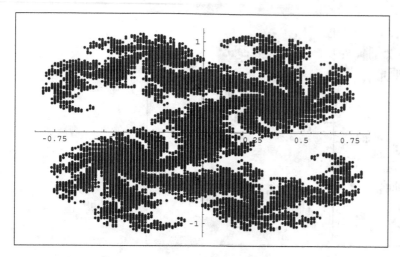

Abbildung 201: Juliamenge zu $c = 0.32 + 0.043\,i$ : zyklischer Drache

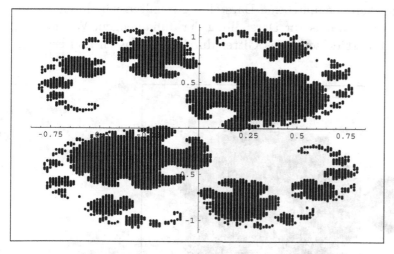

Abbildung 202: nicht zusammenhängende Juliamenge zu $c = 0.31 + 0.025\,i$ mit $200 \times 200$ Gitterpunkten und 25 Iterationsschritten

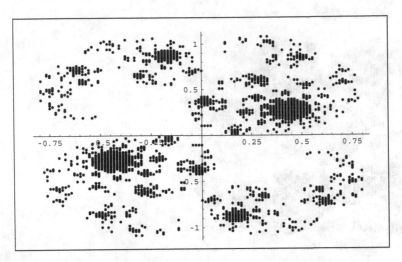

Abbildung 203: wie bei Abb.202, jedoch mit 50 Iterationsschritten

gelangen wir zur Mandelbrotmenge. Diese wird aufgrund ihrer interessanten Gestalt auch Apfelmännchen genannt. Eine Darstellung erhalten wir durch leichte
Veränderung unseres Programms zur Darstellung der Juliamengen. Wir müssen
nur $z = 0$ setzen und statt dessen $c$ das Gitter durchlaufen lassen und erhalten
die Abbildung 204.

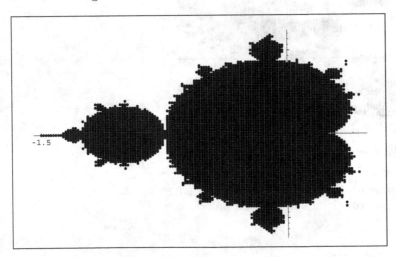

Abbildung 204: Mandelbrotmenge: das Apfelmännchen

Das Programm dazu lautet:

```
iterat=100;n=200;
x1=-0.745;x2=-0.7495;y1=0.092;y2=0.096;
deltax=(x2-x1)/n;deltay=(y2-y1)/n;
```

```
f[z_]:=z^2+c;
t=Table[{If[0<=(y-(y1+y2)/2)<deltay,
         Print[N[100(x-x1)/(x2-x1),4]," %"]];
      k=0;z=0;c=x + I y;
      While[k<iterat,{z=f[z];erg=Abs[z];
         If[erg>5,k=iterat,k++]}];
      If[erg>2,n,{x,y}]}[[1]],
            {x,x1,x2,deltax},{y,y1,y2,deltay}];
tt=Cases[Flatten[t,1],{_,_}];
bild=ListPlot[tt];
```

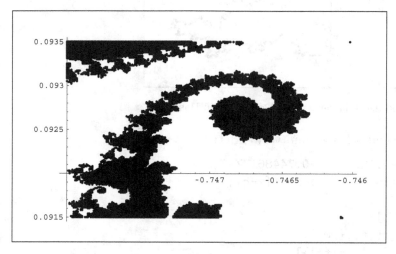

Abbildung 205: Vergrößerung vom Rande der Mandelbrotmenge

Eine interessante Entdeckung machen wir, wenn wir anstelle der quadratischen Funktion

$$w = z^2 + c$$

deren Umkehrung verwenden:

$$z = \pm\sqrt{w - c} \;.$$

Das doppelte Vorzeichen müssen wir verwenden, da jede komplexe Zahl (verschieden von 0) innerhalb der komplexen Zahlen zwei Quadratwurzeln hat. Durch eine Iteration dieser Umkehrfunktion mit einem beliebigen Anfangspunkt erhalten wir nach Weglassen einiger Anfangsglieder eine Näherung für den Rand der Juliamenge. Dabei entscheiden wir uns mit einem Zufallsgenerator für jeweils eines der Vorzeichen, wobei beide Varianten gleich häufig auftreten sollen. Da bei dieser Iterationsfolge einige Randpunkte häufiger (näherungsweise) vorkommen als andere, hat die Randdarstellung im Vergleich zur ausgefüllten Juliamenge einige

„Lücken". Für $c = -0.123 + 0.745\,i$ (Douadyscher Hase) erhalten wir im Vergleich zu Abbildung 199 die Darstellung in Abbildung 206.

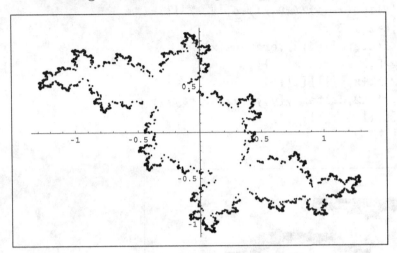

Abbildung 206: Rand der Juliamenge zum Douadyschen Hasen

Wir haben dazu folgendes Programm verwendet:

```
n=1000;n0=100;c=-0.12256117+0.74486177 I;
f[z_]:=(2 Random[Integer]-1) Sqrt[z-c];
z0=Nest[f,0,n0];
t:=NestList[f,z0,n];
tt={};Do[tt=Join[tt,t],{20}];
ttt=Transpose[{Re[tt],Im[tt]}];
bild=ListPlot[ttt,PlotStyle->PointSize[0.005]];
```

Im Vergleich zu Abbildung 199 sind weniger Strukturinformationen für den inneren Teil erkennbar, und wir können nicht wie oben einzelne Ausschnitte für sich vergrößern.

## 9.3  Komplexe Cantorsche Mengen

Wie man in der üblichen Dezimaldarstellung von natürlichen Zahlen von den einzelnen Ziffern zur dargestellten Zahl gelangt, erkennen wir an folgendem Beispiel:

$$73524 = 4 \cdot 10^0 + 2 \cdot 10^1 + 5 \cdot 10^2 + 3 \cdot 10^3 + 7 \cdot 10^4 \ .$$

Die einzelnen Ziffern sind die ganzen Zahlen von 0 bis $9 = 10 - 1$. Nach dem gleichen Prinzip funktioniert dies bei den Dualzahlen. Bei diesen ist die Basis 10 der Dezimalzahlen durch die Basis 2 ersetzt, und als Ziffern gibt es nur 0 und 1. Ein Beispiel dazu ist

$$10011 = 1 \cdot 2^0 + 1 \cdot 2^1 + 0 \cdot 2^2 + 0 \cdot 2^3 + 1 \cdot 2^4 \ .$$

Als Dezimalzahl ergibt dies

$$1 + 2 + 0 + 0 + 16 = 19 \ .$$

Wir wollen nun die Ziffern 0 und 1 des Dualsystems beibehalten, die Basis 2 aber durch eine beliebige komplexe Zahl ersetzen. Die Menge aller derartigen Zahlen mit n Stellen (oben hatten wir in den Beispielen 5 Stellen) wird auch als *komplexe Cantorsche Menge* bezeichnet. Zu jeder komplexen Zahl $z$ erhalten wir mit Erhöhung der Stellenzahl Näherungen zu interessanten Fraktalen. Bei nicht zu hoher Stellenanzahl ist die zur Berechnung auf dem Computer notwendige Zeit im Vergleich zum vorigen Abschnitt bei vergleichbarer Auflösung gering. Wir wollen uns zwei Darstellungen dazu in den Abbildungen 207 und 208 ansehen. Bei $k = 13$ Stellen wollen wir veranschaulichen, welchen Punkt der komplexen Ebene wir erhalten, wenn wir in

$$a_0 + a_1 b + a_2 b^2 + \ldots + a_k b^k$$

für die $a_0, a_1, ..., a_k$ unabhängig voneinander die Werte 0 oder 1 einsetzen. Zur Berechnung verwenden wir folgendes Programm:

```
k=13;
t1={Table[a[i],{i,1,k}]};
t2=Table[{a[i],0,1},{i,1,k}];
t=Join[t1,t2]
t=Apply[Table,t]
tt=Flatten[t,k-1];
b=1+1.05 I;
bb=Table[b^i,{i,0,k-1}];
w=Table[Sum[bb[[i]] tt[[j,i]],{i,1,k}],{j,1,2^k}];
ww=Transpose[{Re[w],Im[w]}];
bild=ListPlot[ww]
```

Mit diesem Programm erhalten wir die Abbildung 207.
In dem Programm haben wir zunächst alle Folgen aus 0 und 1 erzeugt, die 13 Glieder haben (entspricht allen 13-stelligen Dualzahlen). Wir könnten dies direkt mit folgender Table-Anweisung erreichen, deren Eingabe aber mühevoll ist (und auch eine Abänderung der Gliederanzahl 13 wäre umständlich):

```
Table[{a[1], a[2], a[3], a[4], a[5], a[6], a[7], a[8], a[9],
       a[10], a[11], a[12], a[13]},
      {a[1], 0, 1}, {a[2], 0, 1}, {a[3], 0, 1}, {a[4], 0, 1},
      {a[5], 0, 1}, {a[6], 0, 1}, {a[7], 0, 1}, {a[8], 0, 1},
      {a[9], 0, 1},{a[10], 0, 1}, {a[11], 0, 1},
      {a[12], 0, 1},{a[13], 0, 1}]
```

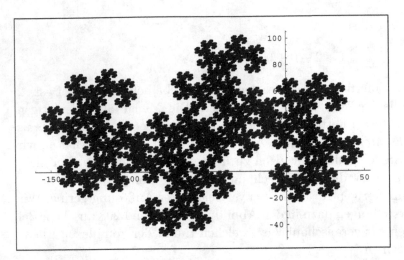

Abbildung 207: Cantorsche Menge zu $b = 1 + 1.05\,i$ mit $k = 13$ Stellen

Mit den ersten vier Programmzeilen erhalten wir eine analoge Struktur, in der nur die Tabellenstruktur `Table[...]` durch eine Listenstruktur `List[...]` bzw. gleichwertig dazu $\{...\}$ ersetzt ist. Den Austausch von der Listen- zur Tabellen- struktur erreichen wir mit der Anweisung `t=Apply[Table,t]`. Durch die vielen einzelnen Summationen entsteht eine verschachtelte Klammerstruktur (der Leser sollte sich diese einmal direkt ansehen, empfohlen sei dazu $k = 4$). Bis auf eine Klammer, die die 13-gliedrige Folge aus 0 und 1 umschließt, werden alle Klam- mern mit `tt=Flatten[t,k-1]` beseitigt. Die übrigen Programmzeilen bewirken die Konstruktion der entsprechenden Zahlen zur Basis $b$ und deren grafische Dar- stellung.

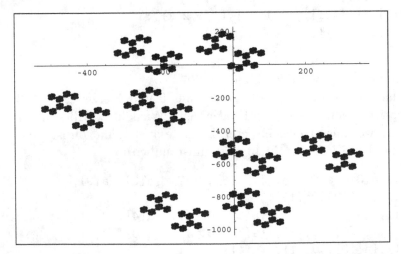

Abbildung 208: Cantorsche Menge zu $b = 1 + 1.4\,i$ mit $k = 13$ Stellen

# Anhang: technische Hinweise

Die Mathematica-Programme zum Erzeugen aller Abbildungen im Buch sind unter der Internetadresse

http://biomathematik.de/vieweg_teubner

zu finden. Der Autor ist unter

schuster@biomathematik.de

per mail erreichbar. Ich bitte aber um Verständnis dafür, das Fragen nur in einem eingeschränkten zeitlichen Umfang beantwortet werden können.

Als erste Möglichkeit werden die Programme als ASCII-Dateien zur Verfügung gestellt (einzeln und insgesamt als zip-Datei). Zum Teil sind bei verschiedenen Versionen von Mathematica geringfügige Modifikationen nötig. Hat man Mathematica als graphische Oberfläche gestartet, so kann ein als ASCII-Datei abgelegtes Programm über das Menü (file → open) geladen werden. Für die Ausführung ist zu beachten, dass nicht nur „Enter", sondern „Shift" und „Enter" gleichzeitig gedrückt werden müssen. Alternativ kann das Programm „beispiel.txt" im Verzeichnis „$c : \backslash bsp$" mit dem Mathematica-Befehl

```
<<"c:\\bsp\\beispiel.txt"
```

oder gleichwertig dazu mit

```
Get["c:\\bsp\\beispiel.txt"]
```

zur Ausführung gebracht werden. Haben wir darin eine Abbildung mit der Bezeichnung „abb" erzeugt, kann diese mit den Mathematica-Befehlen

```
Export["c:\\bsp\\beispiel1.eps",abb];
Export["c:\\bsp\\beispiel1.wmf",abb];
```

z.B. im eps- und wmf-Format (nur aus Windows-Installationen) exportiert werden. Das pdf-Format kann auch erzeugt werden, ist aber zumindest in der Mathematica-Version 5.1 unter Windows der eps-Ausgabe mit einer Konvertierung unter Adobe qualitativ unterlegen. Eine Vielzahl weiterer Möglichkeiten werden in der integrierten Dokumentation von Mathematica vorgestellt.

Als weitere Möglichkeiten werden sogenannte Notebook-Darstellungen von Mathematica (nb-Format) zum Download angeboten. Dies sind prinzipiell auch ASCII-Dateien, in die aber z.B. Grafiken und intern dargestellte Sonderzeichen

integriert sind. Da diese eine Vielzahl von Steuerzeichen enthalten, ist eine Rück-
konvertierung in die eingangs diskutierte ASCII-Version z.T. mit größerem Aufwand verbunden. Eine interaktive Nutzung setzt eine Mathematica-Installation
voraus, eine niedrigere Versionsnummer kann Probleme ergeben (dann funktioniert der eingangs betrachtete ASCII-Import trotzdem). Eine Betrachtung der
Notebooks einschließlich der erzeugten Grafiken ist aber auch mit dem kosten-
freien Mathematica-Reader möglich. Das Notebook-Format wird unter Version
5.1 für Windows und unter Version 6.1 für Linux zum Download angeboten.

Mathematica kann von anderen Programmen aus interaktiv angesprochen werden oder andererseits externe Programme steuern. Hinweise dazu sind auf der
angegeben Homepage zum Buch vorgesehen. Dies kann einerseits für schnelle
Datenaufbereitung von Interesse sein. Die Möglichkeit, z.B. Excel als Fron-
tend zu nutzen, ist mit der interaktiven Nutzung unterschiedlicher Systeme
wesentlich reichhaltiger als die in Mathematica intern integrierten Möglichkeiten.
Die Möglichkeiten, Office-Programme auf Befehlszeilenebene (also „von außen")
durchzusteuern, sind durch die vorhandene Objektstruktur reichhaltig, aber ausgesprochen schlecht dokumentiert. Da eine Interaktion mit Mathematica „von
außen" für vielfältige theoretische und praktische Probleme ausgesprochen hilfreich ist, sind Hinweise dazu auf der Homepage zum Buch vorgesehen. Z.B. auch
für Fragen der Bildverarbeitung bietet Mathematica interessante Schnittstellen
und Algorithmen an. Für derartige Fragen bietet sich eine Interaktion mit perl
an. Letzteres ist auch für web-Server-Schnittstellen sehr interessant.

Ab Mathematica-Version 6 steht eine per Maus ansteuerbare Drehung von 3D-
Grafiken im Raum zur Verfügung. Dies ist zur Unterstützung in der Modellbildung
und bei der graphischen Veranschaulichung z.B. in der Funktionentheorie von
großen Wert. Verbunden damit entstehen beim Export der Grafiken erhebliche
Dateigrößen, die bei der Einbindung in Latex größere Reaktionszeiten bedingen.
Das Buch wurde mit Latex erstellt, die durch Mathematica erzeugten Grafiken
wurden für die Einbindung in Latex mit den oben angegebenen Exportbefehlen
von Mathematica erzeugt.

# Literatur

[ARN 2001] Arnold V.I.: Gewöhnliche Differenzialgleichungen. Berlin-Heidelberg-New York: Springer 2001

[AUL 2004] Aulbach B.: Gewöhnliche Differenzialgleichungen. München: Spectrum 2004

[ACZ 2006] Aczel, J.: Lectures on Functional Equations and their Applications. Mineola, New York: Dover 2006

[BAU 2005] Baumann, G.: Mathematica for Theoretical Physics I, II. New York: Springer 2005

[BEL 1963] Bellman, R.; Cooke, K.L.: Differential-Difference Equations. New York-London: Academic Press 1963

[BES 1979] Best, E.N.: Null space in the Hodgkin-Huxley equations: a critical test. Biophys. J. 27 (1979) 87-104

[BEU 2003] Beuter, A.; Glass L.; Mackey M.C.; Titcombe M.S. (Eds.): Nonlinear Dynamics in Physiology and Medicine. Berlin-Heidelberg-New York: Springer 2003

[BRA 2001] Brauer, F.; Castillo-Chavez, C.: Mathematical Models in Population Biology and Epidemiology. New York: Springer 2001

[BRI 2005] Britton, N.F.: Essential Mathematical Biology. London: Springer 2005

[CAP 1991] Capasso, V.: Mathematical Structures of Epidemic Systems. Berlin-Heidelberg-New York: Springer 1991

[EBE 1982] Ebeling, W.; Feistel, R.: Physik der Selbstorganisation und Evolution. Berlin: Akademie-Verlag 1982

[EIS 1970] Eisenreich , G.: Vorlesungen über Vektor- und Tensorrechnung. Leipzig: Teubner 1971.

[FEI 1978] Feigenbaum, M.J.: Quantitative university for a class of nonlinear transformations. J.Stat.Phys.19 (1978) 25-52

[FIE 1974]  Field, R.J.; Noyes, R.M.: Oscillations in chemical systems, Part 4. Limit cycle behaviour in a model of a real chemical reaction. J. Chem. Phys. 60 (1974) 1877-1844

[FIT 1961]  FitzHugh, R.: Impulses and physiological states in theoretical models of nerve membrane. Biophys. J. 1 (1961) 445-466

[GOO 1965]  Goodwin, B.C.: Oscillatory behaviour in enzymatic control processes. Adv. in Enzyme Regulation 3 (1965) 425-438

[GUC 1983]  Guckenheimer, J.; Holmes, P.J.: Nonlinear Oscillations, Dynamical Systems and Bifurcations of Vector Fields. New York-Berlin- Heidelberg: Springer 1983

[HAL 1969]  Hale, J.K.: Ordinary Differential Equations. New York: Wiley-Interscience 1969

[HEI 1993]  an der Heiden, U.: Dynamische Krankheiten - Konzept und Beispiele. Verhaltensmodifikation und Verhaltensmedizin 14 (1993), 51-65

[HET 1976]  Hethcote, H.W.: Qualitative analysis of communicable disease models. Math Biosci. 28 (1976) 335-356

[HOD 1952]  Hodgkin, A.L.; Huxley, A.F.: A quantitative description of membrane current and its application to conduction and excitation in nerve. J. Physiol. (London) 117 (1952) 500-544

[HOP 1942]  Hopf, E.: Abzweigung einer periodischen Lösung von einer stationären Lösung eines Differentialgleichungssystems. Ber. Math.-Phys. Kl. Sächs.Akad. Wiss. Leipzig 94 (1942) 1-22

[JET 1989]  Jetzschke, G.: Mathematik der Selbstorganisation. Berlin: Deutscher Verlag der Wissenschaften 1989

[JOR 1999]  Jordan, D.W.; Smith, P.: Nonlinear Ordinary Differential Equations. Oxford: Oxford University Press 1999

[KNO 1981]  Knorppe, W.A.: Pharmakokinetik. Berlin: Akademie-Verlag 1981

[KOF 1992]  Kofler, M.: Mathematica. Einführung und Leitfaden für den Praktiker. Bonn-München-Paris: Addison-Wesley 1992

[LUD 1978]  Ludwig, D.D.; Jones, D.D.; Holling, C.S.; Qualitative analysis of insect outbreak systems: the spruce budworm and forest. J.Anim.Ecol.47 (1978) 315-332

[KRA 1998] Krabs, W.: Dynamische Systeme: Steuerbarkeit und chaotisches Verhalten. Stuttgart, Leipzig: Teubner 1998

[MAC 1982] Mackey, M.C.; an der Heiden, U.: Dynamical diseases and bifurcations: understanding functional disorders in physiological systems. Funct. Biol. Med. 1 (1982), 156 - 164

[MAC 1988] Mackey, M.C.; Milton, J.G.: Dynamical diseases. Ann. N.Y. Acad. Sci. 504 (1988), 16 - 32

[MAE 1991] Maeder, R.E.: Programming in Mathematica. Second Edition. Redwood City-New York-Bonn: Addison-Wesley 1991

[MAE 1993] Maeder, R.E.: Informatik für Mathematiker und Naturwissenschaftler. Eine Einführung mit Mathematica. Bonn-New York Paris: Addison-Wesley 1993

[MAN 1991] Mandelbrot, B.B.: Die fraktale Geometrie der Natur. Basel-Boston-Berlin: Birkhäuser 1991

[MAN 1974] Mangold, H.; Knopp, K.: Einführung in die höhere Mathematik. Bd. 1-4. Leipzig: S.Hirzel 1974

[MUR 1973] Murray, J.D.: Asymptotic Analysis. Berlin-Heidelberg- New York: Springer 2002

[MUR 1989] Murray, J.D.: Mathematical Biology I, II. Berlin-Heidelberg- New York: Springer 1989

[PIC 1967] Pickert, G.: Analytische Geometrie. Leipzig: Geest & Portig 1967

[PLA 1995] Plaschko, P; Brod,K.: Nichtlineare Dynamik, Bifurkation und Chaotische Systeme. Braunschweig, Wiesbaden: Vieweg 1995

[POS 1978] Poston, T.; Steward, I.: Catastrophe Theory and its Applications. London: Pitman 1978

[REI 1963] Reimann, H.A.: Periodic Diseases. Philadelphia: F.A. Davis 1963

[SCH 1995] Schuster, R.: Grundkurs Biomathematik. Stuttgart: Teubner 1995

[SCH 1999] Schimming, R.: Differentialgleichungen in den Biowissenschaften. Greifswald: Preprintreihe Mathematik 3/99 der Universität Greifswald

[SEG 1984] Segel, L.A.: Modelling Dynamic Phenomena in Molecular and Cellular Biology. Cambridge: University Press 1984

[SHA 2008]  Shaw, W.T.: Complex Analysis with Mathematica. Cambridge: Cambridge Universty Press 2008

[STE 1993]  Stelzer, E.H.K.: Mathematica. Ein systematisches Lehrbuch mit Anwendungsbeispielen. Bonn-Paris-Reading: Addison-Wesley 1993

[STR 1997]  Stramp, W.; Ganzha, V.; Vorozhtsov, E.: Höhere Mathematik mit Mathematica. Braunschweig, Wiesbaden: Vieweg 1997

[STR 2000]  Strogatz, S.H.: Nonlinear Dynamics and Chaos. Cambridge: Westview Press 2000

[THO 1976]  Thom, R.: Structural Stability and Morphogenesis. London, Amsterdam, Sidney: Benjamin 1976

[TYS 1985]  Tyson, J.J.: A qualitative account of oscillations, bistability, and travelling waves in the Belousov-Zhabotinskii reaction. In: Field, R.J.; Burger, M. (eds.): Oscillations and Travelling Waves in Chemical Systems. New York: John Wiley 1985, pp.92-144

[VER 1990]  Verhulst, F.: Nonlinear Differential Equations and Dynamical Systems. Heidelberg: Springer 1990

[WAL 2000]  Walter, W.: Gewöhnliche Differentialgleichungen. Berlin-Heidelberg-New York: Springer 2000

[WIL 1971]  Wilson, H.K.: Ordinary Differential Equations. Massachusetts: Addison-Wesley, Reading 1971

[WIN 1980]  Winfree, A.T.: The Geometry of Biological Time. Berlin-Heidelberg-New York: Springer 1980

[WOL 1992]  Wolfram, S.: Mathematica. Ein System für Mathematik auf dem Computer. Bonn-München: Addison-Wesley 1992

# Index

Printed in the United States
By Bookmasters